21 世纪应用型本科土木建筑系列实用规划教材

工程地质(第 2 版)

主　　编　　何培玲　　张　婷
副主编　　徐奋强　　邓友生　　孔思丽
参　　编　　张德恒　　谢焱石　　毕忠伟
　　　　　　温进芳

内容简介

工程地质是土木工程专业的主要专业课程,本书结合应用型本科的培养目标和基本要求,加强针对性,突出应用性和实用性,力求理论部分概念清晰,简明扼要。本书以工程地质的基础知识和基本原理为依据,重点介绍了各类工程地质条件和问题以及工程地质分析评价方法,突出并充实与工程实践紧密相连的工程地质勘察等实用性内容,注意解决各类建设工程中与岩土介质有关的工程地质问题,使工程地质成为为实现某项工程目的而进行的必要的系统性工作之一。本书编写过程中最大程度地反映了新技术在地质研究中的应用。

全书内容包括:绪论,矿物与岩石,地质构造,地下水,动力地质作用,常见地质灾害,岩土工程稳定性评价,工程地质勘察。

本书第 2 版为方便学习,在教材的编排格式和体例上作了重大改变,增加了教学要点、技能要点、导入案例、应用实例和实例分析等,更有助于学生的学习和掌握。

本书可作为土木工程专业及相关专业的教学用书,也可供土建工程技术人员阅读参考。

图书在版编目(CIP)数据

工程地质/何培玲,张婷主编. —2 版. —北京:北京大学出版社,2012.1
 (21 世纪应用型本科土木建筑系列实用规划教材)
 ISBN 978-7-301-19881-0

Ⅰ. ①工… Ⅱ. ①何…②张… Ⅲ. ①工程地质—高等学校—教材 Ⅳ. ①P642

中国版本图书馆 CIP 数据核字(2011)第 257684 号

书　　　名:	工程地质(第 2 版)
著作责任者:	何培玲　张　婷　主编
策划编辑:	吴　迪　卢　东
责任编辑:	伍大维
标准书号:	ISBN 978-7-301-19881-0/TU·0202
出　版　者:	北京大学出版社
地　　　址:	北京市海淀区成府路 205 号　100871
网　　　址:	http://www.pup.cn　http://www.pup6.cn
电　　　话:	邮购部 010-62752015　发行部 010-62750672　编辑部 010-62750667
电子邮箱:	编辑部 pup6@pup.cn　总编室 zpup@pup.cn
印　刷　者:	北京虎彩文化传播有限公司
发　行　者:	北京大学出版社
经　销　者:	新华书店
	787 毫米×1092 毫米　16 开本　13.75 印张　318 千字
	2006 年 1 月第 1 版
	2012 年 1 月第 2 版　2025 年 8 月第 9 次印刷
定　　　价:	36.00 元

未经许可,不得以任何方式复制或抄袭本书之部分或全部内容。
版权所有,侵权必究　　举报电话:010-62752024
　　　　　　　　　　　电子邮箱:fd@pup.cn

第 2 版前言

本书自 2006 年出版以来，有关使用院校反映良好。随着近年来国家关于建设工程的新政策、新法规的不断出台，一些新的规范、规程陆续颁布实施，为了更好地开展教学，适应大学生学习的要求，我们对本书进行了修订。

这次修订主要做了以下工作。

(1) 增补了新颁布实施的规范、规程相关内容。

(2) 增加了实用性环节的相关内容，使内容具有趣味性和实用性。

(3) 将有关章节进行整合，增设常见地质灾害章节。

(4) 修订增补了与当前地质环境发展相关的内容。

(5) 对全书的版式进行了全新的编排，增加了本章教学要点、本章技能要点、导入案例、应用实例和实例分析。

经修订，本书具有以下特点。

(1) 编写体例新颖。借鉴优秀教材的写作思路、写作方法以及章节安排，编排清新活泼、图文并茂，深入浅出，适合当代大学生所用。

(2) 注重人文科技结合渗透。通过相关知识的历史、实例、理论来源等的介绍，增强教材的可读性，提高学生的人文素养。

(3) 注重相关课程关联融合。明确知识点的重点和难点以及与其他课程的关联性，做到新旧知识内容的融合和综合运用。

(4) 注重知识体系实用有效。以学生就业所需的专业知识为着眼点，在适度的基础知识与理论体系覆盖下，着重讲解应用型人才培养所需的内容和关键点，突出实用性和可操作性，使学生学而有用，学而能用。

本书第 2 版由南京工程学院徐奋强、何培玲主持修订。参加本书修订的有南京工程学院何培玲（绪论），南华大学谢焱石、毕忠伟（第 1 章），石家庄铁道大学温进芳（第 2 章），南京林业大学张婷（第 3 章），南华大学谢焱石、毕忠伟（第 4 章），贵州大学孔思丽、南京工程学院徐奋强和张德恒（第 5 章），湖北工业大学邓友生（第 6 章），南京工程学院徐奋强（第 7 章）。本书由徐奋强、何培玲统稿，由南京林业大学杨平教授主审。

对于本书存在的不足和疏漏，欢迎同行批评指正。对使用本书、关注本书以及提出修改意见的同行们表示深深的感谢。

编　者

2011 年 4 月

第 1 版前言

本书系《21 世纪应用型本科土木建筑系列实用规划教材》。

编写本书的指导思想是为了更好地适应当前我国高等教育跨越式发展的需要，满足我国高等教育从精英教育向大众化教育转轨过程中社会对应用型人才的需求，采用理论、实践、应用三结合的教材编写理念，重视应用能力和创造性思维能力的培养和提高。

本教材是根据 2002 年高等学校土木工程专业指导委员会为土木工程专业教学制定的"高等学校土木工程专业本科教育培养目标和培养方案及课程教学大纲"对该门课程的教学基本要求和《建筑地基基础设计规范》(GB 50007—2002)及《公路桥涵地基与基础设计规范》(JTJ 024—1985)进行编写的。

教材注重以教学为主，内容少而精；突出重点、讲清难点；在阐述基本原理和概念的基础上，结合规范和工程实际，体现国内外先进的科学技术成果。

本书按 32 学时的教学内容编写，各章建议的分配学时为：绪论及第 1 章，4 学时；第 2 章，4 学时；第 3 章，6 学时；第 4 章，4 学时；第 5 章，6 学时；第 6 章，4 学时；第 7 章，4 学时。

参加本书编写的有南京工程学院何培玲(绪论)，南华大学谢焱石、毕忠伟(第 1 章)，石家庄铁道学院温进芳(第 2 章)，南京林业大学张婷(第 3 章)，南华大学谢焱石、毕忠伟(第 4 章)，贵州工业大学孔思丽(第 5 章)，武汉工业学院邓友生(第 6 章)，南京林业大学张婷(第 7 章)。全书由何培玲、张婷统稿，由南京林业大学杨平教授主审。

由于我们水平所限，加之时间仓促，书中不妥之处在所难免，欢迎老师、学生及各界人士批评指正。

编 者
2005 年 9 月

目 录

绪论 ………………………………… 1

第1章 矿物与岩石 ……………… 4
1.1 概述 …………………………… 5
1.1.1 地壳 …………………… 5
1.1.2 地球内部圈层 ………… 7
1.2 主要造岩矿物 ………………… 8
1.2.1 矿物的形态 …………… 8
1.2.2 矿物的物理性质 ……… 9
1.2.3 常见矿物 ……………… 10
1.3 岩石 …………………………… 13
1.3.1 岩浆岩 ………………… 13
1.3.2 沉积岩 ………………… 16
1.3.3 变质岩 ………………… 20
1.4 岩石的工程性质及工程分类 … 23
1.4.1 岩石的工程性质 ……… 23
1.4.2 岩石的风化作用 ……… 28
1.5 土的工程地质性质 …………… 31
1.5.1 土的成分与结构构造 … 31
1.5.2 土的物理力学性质 …… 32
1.5.3 土的分类 ……………… 33
1.5.4 我国主要特殊土的工程地质特征 ………………… 36
本章小结 ……………………………… 48
关键术语 ……………………………… 48
知识链接 ……………………………… 49
思考题 ………………………………… 49

第2章 地质构造 ………………… 50
2.1 地壳运动及地质作用 ………… 51
2.1.1 岩层分类 ……………… 52
2.1.2 岩层产状 ……………… 53
2.1.3 地层接触关系 ………… 54
2.1.4 褶皱构造 ……………… 56
2.1.5 褶皱要素 ……………… 57
2.1.6 褶皱分类 ……………… 57
2.1.7 褶皱的野外识别 ……… 60
2.2 断裂构造 ……………………… 61
2.2.1 节理 …………………… 61
2.2.2 断层 …………………… 62
2.3 地质构造对工程建筑物稳定性的影响 …………………………… 65
2.4 地质年代 ……………………… 67
2.4.1 相对年代与绝对年代 … 67
2.4.2 地质年代表 …………… 70
2.5 地质图 ………………………… 72
2.5.1 地质图的种类 ………… 72
2.5.2 地质图的比例尺、图例 … 72
本章小结 ……………………………… 74
关键术语 ……………………………… 75
知识链接 ……………………………… 75
思考题 ………………………………… 76

第3章 地下水 …………………… 77
3.1 地表流水的地质作用 ………… 79
3.1.1 概述 …………………… 79
3.1.2 暂时流水的地质作用 … 79
3.2 岩石中的空隙与岩石的水理性质 …………………………… 81
3.2.1 岩石中的空隙 ………… 81
3.2.2 岩石的水理性质 ……… 83
3.3 地下水的类型 ………………… 84
3.3.1 含水层、隔水层与滞水层 ………………………… 84
3.3.2 地下水的埋藏类型 …… 85
3.4 地下水对建筑工程的影响 …… 87

3.4.1 地下水对混凝土的侵蚀性 … 87
　　3.4.2 地基沉降 … 89
　　3.4.3 流砂 … 89
　　3.4.4 潜蚀 … 89
　　3.4.5 地下水的浮托作用 … 90
　　3.4.6 基坑突涌 … 90
本章小结 … 90
关键术语 … 91
知识链接 … 91
思考题 … 91

第4章 动力地质作用 … 92

4.1 风化作用 … 93
　　4.1.1 风化作用的类型 … 94
　　4.1.2 影响风化作用的因素 … 97
　　4.1.3 岩石风化的勘查评价与防治 … 97
4.2 河流的地质作用 … 98
　　4.2.1 河谷要素 … 98
　　4.2.2 流水的动能 … 99
　　4.2.3 河流的侵蚀、搬运与沉积作用 … 100
　　4.2.4 河谷的类型 … 102
　　4.2.5 河流阶地 … 103
4.3 岩溶作用 … 104
　　4.3.1 岩溶发育的条件 … 105
　　4.3.2 岩溶发育的规律 … 105
4.4 滑坡、崩塌、泥石流 … 106
　　4.4.1 滑坡 … 106
　　4.4.2 滑坡的形成条件 … 108
　　4.4.3 滑坡防治原则和方法 … 109
　　4.4.4 崩塌 … 109
　　4.4.5 泥石流 … 110
　　4.4.6 泥石流的分类、形成条件及防治 … 111
4.5 地震 … 115
　　4.5.1 地震的基本概念 … 115
　　4.5.2 地震波、地震震级与地震烈度 … 117
　　4.5.3 常见震害及防震原则 … 120
本章小结 … 122
关键术语 … 123
知识链接 … 123
思考题 … 124

第5章 常见地质灾害 … 125

5.1 边坡工程地质问题 … 126
　　5.1.1 边坡变形破坏的基本类型 … 126
　　5.1.2 边坡稳定分析方法 … 128
5.2 地基工程地质问题 … 131
　　5.2.1 地基变形破坏的基本类型 … 131
　　5.2.2 软弱地基处理措施 … 132
　　5.2.3 地基承载力 … 134
5.3 地下工程地质问题 … 136
　　5.3.1 岩体及岩体结构的概念 … 136
　　5.3.2 地应力 … 138
　　5.3.3 地下洞室变形及破坏的基本类型 … 139
本章小结 … 142
关键术语 … 142
知识链接 … 143
思考题 … 144

第6章 岩土工程稳定性评价 … 145

6.1 地基稳定性评价处理 … 146
　　6.1.1 土基稳定性评价及处理 … 147
　　6.1.2 岩基稳定性评价及处理 … 152
6.2 基坑稳定性评价 … 155
　　6.2.1 基坑工程的稳定性评价 … 156
　　6.2.2 基坑支护 … 161
　　6.2.3 基坑治水 … 165
6.3 地下洞室围岩稳定性评价 … 167

6.3.1 地下洞室围岩变形破坏
　　　　　　形式 ……………… 167
　　　6.3.2 地下洞室围岩稳定性
　　　　　　评价概述 ………… 171
　　　6.3.3 处理措施 ………… 174
　本章小结 ………………………… 175
　关键术语 ………………………… 175
　知识链接 ………………………… 175
　思考题 …………………………… 178

第7章　工程地质勘察 …………… 179
　7.1 工程地质勘察的任务和方法 …… 180
　　　7.1.1 工程地质勘察目的和方法
　　　　　　简述 ……………… 180
　　　7.1.2 工程地质勘察阶段 … 181
　　　7.1.3 工程地质测绘 …… 182
　　　7.1.4 工程地质勘探 …… 184
　　　7.1.5 岩土测试 ………… 187
　　　7.1.6 现场监测 ………… 191
　7.2 工程地质勘察报告书和图件 …… 192
　　　7.2.1 工程地质勘察报告书 … 192

　　　7.2.2 工程地质图件 …… 193
　7.3 工业与民用建筑的工程地质
　　　勘察 ……………………… 194
　　　7.3.1 工业与民用建筑的主要
　　　　　　工程地质问题 …… 194
　　　7.3.2 工业与民用建筑勘察的
　　　　　　主要内容 ………… 197
　　　7.3.3 勘察阶段的划分及
　　　　　　内容 ……………… 198
　　　7.3.4 高层与超高层建筑的主要
　　　　　　工程地质问题 …… 201
　　　7.3.5 高层与超高层建筑的工程
　　　　　　地质勘察要点 …… 203
　7.4 道路工程的工程地质勘察 …… 204
　7.5 桥梁工程的工程地质勘察 …… 205
　7.6 地下工程的工程地质勘察 …… 206
　本章小结 ………………………… 207
　关键术语 ………………………… 207
　知识链接 ………………………… 207
　思考题 …………………………… 209

参考文献 …………………………… 210

绪 论

中国地域广大、信息丰富。不仅有地球上最古老和最年轻的造山带、独特的盆地构造、巨大面积的花岗岩、丰富的能源矿产等，而且具有全球面积最大的西北黄土高原，有世界罕见的大别山高压—超高压变质带，有全球最典型的云南早寒武世密集生物群。这些都是我国特有的地质学上的优势。

工程地质学是研究与工程建设有关的地质问题的科学，属于地质学范畴，把地质科学的基础知识应用到工程实践中，通过勘察手段获得各种地质数据，为各类工程建筑的规划、设计、施工提供依据，从而在安全、质量及功能方面保证工程建筑顺利运行。

地质环境和各种建筑物之间存在一定的相互关联和制约，环境对建筑物的制约影响其安全稳定和正常使用，建筑又改变了环境的初始平衡，使其发生各种变化甚至恶化。工程地质条件是与工程有关的地质因素，包括地形地貌条件、岩土类型及其工程地质性质、地质构造、水文地质条件、物理（自然）地质作用与现象、天然建筑材料等；工程地质问题指工程地质条件不能完全满足在该地进行建筑的要求，以致在建筑物的稳定、经济或正常使用方面发生的问题或存的缺陷。在地质环境与建设的矛盾关系中，工程地质条件的不利因素对工程建筑的规模和类型起着控制作用。

在人与自然和谐发展的今天，工程地质是调查、研究、解决与人类活动及各类工程建筑有关的地质问题的科学，重点研究人类工程活动对地质环境的影响效应，进而评价、预测、控制并规范人类工程活动行为，提高地质环境质量，减轻灾害对人类的威胁，从而保持社会经济的可持续发展。工程地质的蓬勃发展建立在众多工程实践的基础上，与现代科学技术的发展和相关学科交叉与渗透，工程地质必将参与保持人类文明的可持续发展。所以，未来的工程地质在理论或实践水平方面都将出现新的突破。

工程地质的研究领域很广，研究内容十分复杂，涉及的学科较多，截至目前已成为一门以地质学为基础的综合性科学。本书内容主要包含矿物与岩石，地质构造，地下水，动力地质作用，常见地质灾害，岩土工程稳定性评价，工程地质勘察7个部分。以工程地质基础知识为主要内容进行介绍，着重介绍基础知识的实用性，增加了导入案例、应用实例和实例分析等实用内容，以增强学生的学习兴趣。

工程地质基础知识部分主要研究地球的组成、构造、发展历史和演变规律，为人类的生存和社会发展提供科学依据。地壳是地球外部由固体岩层所构成的外壳，而岩石是构成整个地壳的基本物质。目前工程建设所处的地层是岩石经过各种地质作用转化而来的，因此，了解土的工程地质性质、地质构造、动力地质作用及相关的工程地质问题尤为重要。

地下水是指埋藏在地面以下，存在于岩石和土壤的孔隙中可以流动的水体，分布广泛，水量也较稳定，是工农业和生活用水的重要水源之一。地下水环境是地质环境的一个重要组成部分，而且是参与大气圈、水圈、生物圈、岩石圈运动最为活跃、敏感性强的一个实体，在地质环境的演化中，自然演变与人类活动的综合作用使地下水产生剧烈的环境效应。课程中地下水部分主要介绍了岩石中的空隙与岩石的水理性质、地下水的类型、地下水的补给、径流与排泄、地下水对建筑工程的影响。

工程地质专业知识部分由工程地质勘察及岩土工程稳定性评价两大块内容组成。工程地质勘察主要介绍工程地质勘察的目的、任务和方法，了解工程地质报告中应包括的主要内容，能阅读一般的工程地质报告；此外，学习工业与民用建筑、道路、桥梁工程以及地下工程中的工程地质勘察方法。岩土工程稳定性评价从各个方面分别介绍地基、基坑与地下洞室围岩稳定性评价的方法与影响因素。

  为适应新世纪我国现代化建设和社会发展对人才的需求，培养具有基础地质学、水文地质学、工程地质学、地质工程、地球物理和地球化学勘测等方面的基本理论知识的新一代接班人的要求愈发迫切，本课程是一门实践性很强的课程。要求学生掌握矿物与岩石的基本性质、建立起对工程岩体的初步概念；系统掌握工程地质的基本理论和知识，能正确运用勘察数据和资料进行设计与施工；了解工程地质勘察的基本内容、方法和过程，各个工程地质数据的来源、作用以及应用条件；能对建筑物地区的工程地质进行勘察工作；能根据工程地质的勘察成果，运用自己已经学过的工程地质理论和知识，进行一般的工程地质问题分析及对不良地质现象采取处理措施；能把学到的工程地质知识与专业知识及其他课程知识密切联系起来，去解决实际工程中的工程地质问题。

  随着大规模工程建设的发展，工程地质的研究领域日益扩大，除了岩土学和工程动力地质学、专门工程地质学和区域工程地质学外，一些新的分支学科也正在逐渐形成，如矿山工程地质学、海洋工程地质学等。建设环境给地质学理论提供了突飞猛进的机遇，电子技术的应用使得知识更新速度变快，如激光、遥感、数字系统、高分辨分析测量仪器已经逐渐应用到地质研究领域。

  为了人类永久的梦想，为了我们更好地了解地球，为了我们更加方便地获取资源、保持人类的可持续发展，更是为了我们生活的地球更加清洁、安全与富有，我们有理由相信工程地质的发展也会进入一个光辉的时代。

第1章 矿物与岩石

本章教学要点

知识要点	掌握程度	相关知识
主要造岩矿物	熟悉	矿物的物理力学性质及鉴定特征
岩浆岩	重点掌握	结构、构造、矿物成分、鉴定特征
沉积岩	重点掌握	形成过程、结构、构造、鉴定特征
变质岩	重点掌握	变质因素、结构、构造、鉴定特征
岩石、土的工程特点	掌握	岩石、土的物理、力学特点

本章技能要点

技能要点	掌握程度	应用方向
主要造岩矿物的鉴别	熟悉	建筑装修、基础工程、工程造价
三大岩类的鉴别	掌握	地质条件直接影响浅基础的选用方案
岩石、土的工程应用	掌握	岩石、土的物理、力学性质

第1章 矿物与岩石

导入案例

通常新疆和田玉和缅甸的翠玉（翡翠）统称为玉，和田玉定位为软玉、翡翠定位为硬玉。硬度在6.5度以上可称为玉，6.0度以下称玉石。

翡翠有A货、B货、C货之分。A货指天然翡翠玉件，没有经过注胶和染色处理。如经过注胶处理的称为B货，但胶老化会影响颜色的明亮鲜艳程度。如经染色处理的称为C货，如同时存在注胶和染色处理的称为B+C货。但传统的覆蜡或"蜡"处理一般认为不属于B货，仍视为A货。翡翠鉴别公认"荧光特性和密度测量备受重视，红外和拉曼光谱特征被视为最客观"。

翡翠的原生色主要有绿色、紫色、灰绿色、黑灰色等。翡翠的密度为3.25~3.43，具天然孔隙者还可略低。一般认为荧光特征只能作为参考，不能作定论。折射率也不能判定硬玉品质。翡翠的摩氏硬度一般略小于石英(7)，在不同的文献资料中分别标示为6、6.3、6.5、6.5~7等。

一般翡翠B货的撞击声稍为沉闷。但发出清脆"钢"音的不一定就是天然硬玉翡翠，如透辉石玉（青海翠玉）、闪石钠长玉等，现在市场上出现的某些B货也可发现清脆的"钢"音。经酸洗注胶的翡翠B货一般都有明显的网纹结构，但天然翡翠中受地应力作用和风化作用可以产生明显的孔隙和网纹结构，与酸腐蚀产生的裂纹常常难于区分。用显微镜（包括反光显微镜）观察，一般对于有较大充填体的部分是简单有效的。

翡翠C货的鉴别，简便可靠的方法是分光镜检查，但有的玉件透光很弱或颜色浅，吸收线不易观察。现在市场上主要的染色翡翠是所谓的B+C染色翡翠，具有颜色较为鲜艳、底色干净、色丝结构、边沿模糊等颜色分布特征，可用肉眼识别。

1.1 概 述

地质学是研究地球的一门学科，工程地质学是研究工程建设与地质环境相互关系的学科，是地质学的一个分支。工程地质学的目的是查明建设地区、建设场地的工程地质条件，分析预测和评价可能存在和发生的工程地质问题及其对建筑环境的危害，提出防治不良地质现象的措施，为保证工程建设的规划、设计、施工和运营提供可靠的地质依据。

知识要点提醒：工程地质学应结合土力学、基础工程及岩石力学等内容学习。

1.1.1 地壳

地球是太阳系九大行星之一，它绕太阳公转并绕本身的轴自转。地球的形状为旋转椭球体，赤道半径约6378km，极地半径约6365km，平均半径约6371km。地球的表面积约5亿km²，其中陆地占29.3%，海洋占70.7%。通过地震波记录获得的地球物理资料揭示固体地球是由不同圈层构成的。地球的圈层包括外圈层和内圈层。地球的外圈层是指大气

5

圈、水圈和生物圈。地球的内部圈层构造从地心到地表可分为地核、地幔和地壳3个圈层，如图1.1所示。

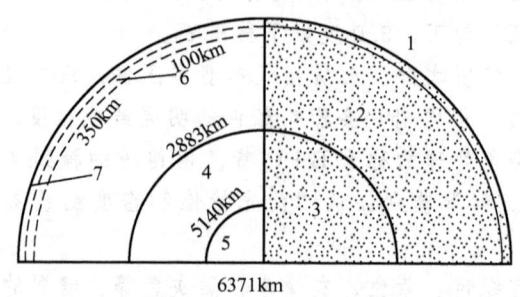

图1.1 地球内部圈层
1—地壳；2—地幔；3—地核；4—液态外部地核；
5—固态内部地核；6—软流圈；7—岩石圈

大气圈是地球的最外圈层，其上界可达1800km或更高的空间。自地表到10～17km的高空为对流层，所有的风、云、雨等天气现象均发生在这一层，主要成分是N_2（78%）和O_2（21%），其次是Ar（0.93%）、CO_2（0.03%）和水蒸气等。水圈由地球表层分布于海洋和陆地上的水和冰所构成。水的总体积约为14亿km^3，其中海洋水占总体积的98%，陆地水只占1.9%。地球生物存在于水圈、大气圈下层和地壳表层的范围之中。生物富集的化学元素主要是H、O、C、N、Ca、K、Si、Mg、P、S、Al等。

图1.2给出了地震波在地球内部不同深度处的传播速度。波速的突变面称为波速不连续面或界面。从图上可以看出，在33km和2900km处存在两个一级界面。第一个界面叫莫霍洛维奇面，简称莫霍面或M面。在此界面附近，地震纵波波速V_p由7.6km/s突然增至8.1km/s。第二个界面是美国学者古登堡（B.Gutenberg）于1914年发现的，称为古登堡面。在此界面处，S波（横波）消失，P波（纵波）速度突然由13.64km/s下降到8.1km/s。这两个界面把地球内部分为3个主要圈层：地壳、地幔和地核。

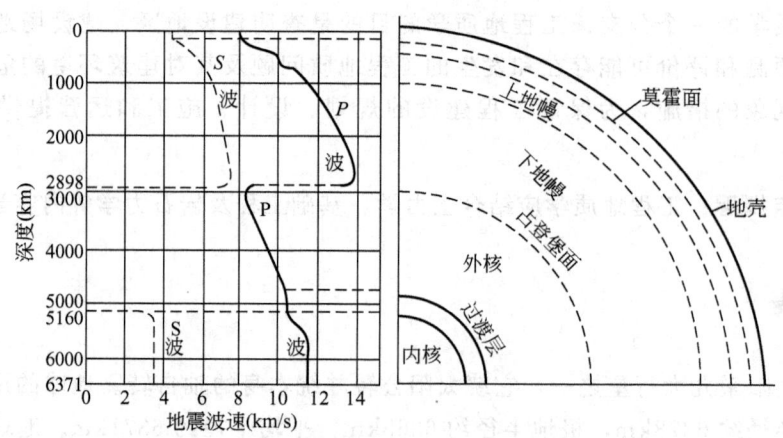

图1.2 地震波在地球内部不同深度处的传播速度

1.1.2 地球内部圈层

地壳是莫霍面以上的部分。根据地壳组成物质的差异，又可将地壳分为两层，上层叫硅铝层(花岗岩质层)，下层叫硅镁层(玄武岩层)，如图1.3所示。

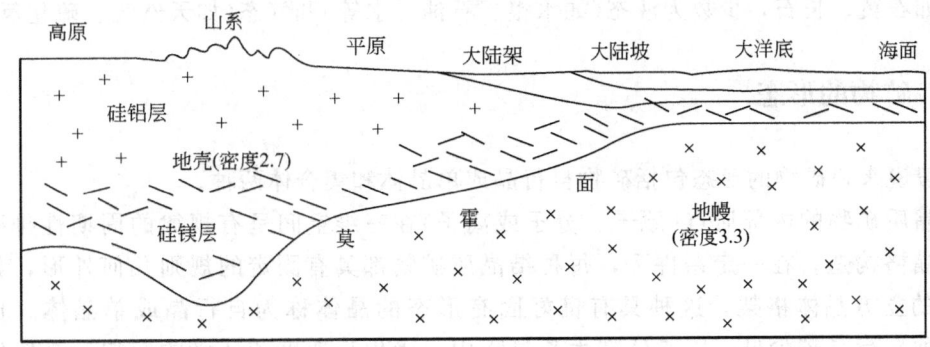

图1.3 地壳结构图

地壳由固体岩石组成，岩石是由矿物组成的，矿物则是由各种化合物或化学元素组成的。地壳中已发现的矿物元素有90多种，其中氧、硅、铝、铁、钙、钾、镁、钛和氢10种元素按质量计占元素总质量的99.96%，而氧、硅、铝三元素就占82.9%。地壳厚度变化很大，大洋地壳较薄，仅有5～10km；大陆地壳的平均厚度是35km，在造山带和西藏高原处，其厚度达50～70km；整个地壳平均厚度为16km。地球表面明显地分为海洋和大陆两部分，海洋占地球表面的70.8%。海底平均低于海平面3.9km，大陆平均高出海平面0.86km。

大陆上一般海拔高于500m的地形起伏大于200m的地区称为山地，其中海拔为500～1000m的为低山，1000～3500m的为中山，大于3500m的为高山；高原是海拔高于600m，表面较平坦或有一定起伏的广阔地区；平原是较大的平坦地区，一般海拔小于600m，地形起伏小于50m；丘陵为有一定起伏的低矮地区，一般海拔在500m以下，相对高差在50～200m之间，其特点介于山地和平原之间，四周是高原或山地，中央低平的地区称为盆地，大陆上有些盆地很低，高程在海平面以下，这样的盆地称为洼地，如我国吐鲁番盆地中的艾丁湖湖水面在海平面以下150m，称为克鲁沁洼地。

🔑**小思考**：你家乡的地形单元是怎样的？

地幔是介于莫霍面与古登堡面之间的部分，厚度约2800km。地幔分为上、下两层，上地幔从莫霍面至地下1000km，厚度约为900km，主要由超基性岩组成，平均密度为3.5g/cm³，温度达1200～2000℃，压力达0.4GPa；下地幔从地下1000km至古登堡面，厚度约为1900km，主要成分为硅酸盐、金属氧化物和硫化物，铁、镍量增加，平均密度为5.1g/cm³，温度达2000～2700℃，压力达150GPa。

自古登堡面至地心部分称为地核。地核又分为内核、过渡层和外核，厚度为3471km。地核主要由含铁、镍量很高且成分很复杂的液体和固体物质组成，密度约为13.0g/cm³，温度达 3500~4000℃，中心压力达 360GPa。

1.2 主要造岩矿物

目前已发现的矿物有 3000 多种，常见的造岩矿物仅 30 多种。矿物在地壳中大部分呈固态，如石英、长石，少数为液态（如水银、石油、水等）和气态（如天然气、硫化氢等）。

1.2.1 矿物的形态

一般说来，矿物的形态包括矿物自形晶或单晶体和集合体两种。

结晶质矿物的内部质点（原子、分子或离子）在三维空间呈有规律的周期性排列，形成空间晶格构造。在一定条件下，每种结晶质矿物都具有固定的规则几何外形，如岩盐（NaCl）的立方晶体格架，这种具有良好固有形态的晶体称为自形晶或单晶体。自然界中，这种自形晶较少见，因晶体在生长过程中，受生长速度和环境的影响，晶体发育不良，形成了不规则的外形，称为他形晶，而在岩石中的造岩矿物多为粒状他形晶体的集合体。

非晶质矿物的内部质点排列没有规律性，故不具有规则的几何外形。非晶质矿物有玻璃质和胶体质两类。前者为高温熔融体迅速冷凝而成，如火山喷出的岩浆迅速冷凝而成的黑曜岩中的矿物；后者由胶体溶液沉淀或干涸凝固而成，如硅质胶体沉淀凝聚而成的蛋白石（$SiO_2 \cdot nH_2O$）。

1. 矿物单晶体的形态

(1) 片状、鳞片状：如云母、绿泥石。
(2) 板状：如斜长石、板状石膏。
(3) 柱状：如长柱状的角闪石和短柱状的辉石等。
(4) 立方体状：如岩盐、方铅矿、黄铁矿等。
(5) 菱面体状：如方解石。
(6) 菱形十二面体状：如石榴子石等。

2. 矿物集合体的形态

自然界的矿物很少呈单体出现，大多数呈集合体形态。集合体形态很多，常见的有如下几种。

(1) 粒状、块状、土状：矿物晶体在空间 3 个方向上接近等长的他形集合体。当颗粒边界较明显时称粒状，如橄榄石等；若肉眼不易分辨颗粒边界的称块状，如石英等；疏松的块状可称土状，如高岭土等。
(2) 鲕状、豆状、葡萄状、肾状：矿物集合体呈具有同心构造的球形。像鱼卵大小的称鲕状，如方解石等；近似黄豆大小的称豆状，如赤铁矿；不规则的球形体可称葡萄状和肾状。
(3) 纤维状：如石棉、纤维石膏等。

(4) 钟乳状：如方解石、褐铁矿等。

1.2.2 矿物的物理性质

1. 矿物的光学性质

1) 颜色

矿物的颜色是其对光线吸收和反射的物理性能。根据成因可分 3 种：①自色：是矿物本身固有的颜色，取决于色素离子的类别。如含 Fe^{2+} 的赤铁矿呈砖红色，孔雀石呈绿色（Cu^{2+}），自色比较固定。②他色：是由于矿物中混入了少量杂质所引起的。他色不固定，因成分不同而异。如石英是无色的透明的，含碳时呈烟灰色，含锰时呈紫色，含铁时呈玫瑰色。③假色：是由于矿物内部的裂隙或表面的氧化膜对光的折射、散射造成的。如斑铜矿表面的蓝色和紫色。

2) 条痕

条痕是矿物粉末的颜色。把矿物在素瓷板上刻画所得的颜色就是条痕色。条痕色可以消除伪色、减弱他色、显示自色，具有鉴定意义，如赤铁矿呈樱红色的条痕。其主要用于不透明矿物的鉴定，对透明矿物没有意义。

3) 光泽

矿物表面反射光线的能力称为光泽。按反光的强弱分为：①金属光泽：如黄铁矿、黄铜矿、方铅矿等。②半金属光泽：类似金属但较暗淡，如铬铁矿。③非金属光泽：可分为：金刚光泽，如金刚石、闪锌矿；玻璃光泽，如水晶、方解石；油脂光泽，如石英断口的光泽；丝绢光泽，如石棉；蜡状光泽，如蛇纹石；珍珠光泽，如云母；土状光泽，如高岭石。

4) 透明度

透明度是指矿物透光的程度，可分成三级：①透明：绝大多数光线可透过矿物，如水晶、冰洲石。②半透明：光线部分通过，如闪锌矿、辰砂等。③不透明：光线通不过，如黄铁矿。

2. 矿物的力学性质

1) 硬度

矿物抵抗外来机械作用的能力称硬度。其取决于矿物的化学成分和内部构造。肉眼鉴定时用刻画法和摩氏硬度计中的 10 种矿物作为对比的标准。10 种标准矿物及相对等级为：1 滑石，2 石膏，3 方解石，4 萤石，5 磷灰石，6 长石，7 石英，8 黄玉，9 刚玉，10 金刚石。

📖 实用小窍门：野外用指甲(2~2.5)、小刀(5~5.5)等进行粗略测定岩石硬度，软矿物（指甲能刻划）；中等硬度矿物（硬度介于指甲与小刀之间）；硬矿物（小刀不能刻划）。

2) 解理

矿物受力后沿一定结晶学方向裂成光滑平面的性质称解理。裂开的平面叫解理面。解理的数目不一，可有可无。根据解理的完善程度，可将解理分成 4 级。

（1）极完全解理：解理面非常平滑，易裂开，如云母。

(2) 完全解理：解理面光滑，易裂成薄层状，如方解石、长石。
(3) 中等解理：解理面不甚平滑，如角闪石、辉石。
(4) 不完全解理：解理面参差不齐，如磷灰石。

3) 断口

矿物受力后形成凹凸不平的裂开面称断口。断口和解理互为消长，可分为贝壳状（图1.4）、参差状、锯齿状等。

图1.4 单晶石英的贝壳状断口

3. 其他性质

比重

矿物的质量与同体积纯水(在4℃时)的质量比称为比重。矿物的比重大多数在2.5～4之间。通常分三级：①小比重：比重<2.5的矿物，轻矿物，如石盐、石墨、石膏。②中比重：比重在2.5～4之间，如白云石、石英、长石。③大比重：比重>4，重矿物。如方铅矿、黑钨矿。

此外还有矿物的磁性、导电性、荷(摩擦、热等导致)电性、压电性、发光性、放射性等。这些特性往往为某些特有矿物所具有，对一般矿物不具有鉴定意义。

1.2.3 常见矿物

(1) 石英(SiO_2)：发育良好的石英单晶为六方锥体，通常为块状或粒状集合体；纯净透明石英晶体称为水晶，一般为白、灰白、乳白色，含杂质时呈紫、红、烟、茶等色；晶面玻璃光泽，断口或集合体油质光泽；无解理，断口贝壳状；硬度7；比重2.65。

(2) 长石：是一大族矿物，包括3个基本类型：钾长石[$K(AlSi_3O_8)$]、钠长石[$Na(AlSi_3O_8)$]、钙长石[$Ca(Al_2Si_2O_8)$]。钾长石中最常见的是正长石；以不同比例钠长石和钙长石混熔组成各种斜长石。

(3) 云母：含钾、铁、镁、铝等多种金属阳离子的铝硅酸盐矿物。所含阳离子不同，主要有白云母和黑云母。

(4) 普通角闪石：[$Ca_2Na(Mg, Fe)_4(Al, Fe)\{(Si, Al)_4O_{11}\}_2(OH_2)$]。单晶呈长柱或针状，集合体呈粒状或块状；颜色暗绿至黑色；玻璃光泽；有两组完全解理面（图1.5）；硬度5～6；比重3.1～3.3。

(5) 普通辉石[$Ca(Mg, Fe, Al)(Si, Al)_2O_6$]：单晶呈短柱或粒状；黑褐或黑色；

玻璃光泽；有两组完全解理面(图1.6)；硬度5.5~6；比重3.23~3.56。

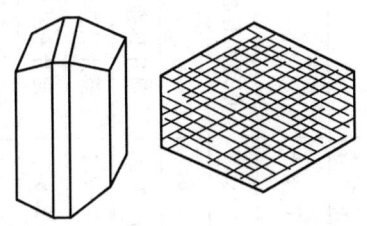

图1.5 角闪石长柱状单晶及横截面图

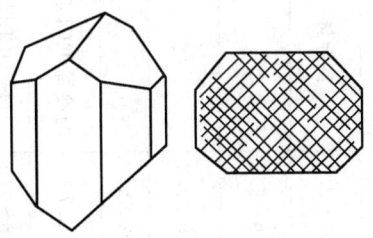

图1.6 辉石短柱状单晶及横截面图

(6) 橄榄石 [$(Mg,Fe)_2(SiO_4)$]：常呈粒状集合体；浅黄绿至橄榄绿色；晶面玻璃光泽，断口油质光泽；中等解理；硬度6.5~7；比重3.3~3.5。

(7) 方解石 [$CaCO_3$]：单晶为菱形六面体，集合体为粒状或块状；无色透明者称冰洲石，一般为白色、灰色，含杂质者为浅黄、黄褐、浅蓝色；玻璃光泽；三组完全解理面；硬度3，比重2.6~2.8；滴冷稀盐酸剧烈起泡。

(8) 白云石 [$CaMg(CO_3)_2$]：晶粒形态同方解石；纯者呈白色，含杂质者呈浅黄、灰褐色；玻璃光泽；三组完全解理面，但解理面多弯曲不平直；硬度3.5~4，比重2.8~2.9；滴热盐酸起泡，滴冷盐酸起泡不明显，滴紫红色镁试剂可变蓝色。

(9) 硬石膏 [$CaSO_4$]：硬石膏单晶呈板状、柱状，集合体有粒状、块状；纯者无色透明，一般为白色；玻璃光泽；三组完全解理面；硬度3~3.5，比重2.8~3.0；
硬石膏在大气压下，遇水生成石膏，同时体积膨胀约30%，对工程建筑有严重危害。

(10) 石膏 [$CaSO_4 \cdot 2H_2O$]：单晶呈板、柱、片状，集合体有纤维状或块状；纯者无色透明，一般为白色；含杂质可为浅红、灰、褐色；平面反光为玻璃光泽，纤维状反光为丝绢光泽；一组解理极完全。硬度2，比重2.3~2.37。

(11) 高岭石 [$Al_2Si_2O_5(HO)_4$]：单晶极小，肉眼不可见，集合体多为土状或块状；纯者呈白色，含杂质可为浅红、浅黄、浅灰、浅绿色；土状光泽；硬度1~2，比重2.58~2.61；干燥块体有粗糙感，易捏成碎末，吸水性强，潮湿时具有可塑性。

(12) 黄铁矿 [FeS_2]：单晶为立方体，集合体为粒状或块状；铜黄色；条痕黑色；强金属光泽；无解理；断口参差状；硬度6~6.5，比重4.9~5.2；黄铁矿是地壳中分布广泛的硫化物，是制取硫酸的主要原料，岩石中的黄铁矿易氧化分解成铁的氧化物和硫酸，从而对混凝土和钢筋混凝土结构产生腐蚀作用。

(13) 滑石 [$Mg_3(Si_4O_{10})(HO)_2$]：单晶少见，常为致密块状、片状或鳞片状集合体；纯者白色，含杂质常呈浅黄、浅绿、浅褐色；晶面呈珍珠光泽或玻璃光泽，断口为蜡状光泽；一组极完全解理面；硬度1，比重2.7~2.8。

(14) 绿泥石 [$(Mg,Al,Fe)_6\{(Si,Al)_4\}_2O_{10}$]：绿泥石是一族种类较多的矿物，是很复杂的铝硅酸盐化合物；多呈片状或鳞片状，集合体出现在温度不高的热液变质岩中；暗绿色；解理面上为珍珠光泽；有一组极完全解理面；硬度2~2.5，比重2.6~2.85；薄片有挠性；绿泥石与滑石、云母类矿物的特征有许多相似之处，有这些矿物组成的岩石工程性质较差。

目前已发现的矿物有3000多种，常见的造岩矿物仅30多种，其主要特征见表1-1。

表1-1 常见矿物的主要特征表

类别	矿物名称	化学成分	形状	颜色	条痕	光泽	硬度	解理	断口	比重	其他
自然元素	石墨	C	鳞片状、块状	黑、钢灰	亮黑	金属	1	完全	片状	2.09~2.23	良导体
硫化物	黄铁矿	FeS_2	立方体、粒状、块状	稻草黄	绿黑	金属	6~6.5	无	参差	4.9~5.2	
氧化物	赤铁矿	Fe_2O_3	鲕状、肾状、块状	红、褐等、无色	樱红	半金属	5~6	无	参差	4.9~5.2	
	石英	SiO_2	柱状、块状	乳白、无色等	无	玻璃、油脂	7	无	贝壳	2.65	
碳酸盐	方解石	$CaCO_3$	菱面体、粒状、块状	白、无	无	玻璃	3	三组完全	无	2.7	与冷稀HCl起泡
	白云石	$CaCO_3 \cdot MgCO_3$	块状、菱面体	白灰、微粉	白	玻璃	3~4	三组完全	无	2.8~2.9	与热HCl起泡
硫酸盐	石膏	$CaSO_4 \cdot 2H_2O$	板状、纤维状	白	白	玻璃	2	中等	平坦	2.3	
	橄榄石	$(Mg \cdot Fe)_2SiO_4$	粒状	橄榄绿	无	玻璃	6.5~7	无	贝壳	5.3~3.5	
	辉石	$Ca_2Na(Mg \cdot Fe)_4(Al \cdot Fe)[(Si \cdot Al)_4O_{11}]_2(OH)_2$	短柱状	黑绿	灰绿	玻璃	5~6	两组交角87°	平坦	3.3~3.6	
	角闪石		长柱状	绿黑	淡绿	玻璃	6	两组解理56°	锯齿	3.1~3.6	
	斜长石	$Na(AlSi_3O_8)Ca(Al_2Si_2O_8)$	板状、柱状	白、灰白	白	玻璃	6.5~7	中等	参差	2.6~2.7	
	正长石	$K(AlSi_3O_8)$	板柱状	肉红	白	玻璃	6	中等	不平整	2.6	解理面有晶纹
	白云母	$KAl_2(AlSi_3O_{10})(OH)_2$	片状、鳞片状	白或棕无	无	玻璃、珍珠	2~3	一组极完全	无	3~3.2	薄片具弹性
	黑云母	$K(MgFe)_3(AlSi_3O_{10})(OH \cdot F)_2$	片状、鳞片状	黑或棕黑	无	玻璃、珍珠	2.5~3	一组极完全	无	2.7~3.1	薄片具弹性
	绿泥石	$(MgFe)_5Al(AlSi_3O_{10})(OH)_8$	板状、鳞片状	绿	无	玻璃、珍珠	2.5~3	一组极完全		2.8	薄片有沉性
	蛇纹石	$[Mg_6(Si_4O_{10})](OH)_2$	纤维状、鳞片状	浅绿、深绿	白	油脂、丝绢	3~4	中等	无	2.5~2.7	集合体纤维状
	滑石	$Mg_3(Si_4O_{10})(OH)_2$	板状、鳞片状	白、黄、绿	白	油脂	1	一组中等	无	2.7~2.8	滑感
	高岭土	$Al_4(Si_4O_{10})(OH)_8$	土状	白、黄	白	土状	1	无	参差		吸水性、可塑性、滑感

1.3 岩 石

岩石是组成地壳的主要物质成分。岩石是矿物有规律组合的集合体,是地壳中各种地质作用形成的地质体,并具有一定的结构、构造和变化规律。大多数岩石是由若干种矿物组成的,有的主要由一种矿物组成,如花岗岩:正长石、石英、黑云母等;大理岩:方解石。从成因上来划分,可以把岩石分为三大类:岩浆岩、沉积岩和变质岩。

1.3.1 岩浆岩

岩浆是存在于上地幔和地壳深处、以硅酸盐为主要成分、富含挥发性物质、处于高温(700~1200℃)、高压(数千兆帕)状态下的熔融体。最重要且最常见的岩浆成分为硅酸盐,极少数情况下可为碳酸盐、磷酸盐、硫化物或氧化物等成分,通常含有少量以水为主的挥发性物质。地下深处相对平衡状态的岩浆,受地壳运动影响,就会沿着地壳中薄弱、开裂的地带向地表方向活动,岩浆的这种运动称为岩浆作用。岩浆上升未达地表,在地壳中冷却凝固,称岩浆侵入作用;若岩浆上升冲出地表,在地面上冷却凝固,则称岩浆喷出作用,也称火山作用。在岩浆作用后期,岩浆冷却凝固形成的岩石称岩浆岩。

1. 岩浆岩的物质成分

1) 岩浆岩的化学成分

地壳中存在的元素在岩浆岩中几乎都有,但其含量不同,主要元素是 O、Si、Al、Fe、Mg、Cu、Na、K、Ti,其含量占岩浆岩的 99.25%。岩浆岩中的各种氧化物随 SiO_2 的增减作有规律的变化。

2) 岩浆岩的矿物成分

根据其化学成分特点分成硅铝矿物和铁镁矿物两大类:①硅铝矿物(又称浅色矿物):SiO_2 和 Al_2O_3 含量高,不含 Fe、Mg。如石英、长石。②铁镁矿物(又称暗色矿物):FeO、MgO 较多,SiO_2、Al_2O_3 较少。如橄榄石、辉石类、角闪石类及黑云母类矿物。绝大多数岩浆岩是由浅色矿物和暗色矿物组成的,但不同类型的岩石其矿物组成含量不同,一般从酸性岩到超基性岩,暗矿增多颜色变深。根据颜色深浅大致可确定岩浆岩的类型。

2. 岩浆岩的结构和构造

岩浆岩的结构指组成岩石物质的形状颗粒大小和结晶程度,常见的有以下几种。

(1) 全晶质结构。岩石中的矿物全为结晶体,肉眼可见晶粒,晶粒大小均匀,按晶粒大小又可分为粗粒(大于5mm)、中粒(1~5mm)、细粒(小于1mm)。全晶粗粒和全晶中粒为深成岩结构;全晶细粒常为浅成岩结构。

(2) 结晶斑状结构。矿物全部结晶,肉眼可见晶粒,晶粒大小不均。大于5mm的斑晶被细小晶粒的基质包围。结晶斑状结构又称似斑状结构,是深成岩结构。

(3) 斑状结构。矿物全部结晶,但肉眼只能看到粗大的斑晶粒(大于5mm的石英或长石晶体),而包围斑晶的基质多为肉眼不可分辨的极细小晶粒。这种极细小、肉眼不可见的晶粒集合体称隐晶质。因此,斑状结构是斑晶被隐晶质包围,是浅成或喷出岩结构。

(4) 隐晶质结构。全结晶,晶粒极细小,肉眼不可分辨。是喷出岩结构。

(5) 非晶质结构。全部不结晶,是喷出岩结构。

岩浆岩的构造指组成岩石物质的排列方式和充填方式所反映出来的岩石外表特征,常见的有以下几种。

(1) 条带状构造。岩石由不同成分的条带相间组成,超基性岩、伟晶岩中常见。

(2) 块状构造。岩石中矿物均匀分布,无一定排列方向,深成岩所具有。

(3) 气孔状构造和杏仁状构造。岩石中分布有大小不同的圆形或椭圆形孔洞称气孔状构造,是岩浆快速冷却时,气体逸出所造成的孔洞,如果气孔被后来的物质所充填,则称杏仁状构造,为喷出岩所具有。

(4) 流纹状构造。不同颜色的条纹、长形气孔和长条状矿物定向排列,表现出熔岩流的流动构造,流纹岩具有。

3. 岩浆岩的产状

指岩体的形状、大小以及与围岩的关系(图 1.7)。主要有以下几种。

(1) 岩基,深成巨大侵入体,范围大、形状不规则,表面起伏不平,面积>100km²。

(2) 岩株,比岩基范围小,面积达几到几十平方公里,下部与岩基相连。

(3) 岩盘,上凸下平的呈透镜状的侵入体。

(4) 岩床,顺层侵入体,表面略为平整。

(5) 岩脉,与围岩成层方向斜交或直交的小型侵入体。

(6) 岩墙,与地面近于直交的小型侵入体。

(7) 喷出岩的产状有熔岩流和大面积的岩熔被。

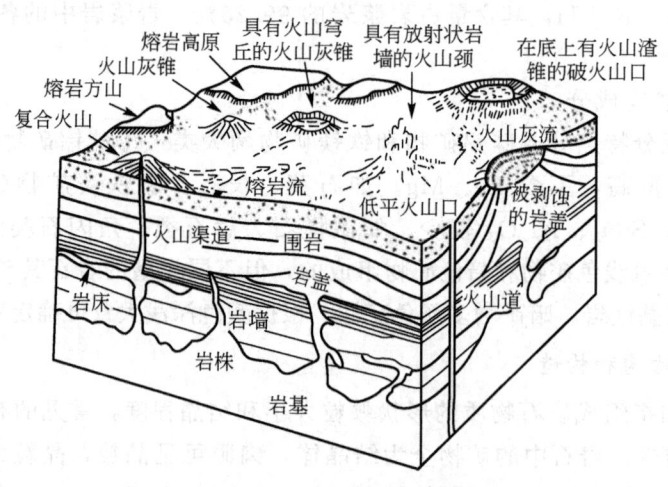

图 1.7 火成岩产状立体示意图

4. 岩浆岩的分类

岩浆岩按 SiO_2 含量的多少,可分为 4 大类:①超基性岩:SiO_2 含量<45%;②基性岩:SiO_2 含量为 45%~52%;③中性岩:SiO_2 含量为 52%~65%;④酸性岩:SiO_2 含量为 65%~75%。每大类中又可根据其成分产状、结构构造再进一步细分,见表 1-2。

表1-2 岩浆岩的分类简表

特征	超基性岩类	基性岩类		中性岩类			酸性岩类		碱性岩类		
	橄榄岩-科马提岩类	辉长岩-玄武岩类		闪长岩-安山岩类	二长岩-粗面安山岩类	正长岩-粗面岩类	花岗岩-流纹岩类		中性碱性岩类霞石-响岩类	基性碱性岩类霞石-碧玄岩类	超基性碱性岩类霞石岩类
		钙碱性	弱碱性	钙碱性	钙碱性	弱碱性	钙碱性	弱碱性			
SiO_2(%)	<45	45~52		52~65			>65		65~52	52~45	<45
石英(%)	无	<5	无	<20	<20	无	>20	>20	无	无	无
长石	不含或含少量基性斜长石	基性斜长石及少量碱长石	基性斜长石及碱性长石	中性斜长石为主，含少量碱性长石	中性斜长石与碱性长石含量大致相等	碱性长石为主，少量斜长石	碱性长石及酸性斜长石	碱性长石，不含斜长石	碱性长石	基性斜长石	几乎不含长石
似长石	无	无	<10%	无	无	<10%	无	无	10~50%		>50%
铁镁矿物	橄榄石、辉石、角闪石	以辉石为主，橄榄石、角闪石次之	碱性辉石及橄榄石等杂色矿物（中、基性斜长石80~90%）	角闪石为主，辉石、黑云母次之		碱性铁镁矿物为主，富铁黑云母次之	以黑云母为主，角闪石次之	以碱性角闪石及富铁云母为主，碱性辉石次之			碱性铁镁矿物
色率	>75	75~35		35~20		<35	<15		<35	35~75	0~90以上
深成侵入岩 全晶质等粒或似斑状结构	纯橄榄岩、橄榄岩、辉石岩、角闪石岩	辉长岩、苏长岩、斜长岩	碱性辉长岩	闪长岩、石英闪长岩	二长岩、石英二长岩	正长岩、石英正长岩	花岗岩、花岗闪长岩	碱性花岗岩	霞石正长岩	霞斜岩	霞霓岩、磷霞岩
浅成侵入岩 全晶质细粒或斑状结构	金伯利岩	微晶辉长岩、辉绿岩	碱性辉绿岩	微晶闪长岩、石英斑岩	微晶二长岩	微晶正长岩	微晶花岗岩	霓石细晶岩	微晶霞石正长岩		
喷出岩 斑状、隐晶质或玻璃质结构 玻璃质岩石	科马提岩、麦美奇岩	辉绿岩	碱性玄武岩	安山岩、英安岩	粗面安山岩、石英粗面安山岩	粗面岩、石英粗面岩	流纹岩	碱性流纹岩	响岩	碧玄岩、碱玄岩	霞石岩、白榴岩

注：玻璃质岩石、灿碎屑岩和脉岩未列入。

5. 常见岩浆岩的特征

(1) 辉长岩：灰黑，暗绿，主要成分是辉石、斜长石，次要成分是角闪石和橄榄石，等粒结构，块状构造。基性深成岩。

(2) 辉绿岩：灰绿，深灰色，成分同辉长岩。辉石充填在斜长石的空隙中，构成辉绿结构，块状构造。呈脉状产出。基性浅成岩。

(3) 玄武岩：深灰，黑色，成分同辉长岩，斑状结构、隐晶质结构，气孔杏仁构造发育。河北省张家口产，汉诺坝玄武岩。基性喷出岩。

(4) 闪长岩：浅灰，灰绿色，以角闪石、中长石为主，次为黑云母，辉石，少量石英正长石等粒结构，块状构造。中性侵入岩。

(5) 花岗岩：灰白，肉红色，成分以正长石、石英为主，次为黑云母、角闪石等，等粒结构，块状构造。酸性侵入岩。分布广泛，是花岗岩石材的原料。

(6) 花岗斑岩：成分颜色同花岗岩，斑状结构，块状构造。浅成脉岩。

(7) 流纹岩：颜色多样，浅灰、灰绿、灰紫等，斑状结构。斑晶是透长石、石英，具流纹构造或气孔构造，酸性喷出岩。

1.3.2 沉积岩

地壳上先期已存在的岩石，受到风化、剥蚀、搬运、沉淀、埋藏和成岩作用，最终形成各种沉积岩。沉积岩是地球表面最多见的岩石，从体积上看，沉积岩只占地壳岩石总体积的7.9%，但从分布面积上看，沉积岩却占陆地总面积的75%。因为它曾经是沉积物，故而可以根据沉积岩的原生构造指示沉积环境。对沉积物和沉积岩的研究有着相当大的实用价值，沉积岩中有人类不可缺少的能量资源，如石油、天然气和煤。

1. 沉积岩的形成作用

沉积岩是在地表或接近地表的常温、常压下，由原岩(早期形成的岩浆岩、沉积岩和变质岩)经下述4个作用过程而形成的。

1) 原岩风化破碎作用

岩石经过风化作用，成为各种松散破碎物质，被称为松散沉积物。此外，大量生物遗体堆积而成的物质也是沉积物的一部分。风化破碎物质可分为3类：一是大小不等的岩石或矿物碎屑，称为碎屑沉积物，大者体积可达$10m^3$的巨石，小者粒度仅为0.0075～0.005mm的粉状颗粒；二是颗粒粒径小于0.005mm的粘土粒，称粘土沉积物；三是以离子或胶体分子形式存在于水中的化学成分，如K^+、Na^+、Ca^{2+}、Mg^{2+}等溶于水中，形成真溶液，而Al、Fe、Si等元素的氧化物、氢氧化物难溶于水，他们的细小分子质点分散到水中，形成胶体溶液。这两种溶液中的化学成分统称为化学沉积物。

2) 沉积物的搬运作用

原岩风化破碎产物除少数部分残留在原地外，大部分都要被搬运一定距离。搬运动力有流水、风力、重力和冰川等。搬运方式有机械(物理)式和化学式。

(1) 机械式搬运。碎屑和粘土沉积物在风力或流水等作用下，以3种不同的运动方式：悬停、跳跃和滚动，根据沉积物的大小、质量与搬运力大小逐渐沉积下来。

(2)化学式搬运。以真溶液或胶体溶液的方式搬运，主要搬运化学沉积物。这种搬运方式可以搬运很远距离，直至进入海洋。

3）沉积物的沉积作用

沉积方式有 3 种，主要沉积区是海洋和湖泊。

(1)机械沉积作用。由于搬运能力减弱或停止，被搬运的碎屑物质按颗粒大小、比重、形状依次沉积下来，结果形成了各种碎屑岩。有用矿物富集形成重砂矿床；

(2)化学沉积作用。呈真溶液或胶体溶液被搬运的化学溶解物质，由于溶解度的改变或因正负胶体的电性中和等而发生沉积，形成化学岩及化学沉积矿床。

(3)生物沉积作用。生物活动直接或间接地影响沉积作用。如生物遗体的直接堆积促使煤和礁灰岩的形成。间接作用则是指生物流动改变介质条件，使溶解物质沉积下来。如海水中植物的光合作用吸收 CO_2，促使 $CaCO_3$ 沉淀。

4）成岩作用

松散的沉积物转变成坚硬的沉积岩的过程叫固结成岩作用，主要有 3 种变化。

(1)压固作用。在上覆岩层的压力作用下，松散的沉积物挤出水分，缩小体积，逐渐被压实，固结成沉积岩。如粘土固结成粘土岩。

(2)胶结作用。在松散的沉积物间，有化学沉淀物质或细小的碎屑物充填并将其胶结起来，从而固结成岩石。如砾石被胶结成砾岩。常见的胶结物有 Si 质、Ca 质、Fe 质、海绿石质、粘土质等。

(3)重结晶作用。在温压作用下，沉积物质的质点发生重新排列组合，颗粒长大而不改变化学成分的作用。如方解石微晶重结晶成结晶粒状方解石。

2. 沉积岩的矿物成分

组成沉积岩的矿物有 160 多种，常见的仅 20 余种。在一种岩石中一般有 3～5 种。按矿物来源分成两类：

(1)陆源矿物(他生矿物)，来源于陆源区。由母岩风化形成的碎屑矿物，如石英、长石、白云母等。

(2)自生矿物，在沉积成岩过程中形成的新矿物。主要有方解石、白云石、菱铁矿、粘土矿物、褐铁矿、黄铁矿、海绿石、石膏等。另外在岩浆岩中大量存在的矿物，如橄榄石、辉石、角闪石等在沉积岩中很少。因为这些矿物是高温矿物，在地表被风化掉了。

3. 沉积岩的结构

指组成物质的形态、大小、性质、结晶程度等，有如下几种。

(1)碎屑结构。是碎屑岩具有的结构。碎屑物质被胶结物所胶结。按颗粒大小分：①砾状结构：颗粒直径 $d>2$mm；②砂状结构：d 在 2～0.05mm 之间；③粉砂状结构：d 在 0.05～0.005mm 之间。

(2)泥质结构。颗粒直径 $d<0.005$mm 泥质岩所具有。

(3)胶状结构。颗粒直径 $d<0.0001$mm。

(4)鲕状结构。颗粒直径<2mm 似鱼子一样的结构，如鲕状灰岩。

(5)生物结构。由大量生物化石组成，如生物灰岩。

(6)结晶结构。由结晶的颗粒组成，如白云岩、结晶灰岩。

4. 沉积岩的构造

组成沉积岩物质的空间分布和排列方式叫沉积岩的构造。沉积岩以具有层状构造而区别于结晶岩，主要是层理构造。在地质特性上与相邻层不同的沉积层称为一个岩层。岩层可以是一个单层，也可以是一组层。层理是指一个岩层中大小、形状、成分和颜色不同的层交替时显示出来的纹理。分割不同岩层的界面称层面，层面标志着沉积作用的短暂停顿或间断。岩体中的层面往往成为其软弱面。岩层厚度按厚度可分为 5 种：巨厚层 $>1.0\mathrm{m}$；厚层 $1\sim0.5\mathrm{m}$；中厚层 $0.5\sim0.1\mathrm{m}$；薄层 $0.1\sim0.001\mathrm{m}$；微层（纹理）$<0.001\mathrm{m}$。

层理的基本类型，按形态可分为以下几种常见类型：①水平层理，细层形状平直，彼此平行且平行于岩层面，在静水中形成，泥岩、灰岩常见。②波状层理，细层面波状起伏，大致平行于岩层面，形成于动荡的水体中。③斜层理，有一系列与岩层面相交的细层所组成，分同向斜层理和交错层理。④块状层理，物质分布均匀，看不到层理，常见层理如图 1.8～图 1.12 所示。除层理外，沉积岩还有波痕、泥裂、结核、雨痕、生物化石等，见表 1-3。

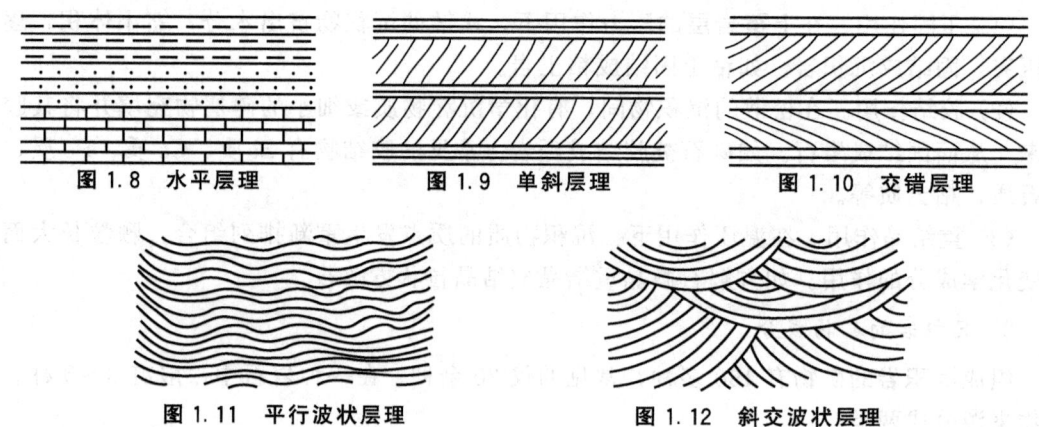

图 1.8 水平层理　　图 1.9 单斜层理　　图 1.10 交错层理

图 1.11 平行波状层理　　图 1.12 斜交波状层理

表 1-3 沉积岩的构

分类	无机成因的构造				生物成因的构造	
	原生沉积构造			次生或多因素生成的构造	生物生长沉积构造	生物扰动构造（生物侵蚀构造）
	层间构造	层内构造	层的变形构造			
类型	水道 侵蚀和充填构造 冲刷痕 沟痕 工具痕 剥离线理 波痕	水平纹理 交错纹理 平行层理 交错层理 丘状交错层理 粒序层理 块状层理 韵律	滑塌构造 滑动面 包卷纹理 伏卧前积层 重荷构造 滴石构造 盘状构造 泄水沟构造 帐篷构造 暴露构造	缝合线 叠锥 晶洞、层状晶洞 （包括鸟眼构造） 钟乳 渗流砂构造 硬地 结核	叠层构造 核形构造 凝块构造 生物障积构造	足迹 移迹 潜穴 钻孔 生物扰动变形层理
成因	以侵蚀作用为主	以沉积作用为主	以变形（变位）作用为主	以溶解、交代作用为主	以生物作用为主	

5. 沉积岩的分类

按成因、结构、成分分成 3 大类：碎屑岩类、粘土岩类、化学岩及生物化学岩。碎屑岩类按成因分成陆源碎屑岩和火山碎屑岩。陆源碎屑岩又按颗粒大小分为：①砾岩：$d>2mm$；②砂岩：d 在 2～0.05mm 之间；③粉砂岩：d 在 0.05～0.005mm 之间。具体分类见表 1-4。

表 1-4 沉积岩的分类简表

岩类	结构		岩石分类名称	主要亚类及其组成物质
碎屑岩类	火山岩屑岩	粒径>100mm	火山集块岩	主要由>100mm 熔岩碎块、火山灰等经压密胶结而成
		粒径 100～2mm	火山角砾岩	主要由 100～2mm 熔岩碎屑、晶屑、玻屑及其他碎屑混入物
		粒径<2mm	火山凝灰岩	50%以上粒径<2mm 的火山灰组成，其中有岩屑、晶屑、玻屑等细粒碎屑物质
	沉积碎屑岩	砾状结构（粒径>2mm）	砾岩	角砾岩：由带棱角的角砾经胶结而成 砾岩：由浑圆的砾石胶结而成
		砂质结构（粒径 2～0.05mm）	砂岩	石英砂岩：石英含量>90%，长石和岩屑<10% 长石砂岩：石英含量<75%，长石>25%，岩屑<10% 岩屑砂岩：石英含量<75%，长石<10%，岩屑>25%
		粉砂结构 粒径 0.05～0.005mm	粉砂岩	主要由石英、长石及粘土矿物组成
粘土岩类	泥质结构（粒径<0.005mm）		泥岩	主要由粘土矿物组成
			页岩	粘土质页岩：由粘土矿物组成 碳质页岩：由粘土矿物及有机质组成
化学及生物化学岩类	结晶结构（生物结构）		石灰岩	石灰岩：方解石（含量>90%），粘土矿物（<10%） 泥灰岩：方解石（含量 75%～50%），粘土矿物（25%～50%）
			白云岩	白云石（含量 100%～90%），方解石（<10%） 灰质白云岩：白云石（含量 75%～50%），方解石（25%～50%）

6. 常见沉积岩的特征

砾岩：由砾石和填隙物两部分组成。砾石占岩石的 50%以上，主要是岩屑；胶结物主要是硅质、铁质、钙质、粘土质等。根据砾石成分的复杂性，砾岩可分为单成分砾岩和复成分砾岩。

砂岩：主要由砂砾组成，直径在 2～0.05mm 之间，主要成分是石英、长石、云母和岩屑。按颗粒大小又分成粗、中、细粒砂岩；按成分分为石英砂岩、长石砂岩、岩屑砂岩及其过渡类型。

(1) 粉砂岩，颗粒细，手摸粗糙，直径在 0.05～0.005mm 之间。

(2) 泥岩和页岩，主要由粘土矿物组成，颗粒细小，$d<0.005mm$。页理明显者称页岩，不明显者称泥岩，统称粘土岩；未固结的称粘土。

(3) 石英岩，方解石为主（大于 50%），致密块状，加盐酸起泡。按结构分成普通灰岩、泥晶灰岩、鲕状灰岩、生物灰岩等。

(4) 白云岩,白云石＞50％。遇冷盐酸不起泡,粉末遇冷盐酸起泡。

7. 主要沉积岩的物理力学性质

碎屑岩:多组分的比单组分的易风化。硅质石英砂岩强度大,抗风化强,一般空隙度大,抗拉强度低,易碎,储水、透水易引起塌方。

化学岩和生物化学岩:性脆,易溶于水形成溶洞,以至影响强度,含硅酸盐、石英酸铁时强度提高,含粘土时强度降低。

1.3.3 变质岩

在漫长的地质历史过程中,先期生成的岩石(沉积岩、岩浆岩、变质岩)在各种变质因素作用下,改变了原有的结构、构造或矿物成分特征,具有了新的结构、构造或矿物成分,则原岩变成了新的岩石。引起原岩地质特性发生改变的因素称为变质因素;在变质因素作用下使原岩地质特性改变的过程称变质作用;生成的具有新特性的岩石称变质岩。

变质岩是自然界最主要的岩石类型之一,它与岩浆岩、沉积岩一起构成固态岩石圈。几乎所有变质岩都来自地壳深部,大多数变质岩都产在造山带,它们可以给地质学家提供许多深部状态和造山带演化线索。

1. 变质作用的影响因素

指促使原岩变质的因素,主要是压力、温度和具有化学活动性的流体。

1) 温度

高温是引起岩石变质最基本、最积极的因素。促使岩石温度增高的原因有 3 种来源:一是地下岩浆侵入地壳带来的热量;二是随地下深度增加而增大的地热,一般认为自地表常温带以下,深度每增加 33m,温度提高 1℃;三是地壳中放射性元素蜕变释放出的热量。高温使原岩中元素的化学活泼性增大,使原岩中矿物重新结晶,隐晶变显晶、细晶变粗晶,从而改变原结构,并产生新的变质矿物。

2) 压力

分静压力和定向压力两种:①静压力,类似于静水压力,是由上覆岩石重量产生的,是一种各方向相等的压力,随深度而增大。静压力使岩石体积受到压缩而变小、比重变大,从而形成新矿物。②定向压力,是由地壳运动而产生的。在定向压力作用下,原岩中各种矿物发生不同程度变形甚至破碎的现象,并形成垂直压应力方向的定向构造,如层理、线理、片理构造等。

3) 化学活动性流体

这种流体在变质过程中起溶剂作用。化学活泼性流体包括水蒸气、氧气、二氧化碳、含 B、S 等元素的气体和液体。这些流体是岩浆分化后期产物,它们与周围原岩中的矿物接触发生化学交替或分解作用,形成新矿物,从而改变了原岩中的矿物成分。

2. 变质作用的主要类型

在自然界中,原岩变质很少只受单一变质因素的作用,多受两种以上变质因素综合作用,但在某个局部地区内,以某一种变质因素起主要作用,其他变质因素起辅助作用。根据起主要作用的变质因素不同,可将变质作用划分为下述几种类型。

(1) 接触变质作用：又称热力变质作用，指岩浆岩侵入体和围岩接触，由于岩体带来的高温和挥发组分的影响使围岩发生的质变。如煤→石墨、石灰岩→大理岩、页岩→角岩。

(2) 交代变质作用：主要受化学活泼性流体因素影响而变质的作用，又称汽化热液变质作用。主要使原岩矿物和结构特征发生改变。

(3) 区域变质作用：包括埋深变质作用、区域低温动力变质作用、区域动力热流变质作用和区域中高温变质作用。由于区域性地壳运动的影响而在大面积范围内发生的一种变质作用，温度、压力流体都起作用，规模大，分布广，一般该区域内地壳运动和岩浆活动都较强烈。

(4) 动力变质作用：由构造运动产生的定向压力使岩石磨碎的一类变质作用，发生在新层带附近，主要使原岩结构和构造特征发生改变，特别是产生了变质岩特有的片理构造。

(5) 混合岩化作用：是一种介于高度变质作用和岩浆作用之间的地质作用。在这种作用过程中，有广泛的流体相存在，温度的升高导致原岩的局部重熔，因而形成一种深熔结晶岩与变质岩相互复杂组合的岩石-混合岩。

(6) 冲击变质作用：是宇宙物质冲击地球表面产生高温高压所形成的瞬间变质作用。

3. 变质岩的矿物成分

组成变质岩的矿物可以分成两类：①三大类岩石中共存的矿物，如石英、长石、云母、角闪石、辉石、磷灰石等叫贯通矿石；②变质岩中特有的矿物——变质矿物，变质作用中产生的新矿物，如石榴石、红柱石、蓝晶石、十字石、夕线石、硅灰石、阴起石、透闪石、滑石、绿泥石等。变质矿物是鉴别变质岩的重要标志。

4. 变质岩的结构

按成因可将变质岩的结构分为以下三种类型。

(1) 变晶结构：是原岩中的矿物同时再结晶形成的结构，又可分：①等粒变晶结构，组成岩石的矿物颗粒大致相等，如石英岩、大理岩；②不等粒变晶结构，矿物颗粒大小不一，有明显差别；③斑状变晶结构，大的变晶分布在小的变晶基质中，变斑晶和变晶基质同时结晶，但变斑晶的结晶力强；④鳞片变晶结构，鳞片状矿物沿一定的方向平行排列，如云母、绿泥石、滑石等。

(2) 变余结构：是原岩在变质过程中，由于变质作用不彻底而保留了原岩的结构。如变余砂状结构、变余斑状结构。

(3) 破裂结构：由于动力变质作用，原岩被破碎而成的结构。如断层角砾岩的角砾状结构、糜棱岩的糜棱结构。

5. 变质岩的构造

指变晶矿物之间排列方式和填充方式反映的外部特征，主要有以下四种类型。

(1) 变余构造：在变质作用过程中保留下来的原岩的构造，如变余层理构造。

(2) 片理构造：在应力作用下，片柱状矿物定向排列而成的构造。片理构造又可分为：①板状和千枚状构造，板岩和千枚岩具有；②片状构造：大量片状柱状矿物定向排列而成，片岩所具有；③片麻状构造，以粒状矿物为主，片柱状矿物断续定向排列，片麻岩所具有。

(3) 条带状构造：暗色矿物和浅色矿物分别集中，组成不同的条带，如磁铁石英岩。

(4) 块状构造：矿物分布均匀，无定向排列，称块状。如大理岩、石英岩。

6. 变质岩的分类

按变质作用类型分成接触变质岩、区域变质岩、动力变质岩3大类。区域变质岩一般按构造再进一步分类，见表1-5。

表1-5 变质岩分类简表

类别	岩石名称	分类依据		
		主要矿物	构造	变质作用
片理状岩类	板岩	肉眼不能辨认	板状	区域变质
	千枚岩	绢云母	千枚状	
	片岩	石英、绢云母(绿泥石)等	片理 片状	
	片麻岩	长石、石英、云母、角闪石等	片麻状	
块状岩类	大理岩 石英岩	方解石、白云石	块状	粒状 致密状	区域变质
	混合岩	石英、长石	片状	条带状、眼球状	区域变质混合岩化
	大理岩 石英岩	方解石、白云石 石英	块状	糖粒状 致密状	热力变质
	角页岩 硅岩	长石、石英、角闪石、红柱石 石榴子石、透辉石等		斑状或致密状 不等粒状	接触交代
构造破碎岩类	构造角砾岩 糜棱岩	原岩碎块 原岩岩屑	碎裂状	角砾状 眼球状	动力变质

7. 常见变质岩的特征

(1) 片岩：完全重结晶、具有片状构造的变质岩。片理主要由片状或柱状矿物（云母、绿泥石、滑石、角闪石等）呈定向排列构成。片柱状矿物含量较高，常大于30%。粒状矿物以石英为主，可含一定量的长石，一般少于25%。常为低级区域变质作用的产物。

(2) 片麻岩：主要由长石、石英组成，中粗粒变晶结构和片麻状或条带状构造的变质岩。在中国，片麻岩指矿物组成中长石和石英含量大于50%，其中长石大于25%的变质岩。片麻岩可作建筑石材和铺路原料。

(3) 大理岩：主要由方解石、白云石等碳酸盐类矿物组成的变质岩。在中国由于云南省大理县盛产这种岩石而得名，一般常称大理石。大理岩是由石灰岩、白云质灰岩、白云岩等碳酸盐岩石经区域变质作用和接触变质作用形成，方解石和白云石的含量一般大于50%，有的可达99%。大理岩除纯白色外，有的还具有各种美丽的颜色和花纹，常见的颜色有浅灰、浅红、浅黄、绿色、褐色、黑色等，产生不同颜色和花纹的主要原因是大理岩中含有少量的有色矿物和杂质。

(4) 石英岩：主要由石英组成的变质岩，是石英砂岩及硅质岩经变质作用形成。常为粒状变晶结构，块状构造。按石英含量可分为两类：①长石石英岩，石英含量大于75%，常含长石及云母等矿物，长石含量一般少于20%。如长石含量增多，则过渡为浅粒岩；②石英岩，石英含量大于90%，可含少量云母、长石、磁铁矿等矿物。主要用途是作冶炼有色金属的溶剂、制造酸性耐火砖（硅砖）和冶炼硅铁合金等。纯质的石英岩可制石英玻璃，提炼结晶硅；用石英岩制造硅酸盐，可作玻璃原料、陶瓷原料和硅酸盐水泥的校正材料，建筑用基石。

8. 变质岩的物理力学性质

一般来说，变质岩的物理力学性质与其原岩性质及变质程度密切相关，深变质岩性质均一，构造简单，坚硬，为全晶质，成分均一，孔隙度小，力学强度高，节理少，基本不透水，其工程地质好，如石英岩、片麻岩等。浅变质岩则强度不一，一般较软，影响其工程地质条件，如片岩等。

🔑 小思考：野外怎样鉴别三大基本岩类？

1.4 岩石的工程性质及工程分类

岩浆岩、沉积岩和变质岩是岩石的成因分类，它主要讨论岩石的结构、构造和矿物成分等地质特性。对于土木工程技术人员，更关注的是直接用于工程设计的岩石工程性质。岩石的工程性质主要指岩石的物理性质、水理性质和力学性质3方面。

1.4.1 岩石的工程性质

1. 物理性质

主要包括岩石的质量性质和孔隙性质。表示质量性质的指标是密度和重度，颗粒密度和比重；表示孔隙性质的指标是孔隙度和孔隙比。

（1）密度(ρ)和重度(γ)：单位体积岩石的质量称岩石的质量密度，简称密度 ρ(g/cm^3)；单位体积岩石的重力称岩石的重力密度，简称重度 γ(N/cm^3)。

天然状态下，单位体积岩石中包括固体颗粒、一定的水和孔隙3部分，此时测得的为岩石的天然密度。若水把所有孔隙充满，则为岩石的饱和密度。若把全部水分烘干，则为岩石的干密度，此时岩石的质量仅为固体颗粒质量，而岩石的体积为固体颗粒体积和孔隙体积之和。常见岩石的密度见表1-6。

表1-6 常见岩石的密度

岩石名称	密度/(g/cm^3)	岩石名称	密度/(g/cm^3)
花岗岩	2.52~2.81	石灰岩	2.37~2.75
闪长岩	2.67~2.96	白云岩	2.75~2.80
辉长岩	2.85~3.12	片麻岩	2.59~3.06
辉绿岩	2.80~3.11	片岩	2.70~2.90
砂岩	2.17~2.70	大理岩	2.75左右
页岩	2.06~2.66	板岩	2.72~2.84

(2) 颗粒密度（ρ_s）和比重（d_s）：单位体积岩石固体颗粒的质量称岩石的颗粒密度（g/cm³）；岩石颗粒密度 ρ_s 与水在 4℃时的密度 ρ_w 之比称岩石的比重 d_s（无量纲），$d_s=\rho_s/\rho_w$。由于水在 4℃时的密度近似为 1g/cm³，故岩石比重在数值上与颗粒密度相同。常见岩石的比重见表 1-7。

表 1-7 常见岩石的比重

岩石名称	比重	岩石名称	比重
花岗岩	2.50～2.84	泥灰岩	2.70～2.80
流纹岩	2.65 左右	石灰岩	2.48～2.76
凝灰岩	2.56 左右	白云岩	2.78 左右
闪长岩	2.60～3.10	板岩	2.70～2.84
斑岩	2.30～2.80	石英片岩	2.60～2.80
辉长岩	2.70～3.20	绿泥石片岩	2.80～2.90
辉绿岩	2.60～3.10	角闪片麻岩	3.07 左右
玄武岩	2.50～3.30	花岗片麻岩	2.63 左右
砂岩	1.80～2.75	石英岩	2.63～2.84
页岩	2.63～2.73	大理岩	2.70～2.87

孔隙度（n）与裂隙率（K_r）：岩石中孔隙体积与岩石总体积之比称孔隙度（多用百分数表示）。岩石中各种节理、裂隙的体积与岩石总体积之比称裂隙率。这两个指标含义相同，孔隙度多用于松散土、石，裂隙率多用于结晶连接的坚硬岩石。

孔隙比（e）：岩石中孔隙的体积与固体颗粒体积之比称岩石的孔隙比（多以小数表示）。n 和 e 可以互相换算。

通常，岩石的密度和颗粒密度愈大，而岩石的孔隙度和孔隙比愈小，则岩石的工程性质愈好。

2. 水理性质

水理性质是岩石与水作用时表现出来的特性。此处从水对岩石工程性质影响的角度来讨论。

(1) 吸水性：表示岩石吸水性的指标有吸水率、饱和吸水率与饱和系数。

(2) 吸水率：在常压条件下，岩石浸入水中充分吸水，被吸收的水质量与干燥岩石质量之比为吸水率 w_1。

$$w_1=\frac{G_{w1}}{G_s}$$

式中：w_1——岩石水率，%；

　　　G_{w1}——吸水质量，g；

　　　G_s——干燥岩石的质量，g。

岩石吸水率大小取决于孔隙度大小，特别是大孔隙的数量。常见岩石的吸水率见表 1-8。

表 1-8 常见岩石的吸水率

岩石名称	吸水率/%	岩石名称	吸水率/%
花岗岩	0.10~0.70	花岗片麻岩	0.10~0.70
辉绿岩	0.80~5.00	角闪片麻岩	0.10~3.11
玄武岩	0.3左右	石英片岩	0.10~0.20
角砾岩	1.00~5.00	云母片岩	0.10~0.20
砂岩	0.20~7.00	板岩	0.10~0.30
石灰岩	0.10~4.45	大理岩	0.10~0.80
泥灰岩	2.14~8.16	石英岩	0.10~1.45

（3）饱和吸水率：干燥的岩石在相当大的压力（约 150MPa）下，或在真空中保存然后再浸水，使水浸入全部开口的孔隙中，此时的吸水率称为饱和吸水率 w_2。

$$w_2 = \frac{G_{w2}}{G_s}$$

式中：w_2——岩石饱和吸水率；

G_{w2}——饱和吸水质量，g。

（4）饱和系数：岩石的吸水率与饱和吸水率之比称为饱和系数 K_w。

$$K_w = \frac{w_1}{w_2}$$

式中：K_w 为岩石的饱和系数；其余符号意义同前。

饱和系数是一个计算指标，一般在 0.5~0.9 之间，岩石的吸水率、饱和吸水率和饱和系数愈大，岩石的工程性质愈差。

（5）透水性：是指岩石容许水透过的能力，用渗透系数 K 表示。渗透系数的大小与岩石孔隙大小有关。孔隙大小与孔隙度大小是不同的两个概念，砂、砾石孔隙度约为 30%，但砂、砾之间的孔隙大，透水性好，渗透系数大；粘土孔隙度达 50% 以上，但孔隙很小，水不易从中通过，渗透系数小，实际上可以认为是不透水的。常见岩石的渗透系数见表 1-9。

表 1-9 常见岩石的渗透系数

岩石名称	岩石渗透系数 K/(cm/s)	
	室内试验	野外试验
花岗岩	$10^{-7} \sim 10^{-11}$	$10^{-4} \sim 10^{-9}$
玄武岩	10^{-12}	$10^{-2} \sim 10^{-7}$
砂岩	$3 \times 10^{-3} \sim 8 \times 10^{-8}$	$1 \times 10^{-3} \sim 3 \times 10^{-8}$
页岩	$10^{-9} \sim 5 \times 10^{-13}$	$10^{-8} \sim 10^{-11}$
石灰岩	$10^{-5} \sim 10^{-13}$	$10^{-3} \sim 10^{-7}$
白云岩	$10^{-5} \sim 10^{-13}$	$10^{-3} \sim 10^{-7}$
片岩	10^{-8}	2×10^{-7}

(6) 软化性：岩石浸水后强度降低的性能称软化性。软化性用软化系数表示，它是指岩石饱和状态下与天然风干状态下单轴抗压强度之比。即：

$$K_R = \frac{R_c}{R}$$

式中：K_R——岩石的软化系数；
　　　R_c——饱和状态下岩石单轴极限抗压强度；
　　　R——干燥状态的岩石单轴极限抗压强度。

软化性取决于岩石中的矿物成分和孔隙性，富含粘土矿物、孔隙度大的岩石，软化性大，软化系数小。一般地，软化系数小于 0.75 的岩石具有软化性，见表 1-10。

(7) 抗冻性：岩石抵抗水冻结造成的破坏能力称抗冻性。表示岩石抗冻性的指标有岩石强度损失率和岩石质量损失率。饱和岩石在一定负温度（通常为 -25℃）条件下，冻结融解 25 次以上，冻融前、后抗压强度差值与冻融前抗压强度之比为强度损失率；冻融前、后岩石质量（干燥岩石质量）差值与冻融前干燥岩石质量之比为质量损失率。强度损失率大于 25% 或质量损失率大 2% 的岩石是不抗冻的。也可以用饱和系数间接表示岩石抗冻性，饱和系数大于 0.7 的岩石抗冻性差。

表 1-10　常见岩石的软化系数

岩石名称	岩石渗透系数 K/(cm/s)	
	室内试验	野外试验
花岗岩	$10^{-7} \sim 10^{-11}$	$10^{-4} \sim 10^{-9}$
玄武岩	10^{-12}	$10^{-2} \sim 10^{-7}$
砂岩	$3 \times 10^{-3} \sim 8 \times 10^{-8}$	$1 \times 10^{-3} \sim 3 \times 10^{-8}$
页岩	$10^{-9} \sim 5 \times 10^{-13}$	$10^{-8} \sim 10^{-11}$
石灰岩	$10^{-5} \sim 10^{-13}$	$10^{-3} \sim 10^{-7}$
白云岩	$10^{-5} \sim 10^{-13}$	$10^{-3} \sim 10^{-7}$
片岩	10^{-8}	2×10^{-7}

(8) 可溶性：是指岩石被水溶解的性能。它与岩石的矿物成分、水中 CO_2 含量及水的温度等因素有关。关于岩石可溶性的讨论详见本教材岩溶的有关部分。

(9) 膨胀性：岩石吸水后体积增大引起岩石结构破坏的性能称膨胀性。一般含有粘土矿物的岩石具有一定的膨胀性，特别是含有蒙脱石类矿物的岩石膨胀性最大。

(10) 崩解性：岩石被水浸泡内部结构遭到完全破坏呈碎块状崩开散落的性能。具有强烈崩解的岩石和土，短时间内即发生崩解。

3. 力学性质

在土木工程和岩土工程中，最常涉及的岩石工程性质是力学性质。所以，岩石的力学性质是工程性质中最重要的。岩石力学性质分为强度性质和变形性质两部分。

岩石的强度是指岩石在外力作用下发生破坏时所能承受的最大应力。外力有压力、拉力、剪力、弯矩和多轴压力等，相应地有抗压强度、抗拉强度、抗剪强度、抗弯强度和双轴及三轴强度等。

岩石的各种强度中，抗压强度最大，其次是抗剪强度和抗弯强度，而抗拉强度最小。

岩石变形性质通常用岩石应力-应变曲线表示，该曲线是由量测岩石试样单轴受压时的应力-应变关系得到的，如图1.13所示。

由岩石应力-应变曲线可见，岩石受力变形至破坏可分3个阶段：OA段为裂隙压密阶段，曲线斜率随应力增加而增大；AB段为弹性变形阶段，应力与应变之间呈线性关系；BC段为塑性变形、裂隙扩展阶段，岩石变形不再恢复，裂隙扩展，达到C点岩石破坏。与岩石变形性质的相关的指标有弹性模量、变形模量、泊松比、蠕变及松弛。

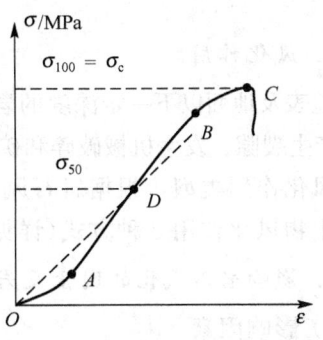

图1.13 岩石应力-应变曲线

(1) 抗压强度(R)：干燥岩石试样单轴压缩下能够承受的最大压应力称单轴极限抗压强度。

(2) 抗拉强度(R_t)：岩石试样在单轴拉伸下能够承受的最大拉应力。抗拉强度须通过试验测得，由于试样制作困难，实际上多采用劈裂试验间接测定抗拉强度。

(3) 抗剪强度(τ_f)：是指岩石试样在一定法向压应力作用下能够承受的最大剪应力。

剪切强度τ_f由下式表示：

$$\tau_f = \sigma_n \tan\varphi + c$$

式中：τ_f——岩石抗剪强度，MPa；

σ_n——剪切面上的法向压应力，MPa；

φ——岩石内摩擦角，(°)；

c——岩石凝聚力，MPa。

(4) 变形模量(E_0)及弹性模量(E)：单轴压缩下任一时刻的轴向应力与轴向应变之比，$E_0 = \sigma/\varepsilon$为岩石的变形模量，岩石的应力-应变曲线形式有多种，图1.13为最普遍的一种。其中OA及BC段上每一点的E_0都不相同，OA段随σ增大E_0逐渐增大，BC段随σ增大E_0逐渐减小。C点处$E_0 = \sigma_c/\varepsilon$，为岩石破坏时的变形模量。$AB$段近似为一条直线，其斜率为常量$E$，称为弹性模量。实际工作中广泛采用$OD$连线的斜率作为弹性模量，即$E_{50} = \sigma_{50}/\varepsilon_D$，$D$点为极限破坏应力$\sigma_{100}$的一半。$E_0$和$E$均表示岩石每增加单位应变所需增加的应力。

(5) 泊松比(ν)：单轴压缩下岩石横向应变与纵向应变之比为泊松比，即$\nu = \varepsilon_{横}/\varepsilon_{纵}$。

(6) 岩石的蠕变：岩石在恒定应力或恒定压力差的作用下，变形随时间而增长的现象称为蠕变。岩石的蠕变特性可以通过在岩石事件上加一定恒荷载，观测其变形随时间的发展状况，即蠕变试验来研究。

(7) 岩石的松弛：当应变保持恒定时，应力随时间的延长而降低的现象称为松弛。松弛试验的条件就是使试件的变形保持一恒定值，借此来观察荷载随时间的变化。

1.4.2 岩石的风化作用

1. 风化作用

地表及地面以下一定深度的岩石，在气温变化、水溶液、气体及生物等自然因素作用下，逐渐产生裂隙、发生机械破碎和矿物成分的改变，丧失完整性的过程称为岩石风化作用。

风化作用类型：根据岩石风化破碎方式不同，可以把风化作用分为物理风化、化学风化和生物风化作用3种方式（详见第4章）。

2. 影响岩石风化的因素及岩石风化程度分级

1）影响因素

岩石的风化作用不仅取决于外部各种自然因素的影响，还受到岩石本身性质及地质构造的控制。

（1）岩石性质。岩石的成因、矿物成分及结构、构造不同，对风化的抵抗能力不同。

① 岩石成因：反映它生成时的环境和条件。风化作用实质上是由于岩石生成时的环境和条件与目前它所处的环境和条件的差异造成的。如果岩石生成的环境和条件与目前地表环境、条件接近，则岩石抵抗风化能力强，反之则容易风化。因此，喷出岩比浅成岩抗风化能力强，浅成岩又比深成岩抗风化能力强。一般情况下沉积岩比岩浆岩和变质岩抗风化能力强。

② 矿物成分：组成岩石的矿物成分的化学稳定性和矿物种类的多少，是决定岩石抵抗风化能力的重要因素。按照矿物化学稳定性顺序，石英化学稳定性最好，抗风化能力最强；其次是正长石、酸性斜长石、角闪石和辉石；而基性斜长石、黑云母和黄铁矿等矿物是很容易被风化的。一般来说深色矿物风化快，浅色矿物风化慢。对于各种碎屑岩和粘土岩，抗风化能力主要取决于胶结构，即硅质胶结的比钙质胶结的抗风化能力强。另外由上述可知，单矿岩比复矿岩抗风化能力强。

③ 结构和构造：一般均匀、细粒结构岩石比粗粒结构岩石抗风化能力强，等粒结构比斑状结构岩石耐风化，而隐晶质岩石最不易风化。从构造上看，具有各向异性的层理、片理状岩石较致密块状岩石容易风化，而厚层、巨厚层岩石比薄层状岩石更耐风化。

（2）地质构造。地质构造对风化的影响主要是岩石在构造变形时生成多种节理、裂隙和破碎带，使岩石破碎，为各种风化因素侵入岩石内部提供了途径，扩大了岩石与空气、水的接触面积，大大促进了岩石风化。因此在褶曲轴部、断层破碎带及其附近裂隙密集的岩石风化程度比完整的岩石严重。

2）风化程度分级

岩石风化后，工程性质变坏，风化严重的可以丧失强度，风化轻微的其工程性质可能略有下降或有不同程度的降低。因此，确定岩石的风化程度，充分利用岩石的"剩余"强度，对于工程建设来说有重要意义。

3. 岩石的工程分类

工程实践中常根据岩石的工程性质和特征将岩石按工程用途进行分类，分类指标有单项的，也有多项的。

1) 定性划分

岩石坚硬程度可按定性鉴定或定量指标进行划分，岩石坚硬程度、风化程度、完整程度、结构面的结合程度的定性划分，按《工程岩体分级标准》(GB 50218—1994)3.2.1条划分(该规范正在修订，新规范暂未出版)，见表1-11～表1-14。

表1-11 岩石坚硬程度的定性划分

名　称		定性鉴定	代表性岩石
硬质岩	坚硬岩	锤击声清脆，有回弹，震手，难击碎； 浸水后，大多无吸水反应	未风化至微风化的： 花岗岩、正长岩、闪长岩、辉绿岩、玄武岩、安山岩、片麻岩、石英片岩、硅质板岩、石英岩、硅质胶结的砾岩、石英砂岩、硅质石灰岩等
	较坚硬岩	锤击声较清脆，有轻微回弹，稍震手，较难击碎； 浸水后，有轻微吸水反应	1. 弱风化的坚硬岩； 2. 未风化至微风化的： 熔结凝灰岩、大理岩、板岩、白云岩、石灰岩、钙质胶结的砂岩等
软质岩	较软岩	锤击声不清脆，无回弹，较易击碎； 浸水后，指甲可刻出印痕	1. 强风化的坚硬岩； 2. 弱风化的较坚硬岩； 3. 未风化至微风化的： 凝灰岩、千枚岩、砂质泥岩、泥灰岩、泥质砂岩、粉砂岩、页岩等
	软岩	锤击声哑，无回弹，有凹痕，易击碎； 浸水后，手可掰开	1. 强风化的坚硬岩； 2. 弱风化至强风化的较坚硬岩； 3. 弱风化的较软岩； 4. 未风化的泥岩等
	极软岩	锤击声哑，无回弹，有较深凹痕，手可捏碎； 浸水后，可捏成团	1. 全风化的各种岩石； 2. 各种半成岩

表1-12 岩石风化程度的划分

名　称	风化特征
未风化	结构构造未变，岩质新鲜
微风化	结构构造、矿物色泽基本未变，部分裂隙面有铁锰质渲染
弱风化	结构构造部分破坏，矿物色泽较明显变化，裂隙面出现风化矿物或存在风化夹层
强风化	结构构造大部分破坏，矿物色泽明显变化，长石、云母等多风化成次生矿物
全风化	结构构造全部破坏，矿物成分除石英外，大部分风化成土状

2) 定量划分

岩石坚硬程度的定量指标，岩石单轴饱和抗压强度(R_C)与定性划分的岩石坚硬程度的对应关系，可按表1-15确定。R_C应采用实用测值。当无条件取得实测值时，也可采用实测的岩石点荷载强度指数($I_{S(50)}$)的算值，并按下式换算：

$$R_C = 22.82 I_{S(50)}^{0.75}$$

岩体完整程度的定量指标,应采用岩体完整性指数(K_v)。K_v应采用实测值。当无条件取得实测值时,也可用岩体体积节理数(J_v),按表1-16确定对应的K_v值。

岩体完整性指数(K_v)与定性划分的岩体完整程度的对应关系,可按表1-17确定。

表1-13 岩体完整程度定性划分

名称	结构面发育程度		主要结构面的结合程度	主要结构面类型	相应结构类型
	组数	平均间距/m			
完整	1~2	>1.0	结合好或结合一般	节理、裂隙、层面	整体状或巨厚层状结构
较完整	1~2	>1.0	结合差	节理、裂隙、层面	块状或厚层状结构
	2~3	1.0~0.4	结合好或结合一般		块状结构
较破碎	2~3	1.0~0.4	结合差	节理、裂隙、层面、小断层	裂隙块状或中厚层状结构
	≥3	0.4~0.2	结合好		镶嵌碎裂结构
			结合一般		中、薄层状结构
破碎	≥3	0.4~0.2	结合差	各种类型结构面	裂隙块状结构
		≤0.2	结合一般或结合差		碎裂结构
极破碎	无序		结合很差		散体状结构

表1-14 结构面结合程度的划分

名 称	结构面特征
结合好	张开度小于1mm,无充填物
结合好	张开度1~3mm,为硅质或铁质胶结; 张开度大于3mm,结构面粗糙,为硅质胶结
结合一般	张开度1~3mm,为钙质或泥质胶结; 张开度大于3mm,结构面粗糙,为铁质或钙质胶结
结合差	张开度1~3mm,结构面平直,为泥质或泥质和钙质胶结; 张开度大于3mm,多为泥质或岩屑充填
结合很差	泥质充填或泥夹岩屑充填,充填物厚度大于起伏差

表1-15 R_c与定性划分的岩石坚硬程度的对应关系

R_c/MPa	>60	60~30	30~15	15~5	<5
坚硬程度	坚硬岩	较坚硬岩	较软岩	软岩	极软岩

表1-16 J_v与K_v对照表

J_v/(条/m³)	<3	3~10	10~20	20~35	>35
K_v	>0.75	0.75~0.55	0.55~0.35	0.35~0.15	<0.15

表 1-17 K_v 与定性划分的岩体完整程度的对应关系

K_v	>0.75	0.75~0.55	0.55~0.35	0.35~0.15	<0.15
完整程度	完整	较完整	较破碎	破碎	极破碎

1.5 土的工程地质性质

1.5.1 土的成分与结构构造

1. 土的成分

土是岩石的风化产物，是由碎石（保留原岩矿物成分）、砂（多是单个矿物）和次生矿物、有机物、某些化学物质组成的。

2. 土的结构和构造

土的工程地质性质不但与土的物质组成有关，而且还与它的结构构造有关。所谓土的结构，是指土粒或土粒集合体的大小、形状、表面特征、相互排列及粒间联结关系。一般分为单粒结构、蜂窝状结构和絮状结构3种典型类型。

1）碎石土与砂土的结构类型——单粒结构

单粒结构是砂、砾等粗粒土在沉积过程中形成的代表性结构类型。粗大的土粒在水中或空气中受自重下落堆积，土粒间的分子引力很小，粒间几乎没有相互联结作用，只是细粒砂土在潮湿时存在毛细水联结。由于土粒堆积时的速度及受力条件不同，单粒结构可以分成疏松的与紧密的两种。单粒结构的特征是颗粒之间为点与点的接触，如图1.14所示。

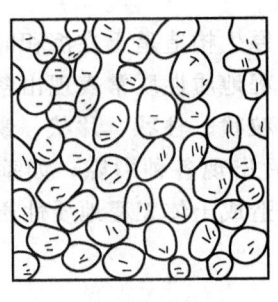
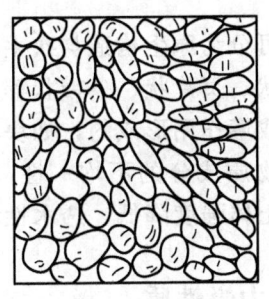

(a) 松散单粒结构　　　　　　(b) 紧密单粒结构

图 1.14 土的单粒结构

疏松的单粒结构土粒的磨圆度差，呈棱角状或片状，是在堆积速度快的情况下形成的，反之，若土粒浑圆，堆积过程缓慢，则常常形成紧密的单粒结构。紧密单粒结构的土，由于其土粒排列紧密，在动、静荷载作用下都不会产生较大的沉降，是良好的天然地基。但疏松的单粒结构的土，骨架不够稳定，在动力作用下，土粒易错位，土中孔隙迅速减小，土体下沉，因此须经处理后方能用作建筑物地基。

2) 粘性土的结构类型

粘性土的结构有蜂窝状结构和絮状结构两种。

蜂窝状结构：当粒径在 0.02～0.002mm 左右、土粒在水中沉积时，基本上是单个土粒下沉，下沉途中碰上已沉积的土粒时，由于粒间的相互引力大于其重力，因此土粒就停留在最初的接触点上不再下沉，土粒彼此接触形成链状体，呈多角环状，形成具有大量孔隙的蜂窝状结构。这种结构的孔隙一般远大于土粒本身的尺寸，因此这种土结构疏松、强度低、压缩性高。除粘土外，某些粉土也具有这种结构特征，如图 1.15(a) 所示。

絮状结构：当土粒小于 0.002mm 时，土粒能在水中长期悬浮，在处于电解质浓度大（如海水）的环境中时，粘粒以边—面或面—面接触，相互凝聚而下沉，形成海绵状的多孔结构，这种情况土的孔隙比较大，如图 1.15(b) 所示。

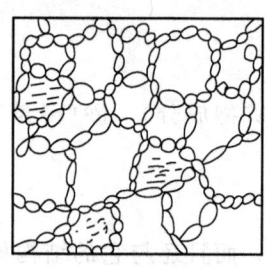 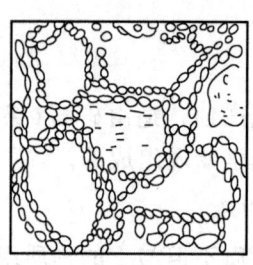

(a) 蜂窝状构造   (b) 絮状构造

图 1.15 粘土的结构

土的构造是指土体构成上的不均匀特征的总和。

碎石土常呈块状构造、假斑状构造，粗碎屑之间由细碎屑或土充填，粗碎屑含量多时，其力学强度较大，但透水性也较大；当粗碎屑由土包围时，则其工程性质与土有关。

砂类土中常见的有水平层理和交错层理构造，但有时与粘性土交替，构成"千层土"或夹层。

粘性土的构造可分为原生构造与次生构造。原生构造是土在沉积时形成的，此类构造的特征多表现为层状、页片状、条带状等，其工程地质性质常表现出各向异性。次生构造是在土层形成后经成壤作用形成，如块状、团粒状、柱状、片状、鳞片状等。此外，粘性土体中还常因其物质成分的不均一性，干燥后出现各种裂隙，如垂直裂隙、网状裂隙等，这些裂隙导致土体强度降低，透水性增强，造成土体工程地质性质的各向异性。

1.5.2 土的物理力学性质

土的物理力学性质主要有土的密度、土的含水性、土的孔隙性、土的抗剪性和土的压缩性。不同种类土的物理力学性质差别很大，下面就工程性质不同的几种土分类介绍。

1. 砾石类土的性质

砾石类土又称卵砾土，颗粒粗大，主要由岩石碎屑或石英、长石等原生矿物组成，呈单粒结构及块石状和假斑状构造，具有孔隙大、透水性强、压缩性低、抗剪强度大的特点。但它与粘粒的含量及孔隙中充填物性质和数量有关。典型的流水沉积的砾石类土，分选较好,孔隙中充填少量砂粒,透水性最强,压缩性最低,抗剪强度最大。基岩风化碎石和山坡堆积碎石类土,分选较差,孔隙中充填大量砂粒和粉、粘粒等细小颗粒,透水性相对较弱,内摩擦角较小,抗剪强度较低,压缩性稍大。总的说来,砾石类土一般构成良好地基,但由于透水性强,常使基坑涌水量大,坝基、渠道渗漏。

2. 砂类土的性质

砂类土也称砂土。一般颗粒较大,主要由石英、长石、云母等原生矿物组成。一般没有联结,呈单粒结构及伪层状构造,并有透水性强、压缩性低、压缩速度快、内摩擦角较大、抗剪强度较高等特点,但均与砂粒大小和密度有关。通常粗中砂土的上述特征明显,且一般构成良好地基,为较好的建筑材料,但可能产生涌水或渗漏。粉细砂土的工程性质相对差,特别是饱水粉、细砂土受振动后易液化。

在野外鉴定砂土种类时,应同时观察研究砂土的结构、构造特征和垂直、水平方向的变化情况。当采取原状砂样有困难时,应在野外现场大致测定其天然容重和含水量。

3. 粘性土的性质

粘性土中粘粒含量较多,常含亲水性较强的粘土矿物,具有水胶联结和团聚结构,有时有结晶连结,孔隙微小而多。常因含水量不同呈固态、塑态和流态等不同稠度状态,压缩速度小而压缩量大,抗剪强度主要取决于凝聚力,内摩擦角较小。

粘性土的工程地质性质主要取决于其连结和密实度,即与其粘粒含量、稠度、孔隙比有关。常因粘粒含量增多,粘性土的塑性、胀缩性、透水性、压缩性和抗剪强度等有明显变化。从亚砂土到粘土,其塑性指数、胀缩量、凝聚力渐大,而渗透系数和内摩擦角则渐小。稠度影响最大,近流态和软塑态的土,有较高压缩性,较低抗剪强度;而固态或硬塑态的土,则压缩性较低,抗剪强度较高。粘性土是工程最常用的土料。

1.5.3 土的分类

1. 土的分类概述

土的工程分类的标准和方法有很多,目前国内外工程中广泛应用的主要有两类:一类把土作为建筑地基和环境,以原状土利用为目的,侧重研究土的变形和强度特征。如我国的《建筑地基基础设计规范》(GB 50007—2002)和《岩土工程勘察规范》(GB 50021—2001)等。另一类把土作为建筑材料,用于路堤、土坝和填土地基等工程,以扰动土为研究对象,侧重于土的组成,而不考虑土的天然结构性。如我国的国家标准《土的分类标准》(GBJ 145—1990)等。

2.《土的分类标准》(GBJ 145—1990)

该标准是工程用土的通用分类标准,分类中考虑了土颗粒组成及其特征、土的塑性指标(液限、塑限和塑性指数)以及土中有机质存在情况等。

1) 分类的一般规定

(1) 土的粒组应根据表 1-18 规定的土颗粒粒径范围划分。

(2) 土颗粒组成特征应根据土的级配指标的不均匀系数(C_u)和曲率系数(C_c)确定,并应符合下列规定。

不均匀系数，应按下式计算：

$$C_u = \frac{d_{60}}{d_{10}}$$

表 1-18　粒组的划分

粒组统称	粒组名称		粒组粒径的范围 d/mm
巨粒	漂石(块石)粒		$d > 200$
	卵石(碎石)粒		$200 \geq d > 60$
粗粒	砾粒	粗砾	$60 \geq d > 20$
		细砾	$20 \geq d > 2$
	砂粒		$2 \geq d > 0.075$
细粒	粉粒		$0.075 \geq d > 0.005$
	粘粒		$0.005 \geq d$

式中：d_{60}——在土的粒径分布曲线上的某粒径，小于该粒径的土粒质量为总土粒质量的 60%；

　　　d_{10}——在土的粒径分布曲线上的某粒径，小于该粒径的土粒质量为总土粒质量的 10%。

曲率系数，应按下式计算：

$$C_c = \frac{(d_{30})^2}{d_{10} \times d_{60}}$$

式中：d_{30}——在土的粒径分布曲线上的某粒径，小于该粒径的土粒质量为总土粒质量的 30%。

(3) 细粒土应根据塑性图分类。本标准规定有两种塑性图：一种是当取质量为 76g、角为 30°的液限仪锥尖入土深度为 17mm 对应的含水量为液限时，按塑性图 1.16(a) 分类；另一种是当取质量为 76g、锥角为 30°的液限仪锥尖入土深度为 10mm 对应的含水量为液限时，按塑性图 1.16(b) 分类。

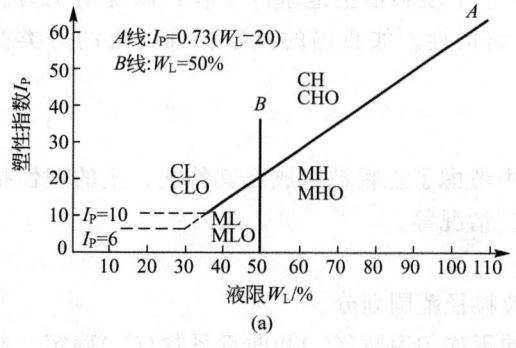
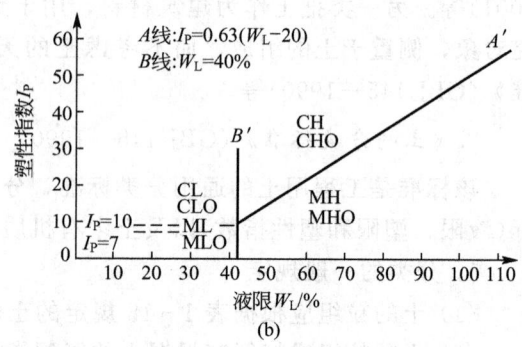

图 1.16　塑性图

2) 一般土的分类

工程用土分为一般土和特殊土两大类。该标准的特殊土包括黄土、膨胀土和红粘土，可按其塑性指标在塑性图上的位置初步判别。下面主要介绍一般土的分类。

一般土按其不同粒组的相对含量划分为巨粒土和含巨粒土、粗粒土、细粒土。

(1) 巨粒土和含巨粒土、粗粒土按其粒组、级配、所含细粒的塑性高低划分为16类。巨粒土和含巨粒土的分类和定名见表1-19。

表1-19 巨粒土和含巨粒土的分类

土类	粒组含量		土代号	土名称
巨粒土	巨粒含量75%~100%	漂石粒>50%	B	漂石
		漂石粒≤50%	Cb	卵石
混合巨粒土	巨粒含量50%~75%	漂石粒>50%	BSI	混合土漂石
		漂石粒≤50%	CbSI	混合土卵石
巨粒混合土	巨粒含量15%~50%	漂石粒>卵石	SIB	漂石混合土
		漂石粒≤卵石	SICb	卵石混合土

(2) 砾类土应根据其中的细粒含量及类别、粗粒组的级配，按表1-20分类。

表1-20 砾类土的分类

土类	粒组含量		土代号	土名称
砾	细粒含量<5%	级配：$C_u \geq 5$，$C_c = 1 \sim 3$	GW	级配良好砾
		级配：不同时满足上述要求	GP	级配不良砾
含细粒土砾	细粒含量5%~15%		GF	含细粒土砾
细粒土质砾	细粒含量15%~50%	细粒为粘土	GC	粘土质砾
		细粒为粉土	GM	粉土质砾

(3) 砂类土应根据其中的细粒含量及类别、粗粒组的级配，按表1-21分类。

表1-21 砂类土的分类

土类	粒组含量		土代号	土名称
砂	细粒含量<5%	级配：$C_u \geq 5$，$C_c = 1 \sim 3$	SW	级配良好砂
		级配：不同时满足上述要求	SP	级配不良砂
含细粒土砂	细粒含量5%~15%		SF	含细粒土砂
细粒土质砂	细粒含量15%~50%	细粒为粘土	SC	粘土质砂
		细粒为粉土	SM	粉土质砂

(4) 细粒土是指土样中细粒组质量大于或等于总质量50%的土。其中，粗粒组质量占总质量的25%~50%者称含粗粒的细粒土；含部分有机质者称有机质土。细粒土、含

粗粒的细粒土和有机质土均据塑性图所确定的类别，按表 1-22 进行分类。

表 1-22 细粒土的分类

当取质量为76g、锥角为30°的液限仪锥尖入土深度为17mm对应的含水量为液限时				当取质量为76g、锥角为30°的液限仪锥尖入土深度为10mm对应的含水量为液限时			
土的塑性指标在塑性图中的位置		土代号	土名称	土的塑性指标在塑性图中的位置		土代号	土名称
塑性指数 I_p	液限 ω_L			塑性指数 I_p	液限 ω_L		
$I_p \geq 0.73(\omega_L - 20)$ 和 $I_p \geq 10$	≥50%	CH	高液限粘土	$I_p \geq 0.63(\omega_L - 20)$ 和 $I_p \geq 10$	≥40%	CH	高液限粘土
	<50%	CL	低液限粘土		<40%	CL	低液限粘土
$I_p < 0.73(\omega_L - 20)$ 和 $I_p < 10$	≥50%	MH	高液限粉土	$I_p < 0.63(\omega_L - 20)$ 和 $I_p < 10$	≥40%	MH	高液限粉土
	<50%	ML	低液限粉土		<40%	ML	低液限粉土

1.5.4 我国主要特殊土的工程地质特征

特殊土是具有特殊的成分、状态、结构特征，而且具有特殊工程性质的土。如黄土具有湿陷性，软土具有触变性，膨胀土具有胀缩性。

1. 黄土

1) 黄土的特征及分布

黄土是在干旱、半干旱气候条件下形成的一种特殊土，是第四纪的一种特殊的陆相疏松堆积物。表 1-23 列出了黄土和黄土状土的各项特征。

黄土在世界上分布很广，欧洲、北美、中亚均有分布。黄土在我国特别发育，地层全，厚度大，分布广。主要分布于黑龙江、吉林、辽宁、内蒙古、山东、河北、河南、山西、陕西、甘肃、青海、新疆，江苏和四川等地也有分布。总计面积约 63 万多平方千米，约占我国陆地面积的 6.6%。

分布在中国范围内的黄土，根据其中所含脊椎动物化石确定，从早更新世开始堆积，经历了整个第四纪，目前还未结束。形成于下(早)更新世的午城黄土和中更新世的离石黄土，称为老黄土。上(晚)更新世的马兰黄土及全新世下部的次生黄土，称为新黄土。而近几十年至近几百年形成的最近堆积物，称为新近堆积黄土。

2) 黄土的成因

黄土按生成过程及特征可划分为风积、坡积、残积、洪积、冲积等成因类型。

(1) 风积黄土。分布在黄土高原平坦的顶部和山坡上，厚度大，质地均匀，无层理。

(2) 坡积黄土。多分布在山坡坡脚及斜坡上，厚度不均，基岩出露区常夹有基岩碎屑。

(3) 残积黄土。多分布在基岩山地上部,由表层黄土及基岩风化而成。

(4) 洪积黄土。主要分布在山前沟口地带,一般有不规则的层理,厚度不大。

(5) 冲积黄土。主要分布在大河的阶地上,如黄河及其支流的阶地上。阶地越高,黄土厚度越大,有明显层理,常夹有粉砂、粘土、砂卵石等,大河阶地下部常有厚数幂级数十米的砂卵石层。

表 1-23 黄土和黄土状土的特征

特征		名称	
		黄土	黄土状土
外部特征	颜色	淡黄色为主,还有灰黄、褐黄色	黄色、浅棕黄色或暗灰褐黄色
	结构构造	无层理,有肉眼可见之大孔隙及由生物根茎遗迹形成之管状孔隙,常被钙质和泥填充,质地均一	有层理构造,粗粒(砂粒或细砾)形成的夹层或透镜体,粘土组成微薄层理,可见大孔较少,质地不均一
	产状	垂直节理发育,常呈现大于70°的边坡	有垂直节理,但延深较小,垂直陡壁不稳定,常成缓坡
物质成分	粒度成分	粉土粒为主(0.075~0.005mm),含量一般大于60%;大于0.25mm 的颗粒几乎没有。粉粒中 0.075~0.01mm 的粗粉粒占50%以上,颗粒较粗	粉土粒含量一般大于60%,但其中粗粒小于50%;含少量大于0.25mm或小于0.005mm的颗粒,有时可达20%以上;颗粒较细
	矿物成分	粗粒矿物以石英、长石、云母为主,含量大于60%;粘土矿物有蒙脱石、伊利石、高岭石等;矿物成分复杂	粗粒矿物以石英、长石、云母为主,含量小于50%;粘土矿物含量较高,仍以蒙脱石、伊利石、高岭石为主
	化学成分	以 SiO_2 为主,其次为 Al_2O_3、Fe_2O_3,富含 $CaCO_3$、少量 $MgCO_3$ 及少量易溶盐类(如 NaCl)等。常见钙质结核	以 SiO_2 为主,其次为 Al_2O_3、Fe_2O_3,含 $CaCO_3$、$MgCO_3$、少量易溶盐(如 NaCl)等,时代老的含碳酸盐多,时代新的含碳酸盐少
物理性质	孔隙度	高,一般大于50%	较低,一般小于40%
	干密度	较低,一般为 1.4g/cm³ 或更低	较高,一般为 1.4 g/cm³ 以上,可达 1.8g/cm³
	渗透系数	一般为 0.6~0.8m/d,有时可达 1m/d	透水性小,有时可视为不透水层
	塑性系数	10~12	一般大于12
	湿陷性	显著	不显著,或无湿陷性
成岩作用程度		一般固结较差,时代老的黄土较坚固,称石质黄土	松散沉积物,或有局部固结
成因		多为风成,少量水成	多为水成

3) 黄土一般物理力学性质

(1) 黄土的比重。一般为 2.54~2.84g/cm³,平均为 2.67g/cm³;干容重为 1.12~1.79g/cm³。在天然含水量相同的情况下,黄土天然容重愈高,强度也愈高。干容重是评价黄土湿陷性的指标之一,干容重小于 1.45g/cm³ 者一般为湿陷性黄土,大于 1.5g/cm³

者为非湿陷性黄土。

(2) 黄土的孔隙。孔隙大、孔隙度也大是黄土的主要特征之一。孔隙在黄土中的大小及分布都是不均匀的，形状也可分为孔隙及裂隙两种。大孔隙的数量是决定黄土湿陷性的重要依据。

(3) 黄土的含水量。黄土的天然含水量较低，一般在1%～38%之间，某些干旱地区约为1%～12%。天然含水量较低的黄土，经常是湿陷性较强。黄土的透水性一般比粘性土大，属中等透水性土，这主要是因为其垂直节理及大孔隙较发育，故垂直方向透水性大于水平方向，有时可达十余倍。黄土渗透系数一般为0.6～1m/d，随大孔隙增多或颗粒变粗而增大。

(4) 黄土的塑性。黄土塑性较弱，塑限一般为16%～20%，液限常为26%～34%，塑性指数为8～14。一般无膨胀性，崩解性很强，黄土易于崩解是黄土边坡浸水后造成大规模崩塌的重要原因。一块黄土试样在水中崩解的速度受各种因素影响，可以在十几秒到数天内崩解。黄土易受流水冲刷则是黄土地区容易形成冲沟的重要原因。

(5) 黄土的压缩性。黄土在干燥状态下压缩性中等，一般 $a_{1-2}=0.02\sim0.06 cm^2/kg$，但湿度增高（尤其饱和）的黄土，压缩性急剧增大。新近堆积的黄土，土质松软，强度低，压缩性高，老黄土压缩性较低。

(6) 黄土的抗剪强度。黄土的抗剪强度较高，一般内摩擦角 $\Phi=15°\sim25°$，内聚力 $c=0.3\sim0.6 kg/cm^2$。当黄土的含水量低于塑限，水分变化对强度的影响最大，随着含水量的增加，土的内摩擦角和内聚力都降低较多；但当含水量大于塑限时，含水量对抗剪强度的影响减小；而超过饱和含水量时，抗剪强度的变化不大。另外，在浸水过程中，黄土湿陷处于发展中，此时土的抗剪强度降低最多。当黄土的湿陷压密过程已基本结束时，土的含水量虽然很高，但抗剪强度却高于湿陷过程。因此，湿陷性黄土处于地下水位变动带时，其抗剪强度最低，而处于地下水位以下的黄土，抗剪强度反而高些。

4) 黄土的工程地质问题

在黄土地区修筑铁路或进行其他工程建筑，经常遇到的工程地质问题有：黄土湿陷，黄土潜蚀和陷穴，黄土冲沟发展及黄土泥流，黄土路堑边坡的冲刷防护，边坡稳定性及边坡设计等。通过多年实践和研究，对于这些问题的解决已积累了不少经验和较为有效的措施。这里仅对黄土湿陷及陷穴问题进行讨论。

(1) 黄土的湿陷性。

天然黄土在一定压力作用下，受水浸湿后结构遭到破坏发生突然下沉的现象，称黄土湿陷。黄土湿陷又分在自重压力下发生的自重湿陷和在外荷载作用下产生的非自重湿陷。非自重湿陷比较普遍，对工程建筑的重要性也较大。

并非所有黄土都具有湿陷性，一般老黄土（午城黄土及离石黄土大部）无湿陷性，而新黄土（马兰黄土及新近堆积黄土）及离石黄土上部有湿陷性。因此，湿陷性黄土多位于地表以下数米至十余米处，很少超过20m厚。黄土的湿陷性强弱与许多因素有关，通常，黄土的天然含水量愈小，所含可溶盐特别是易溶盐愈多，孔隙比愈大，干容重愈小，则湿陷性愈强。

湿陷性黄土作为路堤填料或作为建筑物地基，严重影响工程建筑物的正常使用和安全，能使建筑物开裂甚至破坏。因此，必须查清建筑地区黄土是否具有湿陷性及湿陷性的强弱，以便有针对性地采取相应措施。

除了用上述各种地质特征和工程性质指标定性地评价黄土湿陷性外，通常采用浸水压缩实验方法定量地评价黄土湿陷性。采取黄土原状土样放入固结仪内，进行压缩试验。按规范规定：对桥涵、路基加压到 0.3MPa；对站场、房屋加压到 0.2MPa；对坡积、崩积、人工填筑等压缩性较高的黄土，5m 以内土层加压到 0.15MPa。然后测出天然湿度下变形稳定后的试样高度 h_1 及浸水条件下变形稳定后的试样高度 h_2，即可按下式求出相对湿陷系数 δ_s：

$$\delta_s = \frac{h_1 - h_2}{h_1}$$

当 $\delta_s \geqslant 0.02$ 时，认为该黄土为湿陷性黄土；$\delta_s < 0.02$ 时，则为非湿陷性黄土。对于湿陷性黄土，$\delta_s \leqslant 0.03$ 为轻微湿陷的，$0.03 < \delta_s \leqslant 0.07$ 为中等湿陷的，$\delta_s > 0.07$ 为强烈湿陷的。

在不同的压力作用下，湿陷系数是不一样的。当压力较小时，湿陷量较小；随着压力的增大，湿陷量逐渐增加；当压力超过某值时，湿陷量急剧增大，结构迅速地、明显地被破坏。这个开始出现明显湿陷的压力，称湿陷起始压力，这是一个很有实用价值的指标，在工程设计中如能控制黄土所受的各种荷载不超过起始压力，则可避免湿陷。

关于黄土发生湿陷的原因，国内外资料说法不一。有人认为是黄土内易溶盐被溶解造成的结果，有人认为黄土中所含粘土矿物成分不同是主要原因，若含有胶岭石是非湿陷性的，含高岭石则是湿陷性的，还有人认为黄土中 Fe_2O_3 含量大于 10% 时黄土结构是稳定的。更多的人认为黄土湿陷性与其孔隙比有密切关系，试验证明相对湿陷系数与孔隙比之间存在着直线正比关系，相对湿陷系数是压力与湿度的连续函数，压力越大，湿度越大，湿陷量越大，而且认为湿陷原因是黄土颗粒与水相互作用形成水-胶联结，即黄土浸水后，胶体颗粒间水膜厚度增加，使颗粒间联结力减弱，加强了黄土的压缩性的结果。

天然条件下，黄土被浸湿有两种情况，一是地表水下渗，另一是地下水位升高。一般前者引起的湿陷性要强些。

防治黄土湿陷的措施可分两个方面，一方面可采用机械的或物理化学的方法提高黄土的强度，降低孔隙度，加强内部联结；另一方面则应注意排除地表水和地下水的影响。

(2) 黄土陷穴。

黄土地区地下常有各种洞穴，有黄土自重湿陷和地下水潜蚀作用造成的天然洞穴，也有人工洞穴。这些洞穴容易使上覆土层陷落，故称为黄土陷穴。黄土陷穴能对黄土地区工程建筑造成严重影响。例如，黄土地区某铁路线由于黄土陷穴造成路基塌陷，甚至使列车颠覆。因此，必须研究黄土陷穴的成因、分布规律、探测方法及防治措施。

对于埋藏不深、尺寸较小、分布区较小的陷穴，一般用简易勘探方法，如洛阳铲、小螺纹钻等探测。对于大面积普查地下较深范围内较大洞穴的分布，可采用地震、电法、地质雷达等物探方法结合钻探方法进行探测。

防治黄土陷穴有两方面措施：针对已查明的陷穴可采用开挖回填，夯实等方法，洞穴较小的也可用灌注砂或水泥砂浆充填；针对地下水，要在工程建筑物附近做好地表排水工程，不许地表水流入建筑场地或渗入建筑物地下，以防止潜蚀作用继续发展。

2. 软土

1) 软土及其特征

软土一般是指天然含水量大、压缩性高、承载力低和抗剪强度很低的呈软塑-流塑状态的粘性土。软土是一类土的总称，还可以细分为软粘性土、淤泥质土、淤泥、泥炭质土和泥炭等，及其性质大体与上述概念相近的土都可以归为软土。

软土主要是在静水或缓慢流水环境中沉积的以细颗粒为主的第四纪沉积物。通常在软土形成过程中有一定的生物化学作用的参与，这是因为在软土沉积环境中，往往生长一些喜湿的植物，这些植物死亡后遗体埋在沉积物中，在缺氧条件下分解，参与了软土的形成。我国各地区的软土一般有下列特征。

(1) 软土的颜色多为灰绿、灰黑色，手摸有滑腻感，能染指，有机质含量高时，有腥臭味。

(2) 软土的粒度成分，主要为粘粒及粉粒，粘粒含量高达 $60\% \sim 70\%$。

(3) 软土的矿物成分，除粉粒中的石英、长石、云母外，粘粒中的粘土矿物主要是伊利石，高岭石次之。

(4) 软土具有典型的海绵状或蜂窝状结构，这是造成软土孔隙比大、含水量高、透水性小、压缩性大、强度低的主要原因之一。

(5) 软土常具有层理构造，软土和薄层的粉砂、泥炭层等相互交替沉积、或呈透镜体相间形成性质复杂的土体。

2) 软土的成因及分布

我国沿海地区、平原地带、内陆湖盆、洼地、河流两岸地区及山前谷地广泛地分布有各种软土。沿海、平原地带软土多位于大河下游入海三角洲或冲积平原处，如长江、珠江三角洲地带、塘沽、温州、闽江口平原等地带；内陆湖盆、洼地则以洞庭湖、洪泽湖、太湖、滇池等地为有代表性的软土发育地区；山间盆地及河流中下游两岸漫滩、阶地、废弃河道等处也常有软土分布；沼泽地带则分布着富含有机质的软土和泥炭。

中国范围内的软土成因主要有下列几种。

(1) 沿海沉积型：软土分布广，厚度大，土质疏松软弱，按沉积部位大致可分为 4 种成因类型。

① 潟湖相沉积：软土颗粒微细，孔隙比大，强度低，分布范围广，常形成海滨平原。主要分布于浙江温州、宁波等地。

② 溺谷相沉积：结构疏松，孔隙比大，强度很低，分布窄带状，范围小于潟湖相。主要分布于福州市闽江口地区。

③ 滨海相沉积：常与波浪及潮汐的水动力作用形成较粗的颗粒相掺杂，有机质较少，结构疏松，透水性强。主要分布于天津的塘沽新港和江苏连云港等地区。

④ 三角洲相沉积：受河流和海潮的复杂交替作用，分选程度较差，多交错斜层理或不规则透镜体夹层。主要分布于长江三角洲、珠江三角洲等地区。

(2) 内陆湖盆沉积型：软土分布零星，厚度较小，性质变化大，主要有 3 类。

① 湖相沉积：主要分布于滇池、洞庭湖、洪泽湖、太湖等地区。颗粒微细均匀，富含有机质，层较厚（一般 $10 \sim 20m$，个别超过 $20m$），不夹或很少夹砂层，常有厚度不等的泥炭夹层或透镜体。

② 河流漫滩相沉积：主要分布于长江、松花江中下游河谷附近。淤泥类土常夹于上层亚砂土、亚粘土之中，呈袋状或透镜体，产状厚度变化大，一般厚度小于 $10m$，下层常为砂层。这种淤泥类土为局部淤积，成分、厚度和性质变化较大。

③ 牛轭湖相沉积：与湖相沉积相近，但分布较窄，且常有泥炭夹层，一般呈透镜体

埋藏于一般冲积层之下。

(3) 河滩沉积型：一般呈带状分布于河流中、下游漫滩及阶地上，这些地带常是漫滩宽阔、河岔较多，河曲发育，常有牛轭湖存在。软土的特点是岩层沉积交错复杂，透镜体较多，软土厚度不大，一般小于10m。中国一些大中河流中、下游多有分布。

(4) 沼泽沉积型：沼泽软土颜色深，多为黄褐色、褐色、黑色，主要成分为泥炭，并含有一定数量的机械沉积物和化学沉积物。

(5) 山前谷地沉积有一类"山地型"软土，其分布、厚度及性质等变化均很大。它主要由当地泥灰岩、页岩、泥岩风化产物和地表有机物质，由水流搬运沉积于原始地形低洼处，经长期水泡软化及微生物作用而成。成因类型以坡洪积、湖积和冲积为主，主要分布于冲沟、谷地、河流阶地和各种洼地里，分布面积不大，厚度相差悬殊。通常冲积相土层很薄，土质较好；湖积相土层中常有较厚的泥炭层，土质常比平原湖积相还差；坡洪积最常见，性质介于前两者之间。

3) 软土的物理力学性质

软土是在特定的环境中形成的，具有某些特殊的成分、结构和构造，这便决定了它某些特殊的工程地质性质。

(1) 软土的孔隙比和含水量。软土多在静水或缓慢流水中沉积，颗粒分散性高，联结弱，具有较大的孔隙比和高含水量，孔隙比一般大于1.0，高的可达5.8，含水量大于液限达50%～70%，最大可达300%。但随沉积年代的久远和深度的加大，孔隙比和含水量降低。原状土常处于软塑状态，扰动土则呈流动状态。

(2) 软土的透水性和压缩性。软土孔隙比大，但孔隙小，粘粒的吸水、亲水性强，土中有机质多，分解出的气体封闭在孔隙中，使土的透水性变差，渗透系数K一般为$1\times10^{-6}\sim1\times10^{-8}$cm/s，且因层状结构而具方向性。因此软土在荷载作用下排水不畅，固结慢，压缩性高，压缩系数为$0.7\sim2.0(MPa)^{-1}$，压缩模量E_s为$1\sim6$MPa，压缩过程长，开始时压缩快，以后逐渐变慢。总之，软土在建筑物荷载作用下容易发生不均匀下沉和大量下沉，而且压缩下沉很慢，完成下沉的时间很长。

(3) 软土的强度。软土强度低，无侧限抗压强度为$10\sim40$kPa。软土的抗剪强度很低，且与加荷速度和排水固结条件有关，抗剪强度随固结程度增加而增大。不排水直剪试验的$\phi=2\sim5°$，$C=10\sim15$kPa；排水条件下，$\phi=10\sim15°$，$C=20$kPa。所以评价软土抗剪强度时，应根据建筑物加荷情况选用不同的试验方法，而且在工程施工中应注意加荷速度。

(4) 软土的触变性。软土受到振动，海绵状结构破坏，土体强度降低，甚至呈现流动状态，称为触变。触变使地基土大面积失效，对建筑物破坏极大。一般认为，触变是由于吸附在土颗粒周围的水分子的定向排列受扰动破坏，土粒好像悬浮在水中，出现流动状态，因而强度降低，静置一段时间，土粒与水分子相互作用，重新恢复定向排列，结构恢复，土的强度又逐渐提高。软土触变灵敏度用S_t表示。

$$S_t=\frac{q_u}{q_0}$$

式中：q_u——原状土的无侧限抗压强度；

q_0——具有与原状土相同密度和含水量并彻底破坏其结构的重塑土的无侧限抗压强度。

一般，S_t为$3\sim4$，个别达$8\sim9$，灵敏度越大，强度降低越明显，造成的危害也越大。

(5) 软土的流变性。软土在长期荷载作用下，变形可以延续很长时间，最终引起破坏，这种性质称为流变性。破坏时软土的强度远低于常规试验测得的标准强度，一些软土的长期强度只有标准强度的40%~80%。但是，软土的流变发生在一定的荷载下，小于该荷载，不产生流变，不同的软土产生流变的荷载值也不同。

4) 软土常见的工程地质问题及处理

(1) 软土常见的工程地质问题有以下几种。

① 软土地基承载力很低，抗剪强度也很低，长期强度更低。容许承载力一般低于0.1MPa，有时低至0.04MPa以下，往往由于地基丧失强度而破坏。

② 软土压缩性很高，沉降量大，常出现由于地基下沉引起基础变形或开裂，直至建筑物不能使用。

③ 由于软土含水量大，多接近或超过其液限而成为软塑或流塑状态，且因其持水性强，透水性差，对地基的固结排水不利，强度增长缓慢，沉降延续时间很长，影响了工期和工程质量。

④ 软土成分及结构复杂，平面分布及垂直分布均具有不均匀性，易使建筑物产生不均匀沉降。

⑤ 当软土受到某种振动时，很容易破坏其海绵状结构连接强度，使软土产生稀释液化而丧失强度，在建筑物施工及使用过程中要防止软土发生触变。

(2) 软土地基的处理。一般认为，在软土地区不宜建筑重型建筑物。对一般建筑物和路基基底应采取相应的处理，处理的原则为如下。

① 控制路堤高度，减轻建筑物自重或加大承载面积，以减小软土单位面积所受压力。

② 若软土埋藏不深、厚度较小时，可采用开挖换填砂卵石、碎石，或抛石排淤、爆破排淤的方法，使建筑物基础置于软土下面的坚实土层上。

③ 排水固结提高软土强度。根据不同要求及条件，可分别采用预压固结，分期分层填筑路堤，路堤底部设排水砂垫层，在软土地基中设置排水砂井、石灰砂桩等方法加速排除软土中水分，完成预期沉陷，提高软土承载力。

④ 为防止软土地基塑流，可采用反压护道法，在软土地基周围打板桩围墙的方法，有时也可采用电化学加固法，防止软土被挤出。

常见的软土地基的加固措施有堆载预压法、强夯法、砂垫层、砂井、石灰桩、旋喷注浆法、加筋土等。

3. 膨胀土

1) 膨胀土的特征及分布

膨胀土是一种粘性土，具有明显的膨胀、收缩特性。它的粒度成分以粘粒为主，粘粒的主要矿物是蒙脱石、伊利石，这两类矿物具有强烈的亲水性，吸收水分后强烈膨胀，失水后收缩，多次膨胀、收缩后，强度迅速衰减，导致修建在膨胀土上的工程建筑物开裂、下沉、失稳破坏。过去对这种土的性质认识不清，有许多不同的叫法，如裂隙粘土、膨胀粘土、胀缩土或超固结粘土等；也有许多以地区命名叫法，如成都粘土、合肥粘土等。经过多年的工程实践和研究，目前趋向于统一称为膨胀土。它具有以下特征。

(1) 颜色有灰白、棕、红、黄、褐及黑色。

(2) 粒度成分中以粘土颗粒为主，一般在50%以上，最少也超过30%，粉粒其次，砂粒最少。

(3) 矿物成分中粘土矿物占优势，多以伊利石为主，少量以蒙脱石为主，高岭石含量普遍较低。

(4) 以片状或扁平状粘土颗粒相互聚集形成的结构基本单元体，决定着膨胀土的胀缩性及强度，微孔隙、微裂隙的普遍发育为水分的进出迁移创造了条件。

(5) 胀缩强烈，膨胀时产生膨胀压力，收缩时形成收缩裂缝，长期反复胀缩使土体强度产生衰减。

(6) 各种大、小成因的裂隙非常发育。

(7) 早期(第四纪以前或第四纪早期)生成的膨胀土具有超固结性。

膨胀土分布广泛，分布范围遍及六大洲约40个国家和地区。中国是世界上膨胀土分布最广、面积最大的国家之一。目前已在20多个省、市、自治区发现膨胀土及其对工程建筑的危害，以云南、广西、贵州和湖北等省分布较多，且有代表性。膨胀土一般位于盆地内垄岗、山前丘陵地带和二、三级阶地上。多数是晚更新世及其以前的残坡积、冲积、洪积物，也有晚第三纪至第四纪的湖相沉积及其风化层，个别埋藏在全新世的冲积层中。

中国范围内的膨胀土按其成因及特征基本分为3类：第一类为湖相沉积及其风化层，粘土矿物中以蒙脱石为主，自由膨胀率、液限、塑性指数都较大，土的膨胀、收缩性最显著；第二类为冲积、冲洪积及坡积物，粘土矿物中以伊利石为主，自由膨胀率和液限较大，土的膨胀、收缩性也显著；第三类为碳酸盐类岩石的残积、坡积及洪积的红粘土，液限高，但自由膨胀率常小于40%，故常被定为非膨胀性土，但其收缩性很显著。

2) 膨胀土的胀缩性指标

一般来讲，粘性土都有一定的膨胀性，只是膨胀量小，没有达到危害程度。为了正确评价膨胀土的工程性质，必须测定其膨胀收缩指标，表示膨胀土的胀缩性指标有下列几种。

(1) 自由膨胀率(δ_{ef})：指人工制备的烘干土，在水中吸水后体积增量($V-V_0$)与原体积(V_0)之比。

$$\delta_{ef} = \frac{V-V_0}{V_0} \times 100\%$$

《膨胀土地区建筑技术规范》(GBJ 112—87)规定，$\delta_{ef} \geqslant 40\%$为膨胀土。

(2) 膨胀率(δ_{ep})：人工制备的烘干土，在一定的压力下，侧向受限浸水膨胀稳定后，试样增加的高度($h-h_0$)与原高度(h_0)之比。

$$\delta_{ep} = \frac{h-h_0}{h_0} \times 100\%$$

(3) 线缩率(δ_{si})：为土样收缩后高度减小量(h_0-h)与原高度(h_0)之比。

$$\delta_{si} = \frac{h_0-h}{h_0} \times 100\%$$

3) 膨胀土的工程性质

(1) 强亲水性。膨胀土的粒度成分以粘粒含量为主，粘粒粒径很小，比表面积大，颗粒表面由具有游离价的原子或粒子组成，即具有表面能，在水溶液中吸引极性水分子和水中离子，呈现出强亲水性。

(2) 多裂隙性。膨胀土中裂隙十分发育，是区别于其他土的明显标志。膨胀土的裂隙按成因有原生和次生之别。原生裂隙多闭合，裂面光滑，常由蜡状光泽，暴露在地表后受风化影响裂面张开，次生裂隙多以风化裂隙为主，在水的淋滤作用下，裂面附近蒙脱石含量显著增高，呈白色，构成膨胀土的软弱面，这种灰白色是引起膨胀土边坡失稳滑动的主要原因。

（3）强度衰减性。天然状态下，膨胀土结构紧密、孔隙比小，干密度达 1.6～1.8g/cm^3，塑性指数为 18～23，天然含水量与塑限比较接近，一般为 18%～26%，这时膨胀土的剪切强度、弹性模量都比较高，土体处于坚硬或硬塑状态，常被误认为是良好的天然地基。当膨胀土遇水浸湿后，强度很快衰减，凝聚力小于 100kPa，内摩擦角小于 10°，有的甚至接近饱和淤泥的强度。

（4）超固结性。膨胀土的超固结性是指在膨胀土受到的应力史中，曾受到比现在土的上覆自重压力更大的压力，因而孔隙比小，压缩性低。但是一旦开挖，遇水膨胀，强度降低，造成破坏。

（5）弱抗风化性。膨胀土极易产生风化破坏作用，土体开挖后，在风化营力的作用下，很快会产生破裂、剥落和泥化等现象，使土体结构破坏，强度降低。

4）膨胀土的工程地质问题及防治措施

（1）膨胀土地区的路基。

膨胀土地区的路基，无论是路堑或路堤，极普遍而且严重的病害就是边坡变形和基床变形。随着行车密度与速度的提高，由于膨胀土体抗剪强度的衰减及基床土承载力的降低，造成边坡溜塌，路基长期不均匀下沉，翻浆冒泥等病害更加突出，造成路基失稳，影响行车安全。

在膨胀土地区进行建筑施工，首先必须掌握该地区膨胀土的地质特征与工程地质条件，判定它们是强膨胀土，还是中等膨胀土或弱膨胀土。然后根据这些资料进行正确的路基设计，确定其边坡形式，高度及坡度，并采取必要的防护措施。

边坡防护措施主要包括：天沟、边坡平台排水沟、侧沟及支撑渗沟等排水系统；采用植被防护、骨架护坡、片石护坡等坡面防护措施；采用挡土墙、抗滑桩、片石垛等支挡工程；对于路堤还可采用换填土或土质改良等措施。

（2）膨胀土地区的地基。

在膨胀土地基上修筑的桥涵及房屋等建筑物，随地基土的胀缩变形而发生不均匀变形。因此膨胀土地基问题既有地基承载力问题，又有引起建筑物变形问题。其特殊性在于：地基承载力较低，还要考虑强度衰减；不仅有土的压缩变形，还有湿胀干缩变形。

常用的防治措施有：防水保湿措施，即注意建筑物周围的防水排水，并尽量避免挖填方改变土层自然埋藏条件；地基土改良措施，即建筑物基础应适当加深，相应减小膨胀土的厚度，或采用换土、土垫层、桩基等方法。

4. 冻土

在高纬度和海拔较高的高原、高山地区，一年中有相当长一段时间气温低于零度，这时土中的水分冻结成固态的冰，这种温度低于零摄氏度并含有冰的特殊土就称为冻土。

根据冻土的冻结时间可分为两大类：季节冻土和多年冻土。季节冻土是指冬季冻结、夏季融化的土。在年平均气温低于零度的地区，冬季长，夏季很短，冬季冻结的土层在夏季结束前还未全部融化，又随气温降低开始冻结了，这样地面以下一定深度的土层常年处于冻结状态，就是多年冻土。通常认为，持续 3 年以上处于冻结不融化的土称为多年冻土。

土冻结时发生冻胀，强度增高，融化时发生沉陷，强度降低，甚至出现软塑或流塑状态。修建在冻土地区的工程建筑物，常常由于反复冻融，土体冻胀、融沉，导致工程建筑物的破坏。

1）季节冻土及其冻融现象

（1）季节冻土及其分布。

季节冻土在中国分布广泛，东北、华北、西北及华东、华中部分地区都有分布。自长江流域以北向东北、西北方向，随着纬度及地面高度的增加，冬季气温愈来愈低，冬季时间延续愈来愈长，因此季节冻土厚度自南向北愈来愈大。石家庄以南季节冻土厚度小于0.5m，北京地区一般为1m左右，辽源，海拉尔一带则为2~3m。

（2）季节冻土的工程性质及其冻胀融沉现象。

季节冻土的主要工程地质问题是冻结时膨胀，融化时下沉。冻胀融沉的程度首先取决于土的颗粒组成及含水量。按土的颗粒组成将土的冻胀性分为不冻胀土、稍冻胀土、中等冻胀土和极冻胀土4类，见表1-24，按土中含水量大小将土的冻胀分为不冻胀、弱冻胀、冻胀和强冻胀4级，见表1-25。

表1-24 土的冻胀性分类表

分类	土的名称	冻胀 冻结期内胀起/cm	冻胀 为2m冻土层厚的百分数/%	融化后土的状态
不冻胀土	碎石—砾石层，胶结砂砾层			固态外部特征不变
稍冻胀土	小碎石，砾石，粗砂，中砂	3~7	1.5~3.5	致密的或松散的，外部特征不变
中等冻胀土	细砂，粉砂质砂粘土，粘土	10~20	5~10	致密的或松散的，可塑结构常被破坏
极冻胀土	粉土、粉质砂粘土、泥炭土	30~50	15~25	塑性流动，结构扰动，在压力下为流砂

表1-25 土的冻胀性分级

土的名称	天然含水量W/%	潮湿程度	冻结期间地下水位低于冻深的最小距离h_w/m	冻胀性分级
粉、粘粒含量≤15%的粗颗粒土	W≤12	稍湿、潮湿	不考虑	不冻胀
	W>12	饱和		弱冻胀
粉、粘粒含量>15%的粗颗粒土,细砂、粉砂	W≤12	稍湿	$h_w>1.5$	不冻胀
	12<W≤17	潮湿		弱冻胀
	W>17	饱和		冻胀
粘性土	$W<W_p$	半坚硬	$h_w>2.0$	不冻胀
	$W_p<W≤W_p+7$	硬塑		弱冻胀
	$W_p+7<W≤W_p+15$	软塑		冻胀
	$W>W_p+15$	流塑	不考虑	强冻胀

季节冻土冬季冻胀使路基隆起，春季融化使路基下沉，甚至发生翻浆冒泥。如果冻土中水主要是由地表下渗补给的，冻胀隆起一般高 30～40mm。如果冻土中水主要来自地下水，则冻胀隆起更高，可达 100～200mm 以上。这种冻胀融沉严重影响了行车安全，特别是由于每年一次冻融循环，如不采取根本措施，后患无穷。

2) 多年冻土及其特征

(1) 多年冻土及其分布。

多年冻土多在地面以下一定深度存在着，其上部至地表部分常有一季节冻土层，故多年冻土区常伴有季节性冻结现象存在。

中国的多年冻土按地区分布不同分为两类：一类是高原型多年冻土，主要分布在青藏高原及西部高山地区。这类冻土主要受海拔高度控制；另一类是高纬度型多年冻土，主要分布在东北大、小兴安岭地区，自满洲里—牙克石—黑河一线以北广大地区都有多年冻土分布。

(2) 多年冻土的结构和构造。

根据冻土内冻结水(冰)的分布状况(位置，形状及大小)，多年冻土有 3 种结构类型。

① 整体结构：温度骤然下降，冻结很快，水分来不及迁移、集聚，土中冰晶均匀分布于原有孔隙中，冰与土成整体状态 [图 1.17(a)]。这种结构使冻土有较高的冻结强度，融化后土的原有结构未遭破坏，一般不发生融沉。故整体结构冻土工程性质较好。

② 网状结构：一般发生在含水量较大的粘性土中。土在冻结过程中产生水分转移和集聚，在土中形成交错网状冰晶，使原有土体结构受到严重破坏 [图 1.17(b)]。这种结构的冻土不仅发生冻胀，更严重的是融化后含水量大，呈软塑或流塑状态，发生强烈融沉，工程性质不良。

③ 层状结沟：土粒与冰透镜体和薄冰层相互间层，冰层厚变可为数毫米至数厘米 [图 1.17(c)]。土在冻结过程中发生大量水分转移，有充分水源补给。而且经过多次冻结—融汇—冻结后形成层状结构，原有的结构完全被冰层分割而破坏。这种结构的冻土冻胀显著，融沉严重，工程性质不良。

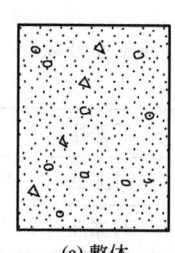 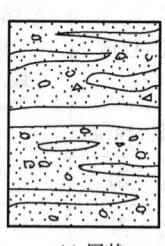

(a) 整体　　(b) 网状　　(c) 层状

图 1.17　多年冻土的结构

多年冻土的构造是指季节冻土层与多年冻土层之间的接触关系。

① 衔接型构造：季节冻土的最大冻结深定达到或超过多年冻土层上限。此种构造的冻土属于稳定型或发展型多年冻土。

② 非衔接型构造：在季节冻土所能达到的最大冻结深度与多年冻土层上限之间有一层不冻土或称融土层。这种构造的冻土多为退化型多年冻土。

中国多年冻土层厚度变化较大，小则几米，厚者可达 200m 左右。

(3) 多年冻土的工程性质有以下两方面。

① 物理及水理性质。冻结的土体应视为土的颗粒、未冻水、冰及气体 4 相组成的复杂综合体。纯水在 0℃ 时开始结冰。土中水由于矿物颗粒表面能的作用和水中含有一定盐分的原因，其开始冻结温度均低于 0℃。土中水分的冻结是从孔隙中的重力自由水开始的，

土温继续下降时，土粒表面结合水才逐渐冻结。即使在土温降到-78℃时，结合水中仍有部分未冻结。在一定负温下仍未冻结的水可称为未冻水，未冻水的数量随土中粘粒增多而增多。同样的负温和土质，外荷载压力大，水溶液浓度大，未冻水量就多。可见，未冻水含量的多少取决于土的粒度成分，负温度，外部压力及水中含盐量，未冻水量直接影响着冻土的工程性质。因此，在评价冻土工程性质时，必须测定天然冻土结构下的容重、固体矿物颗粒比重、冻土总含水量（包括冰及未冻水含量）及相对含冰量（土中冰重与总含水量之比）4项指标。

② 力学性质。由于冰是一种粘滞性物体，所以冻土的抗剪强度和抗压强度都与荷载作用时间有密切关系，即冻土具有明显的流变性。长期荷载作用下冻土的持久强度大大低于瞬时加荷的强度。冻土具有冻结时体积膨胀，融化时迅速下沉的特性。应当指出，只有土中所含水量超过某个界限值时，冻结过程中才出现冻胀现象，这个界限含水量称为起始冻胀含水量，它与土的塑限有密切关系。

冻土融化下沉由两部分组成，一部分是在外力作用下的压缩变形，另一部分是在负温变为正温时的自身融化下沉。根据冻土的融沉情况进行分类，多年冻土的融沉是指由于人类在多年冻土区的活动，不仅使表层季节冻土层融化，而且使多年冻土层上限下移，原来的冻土产生融沉。例如采暖房屋的修建使地基多年冻土融沉。

（4）多年冻土的工程地质问题有以下几方面。

① 多年冻土地区路基基底稳定问题。由于在地表修筑路堤，使多年冻土上限上升，在路堤内形成冻土结核，产生冻胀，夏季融化后可能引起沿上限局部滑塌。在多年冻土地区开挖路堑，则使多年冻土上限下降，若此多年冻土为融沉或强融沉性的，则可能造成严重下沉，以及路堑边坡滑动。

因此，在路基基底表面设置保温层，尽量防止多年冻土上限上下波动，是一项重要措施。保温材料最好就地取材，例如泥炭层，塔头草或其他草皮、炉渣等都是比较有效的材料。

② 多年冻土区的冰丘和冰椎。它们的形成与季节冻土区相似，只是规模更大，有的冰冻延续时间很长，可达几年以上。例如青藏高原昆仑山口洪积扇前缘有一多年生大冰丘，高20m，长40~50m，宽20多米。多年冻土区的舌形冰椎则一般长数百米至数千米。冰丘和冰椎对路基及其他铁路建筑物危害严重，特别是对路堑工程危害更大，容易发生大量地下水涌进路堑，掩埋线路。因此，在选线时应尽量避开这些不良地质现象。

③ 多年冻土地区的建筑物地基问题。多年冻土作为建筑物地基，应从土的年平均地温的稳定性、冻土组成及冻胶结作用、融化后的下沉性和冻土的不良地质现象作为冻土地基评价的依据。冻土具有瞬时的高强度，但更重要的是确定外压力长期作用下冻土的流变性及人为活动下热流作用造成的冻土下沉性。

因此，在选择建筑物场地时，应尽量避开冰丘、冰椎发育地区，选择坚硬岩石或粗碎屑颗粒土分布地段，地下水埋藏较深、冰融时工程性质变化较小的地基。

（5）对于冻土地区病害处理的基本原则有以下几方面。

① 排水。水是冻胀融沉的决定性因素，必须严格控制土中的水分。在地面修建一系列排水沟、管，拦截地表周围流来的水；聚集、排除建筑物地面及内部的水，不得使这些地表水渗入地下；在地下修建盲沟、渗沟、管等拦截周围流来的地下水；降低地下水位，

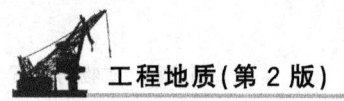

不使地下水向地基土中积聚。

② 保温。应用各种保温隔热材料，将地温受地表工程建筑的影响降至最小，从而最大限度地防止冻胀融沉。在基坑或路堑的底部和边坡上或在填土路堤底面上，铺设一定厚度的草皮、泥炭、苔藓、炉渣或粘土，都有保温隔热作用，使多年冻土上限相对稳定。

③ 改善地基土性质。用粗砂、卵石或砾石等不冻胀土置换天然地基的细颗粒冻胀土，是广泛采用的防止冻害的有效措施，一般基底砂垫层厚度为 0.8～1.5m，基侧面为 0.2～0.5m。在铁路路基下常用这种砂垫层填土，但在换填土层上要设置 0.2～0.3m 隔水层，以免地表水渗入基地。另一种改善地基土的方法是物理化学法，即在土中加入某种物质，改变土粒与水的相互作用，使土体中水的冰点降低，水分转移受到影响，从而削弱和防止土的冻胀。

本 章 小 结

本章主要介绍了地壳的圈层结构、矿物的基本概念、特性、常见矿物的识别、三大基本岩类的结构、构造及鉴别特征等。

(1) 地球的外圈层是指大气圈、水圈和生物圈；地球内部主要圈层为地壳、地幔和地核。

(2) 矿物的鉴别特征：硬度、颜色、条痕、光泽、解理、断口以及成分、结构和构造等。

(3) 岩浆岩的形成、结构、构造、矿物成分、鉴定特征，典型代表为花岗岩、玄武岩。

(4) 沉积岩的形成包括风化破碎、搬运、沉积、成岩 4 个过程；沉积岩的结构有碎屑结构、泥状结构、化学结构和生物化学作用；沉积岩的构造为层理构造。典型代表为石灰岩。

(5) 变质岩的变质因素、成分、结构、构造、鉴别特征，典型代表为大理岩、石英岩。

(6) 土是由土颗粒、充填于土颗粒之间的孔隙中的水或水溶液及气体所共同组成的三相体，土的物理、力学性质主要有土的密度、土的含水性、土的孔隙性、土的抗剪性和土的压缩性。

(7) 特殊土主要有黄土、软土、膨胀土和冻土。

关 键 术 语

岩体　rock mass；岩浆岩　magmatic rock；火成岩　igneous rock；沉积岩　sedimentary rock；变质岩　metamorphic rock

知 识 链 接

石油和天然气大都产于沉积岩中,从时间尺度看,前古生代(600Ma,Ma～百万年)以前的沉积岩,古生代(570Ma～250Ma)、中生代(250Ma～65Ma)、新生代(65Ma～全新世)的沉积岩层都可以生油,有些学者认为,以石炭纪(晚古生代,约362Ma)以后形成的油气资源最主要,原因是油气的生成与大量生物发育、生长、死亡及有机质转化有关,而只有从石炭纪开始地球上的生物才能够大量繁殖、死亡,产生大量有机质并转化成油气。

在近海浅海带以及大陆内部的湖泊里,由于气候湿热,植物和微生物大量繁殖、非常茂盛。随着地壳运动的产生,地壳下陷,气候急剧变化,火山频繁活动,生物大量死亡。这些动植物掩埋在底部,上部不断沉积砂石,可达几千米或更厚,经过长期的地质作用,砂石成岩后,掩埋中的死亡生物遗体经过温度升高过程,在水和有机质作用下,发生质变,产生烃类、甲烷、乙烷、丙烷以及硫、碳氢等,既有气态,也有液态。它们越聚越多,达到一定浓度后排出,聚集到合适的构造环境中成为油气藏。科学家们认为,下面3种岩石能够生成石油和天然气:①泥页岩生油气岩:这是一种在中等深度水体中沉积形成的暗色泥质页岩,这种岩石呈灰色-灰黑色细粒泥状,富含黄铁矿,它的形成应处于宁静的还原环境,含大量粘土矿物,伴生着微生物有机质堆积,我国许多陆相盆地都显示这种沉积特征,它们多数含有石油和天然气层;②碳酸盐岩生油气岩:这种岩石以石灰岩为代表,但不是所有的灰岩都生油,往往是富含有机质和古生物化石的泥质灰岩、沥青质灰岩及生物灰岩能产生石油和天然气。这是一种颜色多为灰黑、深灰及褐色,泥灰质为主的岩石;③煤系生油气岩:煤层系中含有大量的有机质和腐殖质,煤系中有机质烃呈气态液态聚集成气藏;此外,煤层中的甲烷也可形成油气藏,烃、烷在煤系中可聚集成煤气型油气藏。我国煤炭资源丰富,煤层系生油气岩是一种重要的生油气岩石。

思 考 题

1. 地球内部有哪些圈层?
2. 什么是岩石?它同矿物有什么关系?
3. 矿物的颜色与条痕有何区别?
4. 简述岩浆岩、沉积岩、变质岩的形成特点。
5. 简述三大基本岩类的成因、产状、矿物成分、结构、构造等方面的特点。

第 2 章 地质构造

本章教学要点

知识要点	掌握程度	相关知识
岩层产状	掌握	水平岩层、倾斜岩层、直立岩层
褶皱构造	重点掌握	背斜、向斜；褶曲要素
断裂构造	重点掌握	节理、断层的分类特点

本章技能要点

技能要点	掌握程度	应用方向
岩层产状	掌握	岩层的层序关系
褶皱构造	重点掌握	地质构造的判别
断裂构造	重点掌握	地质构造的判别
地质图阅读	熟悉	学习阅读地质图

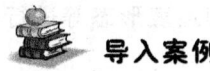

导入案例

南京地铁小行站至迈皋桥站线路全长 16.99km，地下线路全长 10.62km，地下线路施工方法采用浅埋暗挖法、盾构法及明暗挖结合法。地铁一期工程自南向北穿越不同地貌单元，其中有 3 段坐落在低山丘陵地貌单元上，另有两段坐落在古河道冲积平原上。由于地形起伏大，工程将频繁穿过基岩和河漫滩软土、古河床的饱水粉细砂层，地形复杂。地铁工程建设近场区断裂构造主要有 5 条，分别是滁河断裂、江浦—大厂断裂、南京—镇江沿江断裂、方山—小丹阳断裂、南京—湖熟断裂。断裂有以下特征：小行至珠江段，下覆基岩岩层较为稳定，各段基岩面虽有起伏，但总的趋势是南浅北深，基岩均未发现明显的断裂和破碎现象。珠江路以北地段构造较为复杂，在场址区有 6 条局部断裂：供电局—吉兆营断裂、鼓楼联合售票处、尖角营断裂、鼓楼公园—双龙巷东口断裂、鼓楼—安仁街南口断裂、湖北路南口—安仁街南断裂、模范马路东口—玄武新村断裂。南京地铁场区内没有全新世活断层，穿越市区的南京—湖熟断裂和定淮门—鼓楼断裂规模较大，在地铁沿线表现为鼓楼岗和小红山两组断裂，延伸至近地表，并存在断裂破碎带，第四纪有一定活动性。该两组断裂为控制场区工程地基稳定性的场区优势断裂，控制着鼓楼岗和小红山地铁隧道的稳定性。地铁沿线，珠江路以南地段构造较为简单，基岩较为单一，基岩面起伏不大，无明显断裂破碎带存在；珠江路以北地段，构造较为复杂，基岩多样，基岩面埋深差异较大，断裂较为发育，共有 3 组断裂，其中以鼓楼至珠江路段较为复杂。

2.1 地壳运动及地质作用

1. 地壳运动

地壳运动又称构造运动，指主要由地球内力引起岩石圈产生的机械运动。它是使地壳产生褶皱、断裂等各种地质构造，引起海、陆分布变化，地壳隆起和凹陷，以及形成山脉、海沟，产生火山、地震等的基本原因。按时间顺序，将晚第三纪以前的构造运动称古构造运动，晚第三纪以后的构造运动称新构造运动，人类历史时期发生的构造运动称现代构造运动。地壳运动的基本形式有两种，即水平运动和垂直运动。

水平运动是指组成地壳的物质沿平行于地球表面方向的运动，这种运动主要表现为地壳受到挤压、拉伸、平移甚至旋转，引起岩层的褶皱和断裂，可形成巨大的褶皱山系、裂谷和大陆漂移等。如印度洋板块挤压欧亚板块并插入欧亚板块之下，使五千万年前还是一片汪洋的喜马拉雅山地区逐渐抬升成现在的世界屋脊。

垂直运动是指组成地壳的物质沿垂直于地球表面方向的运动，即地壳上升或下降。主要引起海洋和陆地的变化，地势高低的改变。

地壳运动使沉积岩层发生弯曲，产生裂缝、断裂，并留下永久形迹，这样就形成了地质构造。因此，地壳运动是形成地质构造的原因，地质构造则是地壳运动的结果。

2. 地质作用

地质作用是指由自然动力引起地球（最主要是地幔和岩石圈）的物质组成、内部结构和地表形态发生变化的作用。主要表现为对地球的矿物、岩石、地质构造和地表形态等进行的破坏和建造作用。

引起地质作用的能量来自地球本身和地球以外，故分为内能和外能。内能指来自地球内部的能量，主要包括旋转能、重力能、热能。外能指来自地球外部的能量，主要包括太阳辐射能、日月引力能和生物能，其中太阳辐射能主要引起大气环流和水的循环。

按照能源和作用部位的不同，地质作用又分为内动力地质作用和外动力地质作用。由内能引起的地质作用叫内动力地质作用，主要包括构造运动、岩浆活动和变质作用。在地表主要形成山系、裂谷、隆起、凹陷、火山、地震等现象。由外能引起的地质作用叫外动力地质作用，主要有风化作用、风的地质作用、流水的地质作用、冰川的地质作用、冰水的地质作用、重力的地质作用等，在地表主要形成戈壁、沙漠、黄土原、洪水、泥石流、滑坡、岩溶、深切谷、冲积平原等现象。

2.1.1 岩层分类

构造运动引起地壳岩石变形和变位，这种变形、变位被保留下来的形态被称为地质构造。地质构造有3种主要类型：倾斜岩层、褶皱和断裂。

岩层的空间分布状态称岩层产状。岩层按其产状可分为水平岩层、倾斜岩层和直立岩层。

（1）水平岩层：指岩层倾角为0°的岩层。绝对水平的岩层很少见，习惯上将倾角小于5°的岩层都称为水平岩层，又称水平构造。水平岩层一般出现在构造运动轻微的地区或大范围内均匀抬升、下降的地区。一般分布在平原、高原或盆地中部。水平岩层中新岩层总是位于老岩层之上。当岩层受切割时，老岩层出露在河谷低洼区，新岩层出露于高岗上。在同一高程的不同地点，出露的是同一岩层，如图2.1所示。

（2）倾斜岩层：岩层在水平挤压力、垂直力以及力偶作用下，发生构造运动，形成倾斜岩层，自然界绝大多数岩层是倾斜岩层。一般情况下，倾斜岩层仍然保持顶面在上、底面在下、新岩层在上、老岩层在下的产出状态，称为正常倾斜岩层，如图2.2所示。当构造运动强烈，使岩层发生倒转，出现底面在上、顶面在下、老岩层在上、新岩层在下的产出状态时，称为倒转倾斜岩层。

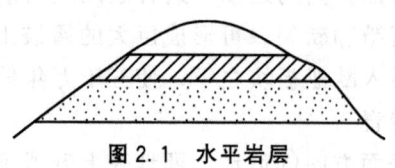

图2.1　水平岩层　　　　　　图2.2　倾斜岩层

倾斜岩层按倾角 α 的大小又可分为缓倾岩层（$\alpha<30°$）、陡倾岩层（$30°<\alpha<60°$）和陡立岩层（$\alpha>60°$）。

 相关知识

济南被称为"泉城"，泉水特别多，这是由它所具有的地质条件造成的。济南位于南部山区和北部平

原的分界线上,山区的石灰岩以大约30°左右的斜度由南向北倾斜,到了济南,正好被地下的岩浆岩截断。由于岩浆岩不像石灰岩,它的组织很紧密,加之地面上覆盖着一层不透水的粘土,地下水不能自由地流出地面,于是存在裂缝的地方就出现了天然的涌泉。

2.1.2 岩层产状

1. 岩层产状三要素

将岩层在地壳中的空间位置称为岩层产状。岩层产状可以用走向、倾向、倾角来确定,即为岩层产状三要素,如图2.3所示。

走向是表示岩层在空间水平延伸的方向,如图2.3中AB线所示。岩层和任一水平面相交的一条直线,叫做走向线,走向是用走向线的方位角表示的。同一岩层的走向有两个值,数值相差180°,如走向北东30°,即南西210°。

倾向是表示岩层在空间向某一方向倾斜的情况,如图2.3中CD线。倾向指的是垂直走向顺着倾斜面向下引出的直线在水平面的投影的方位角,以倾向线的方位角表示。倾向与走向相差90°,倾向只有一个;走向的方位角加或减90°即得倾向的方位角值。

倾角是倾斜线与其在水平面上的投影线间的夹角,叫真倾角,简称倾角,它是岩层面与水平面间的最大夹角。在不垂直岩层走向线的任何方向上量得的倾角,叫假倾角或视倾角。一般指岩层层面与水平面所夹的锐角,表示岩层在空间倾斜角度的大小,如图2.3中∠α所示。

通过岩层产状的三要素,可以表达经过构造变动后的构造形态在空间的位置。根据岩层倾向可确定走向,但根据走向不能确定倾向。

2. 岩层产状要素的测量方法

岩层的空间位置决定于其产状要素,测量岩层产状是野外地质工作的最基本的工作方法之一,岩层产状三要素可通过地质罗盘仪测出,测量方法如图2.4所示。

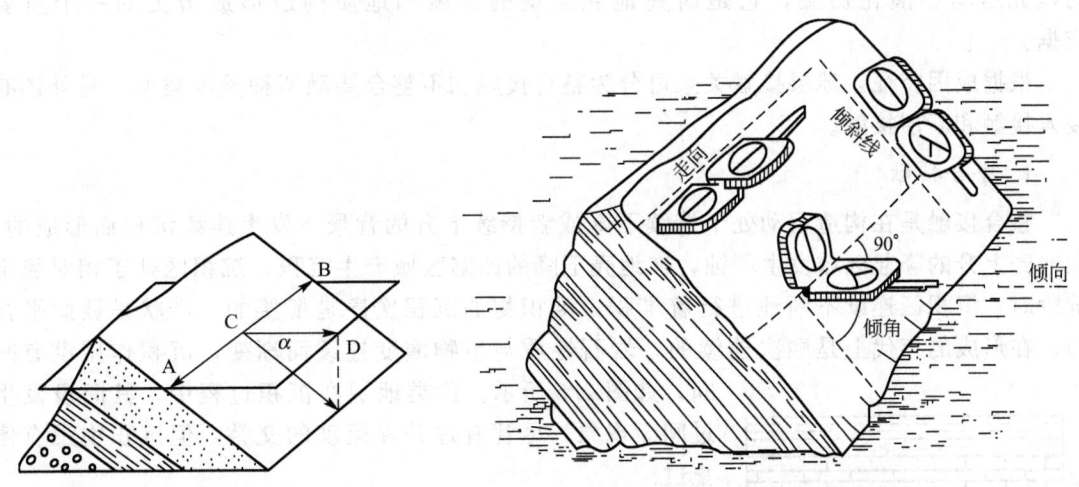

图2.3 岩层产状要素示意图　　　　图2.4 岩层产状测量示意图

岩层产状的记录方式有多种。用方位角罗盘测量,如果测量出某一岩层走向为310°,倾向为220°,倾角为35°,则记录为NW310°/SW∠35°或310°/SW∠35°。由于岩层的走向与倾向相差90°,所以在野外测量岩层的产状时,往往只记录倾向和倾角,上述岩层产状可以记为220°∠35°。如需知道岩层的走向时,只需将倾向加减90°即可。如果用方位角罗盘测量但要用象限角记录时,则需把方位角换算成象限角再作记录。如上述地层产状其走向应为 $\gamma=360°-330°=30°$,倾向 $\beta=240°-180°=60°$。其产状记作N30°W/SW∠50°,或直接记作S60W∠50。

在地质图或平面图上标注产状要素时,需用符号和倾角表示,岩层的产状可用符号"⊢"表示,长线表示岩层的走向,与长线垂直的短线表示岩层的倾向(长短线所示的均为实测方位),数字表示岩层的倾角。首先找出实测点在图上的位置,在该点按所测岩层走向的方位画一长直线(4mm)表示走向,再按岩层倾向方位,在该线段中点作短垂线(2mm)表示倾向,然后,将倾角数值标注在该符号的右下方。

野外测量岩层产状时需要在岩层露头测量,不能在转石(滚石)上测量,因此要区分露头和滚石。区别露头和滚石,主要是多观察和追索并要善于判断。测量岩层面的产状时,如果岩层凹凸不平,可把记录本平放在岩层上当作层面以便进行测量。

岩层的产状意义、测量方法及表达形式也适用于后面所学的褶曲轴面、裂隙面和断层面等的产状。

2.1.3 地层接触关系

地壳时时刻刻都在运动着。同一地区在某一时期可能是以上升运动为主,形成高地,遭受风化剥蚀,另一时期可能是以下降运动为主,形成洼地,接受沉积;也可能是在长时期内下降接受沉积。在地质历史发展演化的各个阶段,构造运动贯穿始终,由于构造运动的性质不同或所形成的地质构造特征不同,往往造成早晚形成的地层之间具有不同的相互关系。

地层接触关系是指不同时代地层之间在垂直方向上的相互关系,即上、下地层之间在空间上的接触形式,是地质构造运动的集中表现。不同类型的接触关系反映不同类型的地壳运动和演化历史,它是研究地壳运动的发展和地质构造形成历史的一个重要依据。

根据成因特征,地层接触关系可分为整合接触和不整合接触两种基本类型,另外还有侵入接触和断层接触。

1. 整合接触

整合接触是在构造运动处于持续下降或者持续上升的背景下发生连续沉积而形成的。在地壳上升的隆起区域发生剥蚀,在地壳下降的凹陷区域产生沉积;沉积区处于相对稳定阶段时,沉积区连续不断地进行着堆积,堆积物的沉积次序是衔接的,产状是彼此平行的,在形成的年代上是顺次连续的,岩石性质与生物演变连续而渐变,沉积作用没有间断,如图2.5所示。这类地层在沉积过程中,其间没发生过间断现象,尽管有过升降运动的交替,但沉积物没有停止过。

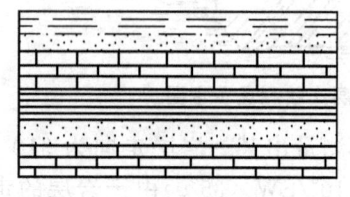

图2.5 整合接触关系

2. 不整合接触

不整合接触在沉积过程中,如果地壳发生上升运动,沉积区隆起,则沉积作用即为剥蚀作用所代替,发生沉积间断,其后若地壳又发生下降运动,则在剥蚀的基础上又接受新的沉积。由于沉积过程发生间断,所以岩层在形成年代上是不连续的,中间缺失沉积间断期的岩层,岩层之间的这种接触关系,称为不整合接触。存在于接触面之间因沉积间断而产生的剥蚀面,称为不整合面。在不整合面上,有时可以发现砾石层或底砾岩等下部岩层遭受外力剥蚀的痕迹。

1) 平行不整合接触

地壳缓慢下降中沉积区接受沉积,然后地壳上升成陆,沉积物露出水面遭受风化剥蚀,接着地壳又下降接受沉积,形成一套新的地层。这样先沉积的和后沉积的地层之间是平行叠置的,但并不连续,而是具有沉积间断。因此被称为平行不整合接触,又叫假整合接触。相邻的新、老地层产状基本相同,但两套地层之间发生了较长时间的沉积间断,其间缺失了部分时代的地层。地层时代不连续,标志着这其间地壳曾一度上升,上升时遭风化剥蚀,新老地层之间形成具有一定程度起伏的剥蚀面,又叫不整合面,界面上可能保存有风化剥蚀的痕迹,有时在界面靠近上覆岩层底面一侧还有源于下伏岩层的底砾岩,如图2.6所示。这种接触方式的地层中岩石性质和古生物演化经常会有突变现象。

2) 角度不整合接触

地壳缓慢下降,沉积区(盆地)接受沉积,然后地壳上升成陆,受到水平挤压形成褶皱和断裂,并遭受风化剥蚀,剥蚀面上具有明显的风化剥蚀痕迹,常具有底砾岩;接着又下降接受沉积,形成一套新的地层。这样,先沉积的和后沉积的地层之间不是平行叠置,而是成一定角度相交,有明显的沉积间断、时代不连续,新、老地层产状不一致并以角度相交,如图2.7所示,地层中下伏岩层与不整合面相交有一定的角度。这是由于不整合面下部的岩层在接受新的沉积之前发生过褶皱变动的缘故。角度不整合接触地层中,岩层产状常常不一致,沉积出现间断,岩石性质和古生物演化突变,因此又被称为不整合接触。

3) 超覆不整合接触

地壳下降,沉积盆地的水体逐渐扩大,沉积范围也逐渐扩大。在盆地的内部,沉积物按正常的层序沉积。而在盆地的边缘地带,越来越新的沉积地层依次向陆地方向扩展,逐渐超越下面的较老地层,直接覆盖于周缘的剥蚀面上,形成不整合接触,称为超覆不整合接触。这种地层发育于盆地边缘,它是一种过渡现象。同一时代的地层与下覆层向盆地内变成整合,向盆地外变成不整合。在超覆区内,新地层总是直接盖在剥蚀面上,其间缺失部分地层,如图2.8所示。不整合面是下伏古地貌的剥蚀面,常有比较大的起伏,同时常有风化层或底砾存在,层间结合差,地下水发育,当不整合面与斜坡倾向一致时,如开挖路基,经常会成为斜坡滑移的边界条件,对工程建筑不利。

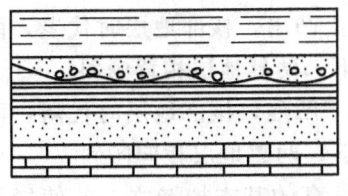
图2.6 平行不整合接触关系

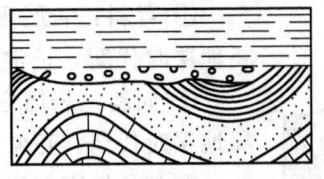
图2.7 角度不整合接触关系

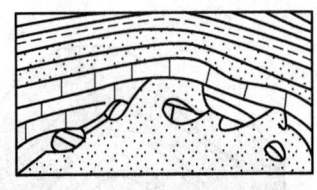
图2.8 超覆不整合接触关系

3. 侵入接触

岩浆侵入于先形成的岩层中形成的接触关系称为侵入接触,其主要标志是侵入体与其围岩之间的接触带有接触变质现象,而且侵入体与围岩的界线常常不很规则。另外,当沉积岩覆盖于侵入体之上,其间有剥蚀面,剥蚀面上有侵入体被风化剥蚀形成的碎屑物质时就形成了沉积接触,如图 2.9 所示。

4. 断层接触

断层接触指的是地层与地层或地层与岩体接触时,以断层面为接触面的地层接触关系,如图 2.10 所示。

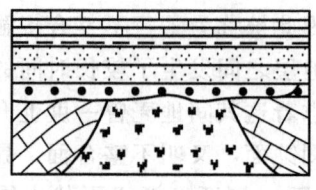

图 2.9　侵入接触关系

图 2.10　断层接触关系

地层呈整合与不整合接触时,首先应注意地层时代是否连续,有无地层缺失和沉积间断;其次是详细观察接触带的特征——看其上覆和下伏地层的产状是否一致,上、下地层间有无冲刷面,上、下地层间有无岩浆侵入或区域变质程度的差异等。判断侵入接触和沉积接触关系时首先应注意岩体与围岩产状的关系是平行还是穿插,其次是观察接触带两侧的特征,譬如岩体内有无捕虏体,有无接触变质以及岩体顶部有无古风化壳等。断层接触中则应注意观察地层是否呈不对称式重复出现或缺失,岩体或地层沿走向延伸是否连续或被错断等问题。

地层的接触关系反映出地质历程中的地壳运动情况。每次地壳运动以后,总在地层的界面上留下当时运动特征的某些形迹,根据这些形迹的特性可以判断当时地壳变动的激烈或缓和的程度,并借此了解地层在形成过程中有无沉积间断、当时的地壳运动是造山运动还是造陆运动等。根据这些,联系区域地质情况或邻区的相似情况,可以大致确定其地层的年代。

2.1.4　褶皱构造

在构造运动作用下,岩层产生的连续弯曲变形形态,称为褶皱构造,图 2.11 为褶皱示意图。褶皱构造中任何一个单独的弯曲都称为褶曲,褶曲是组成褶皱的基本单元。褶曲有背斜和向斜两种基本形式,如图 2.12 所示。

① 背斜:岩层弯曲向上凸出,核部地层时代老,两翼地层时代新。正常情况下,两翼地层相背倾斜。

② 向斜:岩层弯曲向下凹陷,核部地层时代新,两翼地层时代老。正常情况下,两翼地层相向倾斜。

褶皱是地壳表层广泛发育的基本构造之一,使岩层产生塑性变形,常常形成山脉。世界上许多高大的山脉,如喜马拉雅山脉、阿尔卑斯山、安第斯山等,都属于褶皱山脉。单斜构造指的是原来水平的岩层,在受到

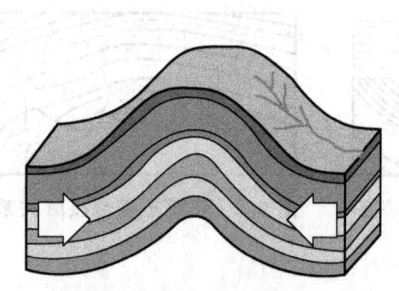

图 2.11　褶皱示意图

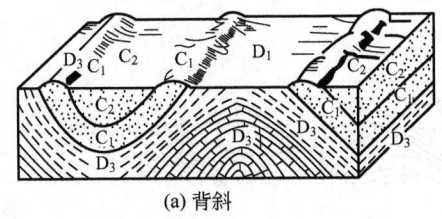
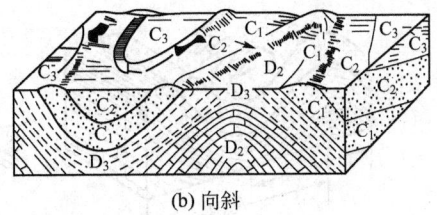

(a) 背斜　　　　　　　　　　　(b) 向斜

图 2.12　褶曲基本形态

地壳运动的影响后，产状发生变化，岩层向同一个方向倾斜，单斜构造有时是由局部地层不均匀上升或下降所致。

2.1.5　褶皱要素

褶皱要素是为了描述一个褶皱的形态和产状特征，要素包括核部、翼、轴面、枢纽等，图 2.13 给出了褶皱要素示意图。

（1）核部——褶皱的中心部分，即位于褶皱中央最内部的一个岩层。

（2）翼——位于核部两侧，向不同方向倾斜的部分。

（3）轴面——从褶皱顶部平分两翼的面。轴面在客观上并不存在，而是为了标定褶曲方位及产状而划定的一个假想面，轴面可以是简单的平面，也可以是复杂的曲面或者是直立的、倾斜的或平卧的。

（4）轴——轴面与水平面的交线。轴的方位表示了褶皱的方位，轴的长度表示了褶皱延伸的规模。

（5）枢纽——轴面与褶皱同一岩层层面的交线。褶皱的枢纽有水平的、倾斜的或者波状起伏的，枢纽反映出褶皱在延伸方向产状的变化情况。

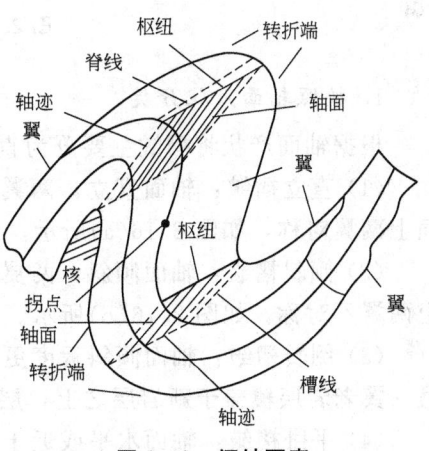

图 2.13　褶皱要素

2.1.6　褶皱分类

褶皱是岩层弯曲形成的构造。在地壳岩石中褶皱弯曲的规模差别很大，背斜与向斜常常是并存相连的。图 2.14 给出了背斜与向斜的示意图。

背斜成山、向斜成谷是内力作用的结果。褶皱形成后，地表长期受风化剥蚀作用的破坏，其外形也可以发生改变。在沉积岩层侧向挤压力形成褶皱构造的过程中，岩层发生弯曲变形，由于背斜顶部产生局部张力，造成顶部岩层裂隙较为发育，为外力侵蚀提供了有利条件。向斜槽部会产生局部挤压力，岩性相对较坚硬，抵抗风化侵蚀的能力较强。在长期外力作用下，差异性侵蚀逐渐明显，背斜遭受侵蚀的速度较快，向斜遭受侵蚀的速度要缓慢得多，经过长期地质演变，发生了地形倒置现象，高山为谷、深谷为陵就是这个道

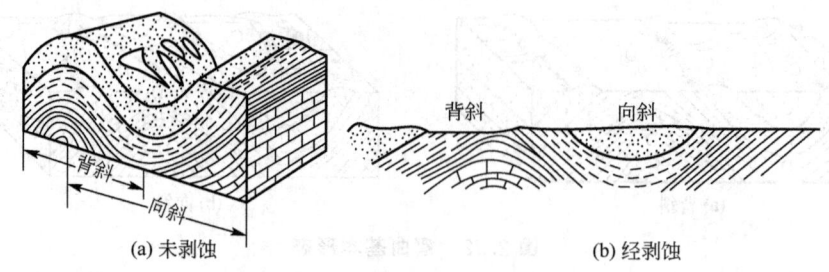

图 2.14 背斜和向斜示意图

理，主要是外力侵蚀作用的结果，如图 2.15 所示。

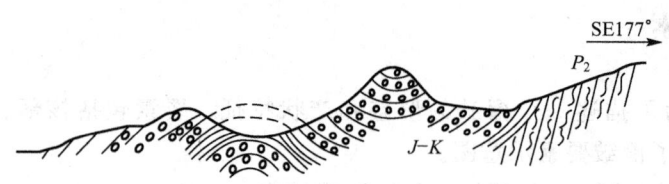

图 2.15 高山为谷，深谷为陵

1. 按照轴面产状分类

根据轴面产状将褶皱主要分为直立褶皱、歪斜褶皱、倒转褶皱、平卧褶皱等。

（1）直立褶皱：轴面直立，两翼向不同方向倾斜，两翼岩层的倾角基本相同，在横剖面上两翼对称，如图 2.16(a)所示。

（2）倾斜褶皱：轴面倾斜，两翼向不同方向倾斜，但两翼岩层的倾角不等，在横剖面上两翼不对称，如图 2.16(b)所示。

（3）倒转褶皱：轴面倾斜程度更大，两翼岩层大致向同一方向倾斜，一翼层位正常，另一翼老岩层覆盖于新岩层之上，层位发生倒转，如图 2.16(c)所示。

（4）平卧褶皱：轴面水平或近于水平，两翼岩层也近于水平，一翼层位正常，另一翼发生倒转，如图 2.16(d)所示。

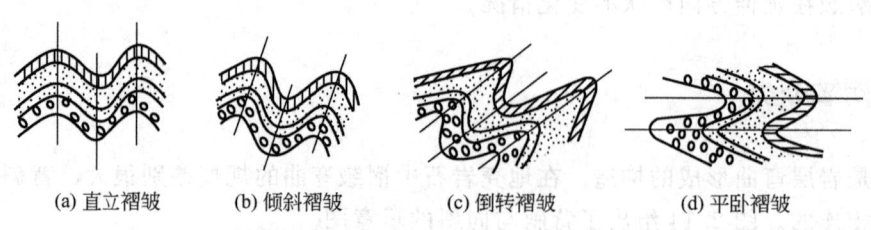

图 2.16 根据轴面产状进行褶皱分类

一般说来，这些褶皱的形态都反映了岩层受力程度的不同。或者说，从直立褶皱到翻卷褶皱，受力越来越强，因两侧受力的程度不同，轴面向受力较弱的一侧倾斜。

在褶曲构造中，褶曲的轴面产状和两翼岩层的倾斜程度，常和岩层的受力性质及褶皱的强烈程度有关。在褶皱不太强烈和受力性质比较简单的地区，一般多形成两翼岩层倾角舒缓的直立褶曲或倾斜褶曲；在褶皱强烈和受力性质比较复杂的地区，一般两翼岩层的倾角较大,褶曲紧闭,并常形成倒转或平卧褶曲。

2．根据枢纽产状分类

根据枢纽产状,将褶皱分为倾伏褶皱和水平褶皱。

(1)倾伏褶皱:褶曲的枢纽向一端倾伏,两翼岩层在转折端闭合。当褶曲的枢纽倾伏时,在平面上会看到,褶曲的一翼逐渐转向另一翼,形成一条圆滑的曲线,分别如图2.17(a)、(b)所示。

(2)水平褶皱:褶曲的枢纽水平展布,两翼岩层平行延伸,如图2.17(c)所示。

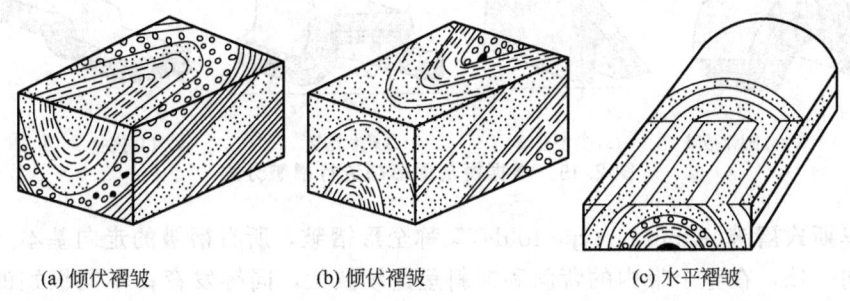

(a)倾伏褶皱　　　　　(b)倾伏褶皱　　　　　(c)水平褶皱

图2.17　根据枢纽产状划分褶皱

在平面上,褶曲从一翼弯向另一翼的曲线部分,称为褶曲的转折端,在倾伏背斜的转折端,岩层向褶曲的外方倾斜(外倾转折),在倾伏向斜的转折端,岩层向褶曲的内方倾斜(内倾转折)。在平面上倾伏褶曲的两翼岩层在转折端闭合,是区别于水平褶曲的一个显著标志。

3．根据褶皱的平面形态分类

(1)线形褶皱:褶皱的长度和宽度的比例大于10∶1,延伸长度大而分布宽度小,如图2.18(a)所示。

(2)短轴褶皱:褶皱向两端倾伏,长宽比介于10∶1~3∶1之间,成长圆形;如为背斜则称为短背斜;如为向斜则称为短向斜,如图2.18(b)右侧所示。

(3)穹隆与构造盆地:褶皱长宽比小于3∶1的圆形背斜为穹隆、向斜为构造盆地;两者均为构造形态,不能与地形上的隆起和盆地相混淆,如图2.18(b)左侧所示。

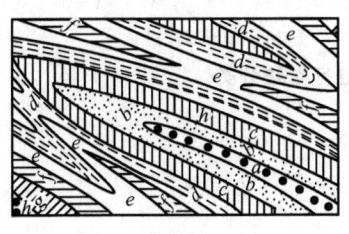
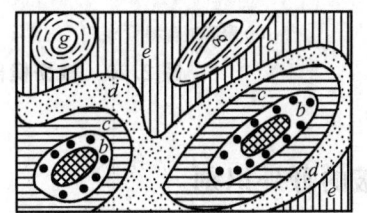

(a)线形褶皱　　　　　　　　　(b)右侧为短轴、左侧为穹隆与构造盆地

图2.18　褶皱的平面形态分类

4．根据褶皱横剖面形态分类

根据褶皱横剖面形态将褶皱分为圆弧褶皱、尖棱褶皱、箱状褶皱以及挠曲。

(1)圆弧褶皱：转折端呈圆弧形弯曲的褶皱。圆弧的中点可看作褶皱的枢纽点。圆弧褶皱两翼常是弧形的，连续的褶皱成正弦曲线形弯曲，如图 2.19(a)所示。

(2)尖棱褶皱：转折端为尖顶状，常由平直的两翼相交而成，如图 2.19(b)所示。

(3)箱状褶皱：转折端宽阔平直，两翼产状较陡，形如箱状。如果箱状由两个共轭的轴面组成，称共轭褶皱，如图 2.19(c)所示。

(4)挠曲：平缓岩层中，一段岩层突然变陡，表现出褶皱面膝状弯曲，如图 2.19(d)所示。

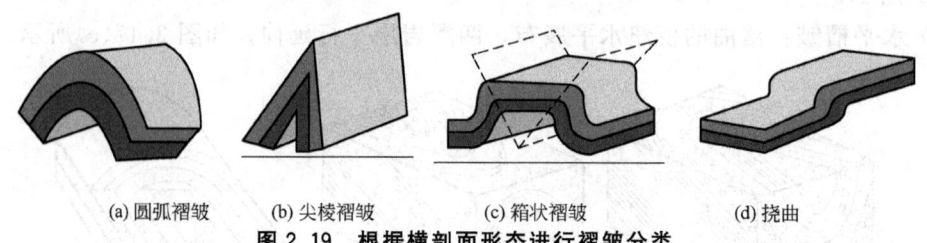

(a)圆弧褶皱　　(b)尖棱褶皱　　(c)箱状褶皱　　(d)挠曲

图 2.19　根据横剖面形态进行褶皱分类

阿尔卑斯式褶皱(Alpino-type folds)又称全形褶皱，所有褶皱的走向基本上与构造带的延伸方向一致，在整个带内的背斜和向斜呈连续波状，同等发育；不同级别的褶皱往往组合成巨大的复背斜和复向斜——两翼被一系列次级褶皱复杂化的大型褶皱构造。在平面上观察，如果其中央部位的次级褶皱的地层老于两侧次级褶皱的地层，则为复背斜。反之，则为复向斜。

组成复背斜或复向斜的次级褶皱大多是比较紧闭的，自复背斜核部趋向两翼常由直立褶皱变为斜歪、倒转，甚至平卧褶皱。所以，次级褶皱的轴面常呈有规律的排列。复背斜的次级褶皱轴面如果向核部收敛，则构成扇形复背斜(扇形褶皱——在地质横剖面上呈扇形展开，两翼岩层产状有可能同时倒转)，次级褶皱轴面如果向复背斜顶部收敛，则构成倒扇形复背斜，分别如图 2.20(a)、(b)所示。复背斜和复向斜形成于地壳运动强烈地区，是造山带褶皱构造的主要样式，是垂直褶轴方向强烈挤压的结果。

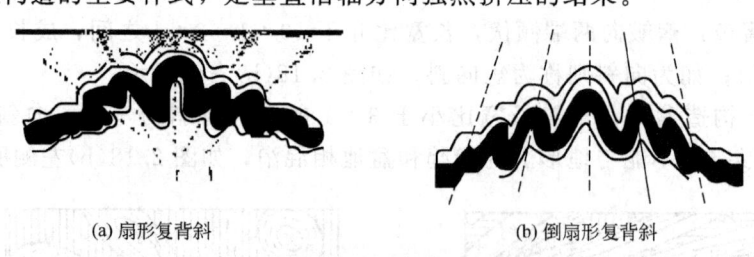

(a)扇形复背斜　　　　　　(b)倒扇形复背斜

图 2.20　根据横剖面形态进行褶皱分类

2.1.7　褶皱的野外识别

褶皱是几乎在任何沉积岩区都能见到的一种极普通的构造地质现象，只是其规模大小不同而已——大者长达几十千米，甚至几百千米，小者在标本上就能观察到，甚至在显微镜下可见。不过，在野外视野所及者，几百米、几千米的规模居多。真正特大的褶皱，在距离较短的剖面上是看不出来的，必须通过长距离的剖面穿越，或通过填绘地质图以后才能分析出来，这里所说的能够进行野外识别的褶皱，主要是指视野范围之内能观察到的褶皱。对小型褶曲构造，可通过几个出露在地面的基岩露头进行观察。对于大型褶皱构造，野外经常采用穿越法和追索法进行观察。

穿越法是沿着选定的调查路线，垂直岩层走向进行观察，便于了解岩层的产状、层序及其新老关系的方法。如果在路线通过地带的岩层呈有规律的重复出现，则必为褶皱构造。再根据岩层出露的层序及其新老关系，判断是背斜还是向斜。然后进一步分析两翼岩层的产状和两翼与轴面之间的关系，这样就可以判断褶曲的形状类型。

2.2 断裂构造

构成地壳的岩体，受构造应力作用发生变形，变形超过岩石的强度极限时，岩体的连续性和完整性遭到破坏，产生各种大小不一的断裂，称为断裂构造。断裂构造的规模（深度、形态、错动大小）不等，差别很大，它是地壳中常见的地质构造，包括节理和断层两类。

2.2.1 节理

由于岩石受力而出现裂隙，但裂开面的两侧没有发生明显的（眼睛能看清楚的）位移，地质学上将这类裂缝称为节理，也称为裂隙。节理的断裂面称为节理面。节理分布普遍，几乎所有岩层中都有节理发育。节理的延伸范围变化较大，由几厘米到几十米不等。如图2.21所示为原生节理石柱实体图。节理面在空间的状态称为节理产状，其定义和测量方法与岩层面产状类似。节理可按成因、力学性质、与岩层产状的关系和张开程度等分类。

1. 按成因分类

节理按成因可分为两大类：原生节理与次生节理。

图2.21 原生节理石柱实体图

（1）原生节理：是指在成岩过程中形成的节理。例如沉积岩中的泥裂，火山熔岩冷凝收缩形成的柱状节理，岩浆侵入过程中由于流动及冷凝收缩产生的各种原生节理等。

（2）次生节理：指的是岩石成岩后的节理，分为两类。一类是由构造运动产生的节理叫构造节理，它在地壳中分布极为广泛，分布也有一定的规律；另一类是由成岩作用、外动力、重力等非构造因素形成的裂隙称为非构造节理（表生节理）。非构造节理分布的规律性不明显，常常出现在小范围内。

 **相关知识**

衢州市衢江区湖南镇范围内拥有5000万根火山岩原生节理石柱，面积约30平方千米。在裸露的巨大剖面上，呈六边形的节理石柱非常有规则地排列着，柱状边棱清晰，柱体直径一般为35~80cm，最大可达140cm。柱体高度大小不一。

2. 按力学性质分类

(1) 张节理：是垂直于主张应力方向上发生张裂而生成的节理，可以是构造节理，也可以是原生节理、表生节理。其主要特征是产状不很稳定，在平面上和剖面上的延展均不远；节理面粗糙不平，擦痕不发育，两壁常张开而不闭合，节理两壁裂开距离较大，且裂缝的宽度变化也较大，小则几厘米，大致几十厘米。

(2) 剪节理：剪节理是由剪应力产生的破裂面，产状稳定，一般为构造节理。在平面和剖面上延续均较长，即走向和倾向延伸较远；节理面较平直光滑，有时具有剪切滑动留下的擦痕、镜面等现象，节理两壁之间紧密闭合。

3. 按与岩层产状关系分类

节理的名称根据分类的不同原则而异。以节理与岩层的产状要素的关系将节理划分为4种，如图2.22所示。

(1) 走向节理：节理的走向与岩层的走向一致或大体一致。
(2) 倾向节理：节理的走向大致与岩层的走向垂直，即与岩层的倾向一致。
(3) 斜向节理：节理的走向与岩层的走向既非平行，亦非垂直，而是斜交。
(4) 顺层节理：节理面大致平行于岩层层面。

4. 按节理与地质构造的关系分类

节理的分类还可以节理的走向与区域褶皱主要方向、断层的主要走向或其他线形构造的延伸方向等关系而进行，可划分为以下三种，如图2.23所示。

(1) 纵节理：两者的关系大致平行。
(2) 横节理：二者大致垂直。
(3) 斜节理：二者大致斜交。

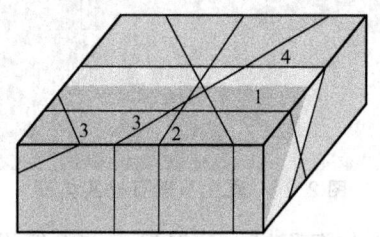

图 2.22　根据节理产状分类
1—走向节理；2—倾向节理；
3—斜向节理；4—顺层节理

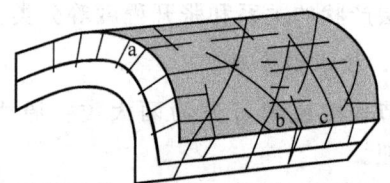

图 2.23　根据节理与地质构造关系分类
a—纵节理；b—横节理；c—斜节理

2.2.2　断层

断层是指岩层受力后沿破裂面两侧的岩块发生显著的位移，使岩层失去连续性和完整性。断层与节理同属断裂构造，而断层往往是节理的进一步发育所致，当节理发生位移，两壁有所错动并发生显著位移，被称为断层。断层是野外常见的一种重要地质现象。

1. 断层要素

一条断层总要由几个部分组成，这些组成部分，就是断层要素，断层的几何要素包括断盘、断层线、断层面和断距，如图 2.24 所示。

1) 断盘

指断层面两侧发生相对位移的岩块。当断层面倾斜时，两壁发生相对移动，断盘就有上下之分。野外识别时，按其位于断层面之上者称上盘，位于断层面之下者称下盘。如果当断层面垂直时，就无上盘或下盘之分。

2) 断层线

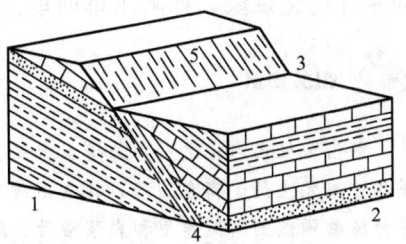

图 2.24 断层要素示意图
1—下盘；2—上盘；3—断层线；
4—断层带；5—断层面

断层线是断层面与地面的交线。断层线的形状受地形和断层面形状的影响而变化。断层面愈平缓，断层线愈弯曲；断层面愈陡，断层线愈直；当断层面垂直时，断层线在平面图上是一条直线(断层面本身弯曲例外)。

3) 断层面

指岩层破裂后，两侧岩块发生相对位移后的滑动面。断层面的空间位置也像地层的层面一样，是由其走向和倾向而确定的。断层面可以是水平的、直立的和倾斜的(倾斜者居多)，又可以是平直的，也可以沿倾向、走向呈波状弯曲。因此断层面并非一个平整的面，往往是一个曲面，特别是向地下延伸的那一部分，产状可以有较大的变化。

断层面不是单独存在的，往往是有好几个平行地排列着，构成断层带，又由断层带上两壁岩层的位移错动，使岩石发生破碎，因此又称为断层破碎带。其宽度达几米、甚至几十米。一般情况下，断层的规模愈大，断层带的宽度也愈大。

4) 断距

断层面两侧断盘相对位移的距离，叫断距。断距又有水平断距、垂直断距和倾斜断距等。这是断层面两侧岩块相对移动的泛称。在野外观察断层时，位移的方向是必须当场解决的问题之一。特别遇到开矿时，一旦遇到矿脉(或矿层)中断，往往是断层位移所致，需要立即追查。追查的办法是运用两侧岩层的层序关系来判断或抚摸断层面上的擦痕等来确定。滑距是指断层两盘实际位移的距离，即两个对应点之间真正位移的距离。

2. 断层类型

1) 按断层两盘相对运动进行分类

根据两盘相对移动的特点，断层的基本类型有上盘相对下降，下盘相对上升的正断层；上盘相对上升，下盘相对下降的逆断层；两盘沿断层走向相对水平移动的平移断层。如图 2.25 所示。

(a) 正断层 (b) 逆断层 (c) 平移断层
图 2.25 断层的基本类型

如果断层面的倾角小于 30°，则又称为逆掩断层，它是地质上一种较复杂的地质形态。

若规模很大的逆断层(推移数千米以至数十千米者),又称为推覆体。这是"地槽区"常见的一种构造现象,如阿尔卑斯地区是世界上最闻名的推覆体所在地。

相关知识

茅山为江南名山之一,耸崎于镇江、句容之间,是太湖水系和秦淮河水系的分水岭。茅山山脉在地质构造单元上属于南京凹陷,其造山时期始于中生代的燕山运动,使原来沉积地层普遍发生褶皱隆起,并伴随着强烈的断裂作用和岩浆活动。继风之侵蚀,山地被蚀夷平,谷地和盆地堆积了由碎屑物构成的砂岩、砂砾岩和砾石层。在第三纪末以来的新构造运动(茅山运动)的影响下,使其进一步发生褶皱、断裂和抬升,全区普遍发生玄武岩的喷溢和间歇性隆升,并产生了东西两侧的逆掩断层,以及局部块状断裂,最后完成了燕山运动所形成的茅山的基本山形。

2)按断层组合进行分类

野外所见到的断层,往往并非单个出现,而是以组合的形态出现居多,断层的组合类型有阶梯状断层、地堑和地垒、叠瓦状断层等多种形式。

(1)阶梯断层:此类组合由一系列正断层构成,多见于地壳块断运动上升地块的边缘,地貌上的表现是山脊与山谷的相间排列,如图2.26(a)所示。

(2)地堑与地垒:两条大致平行的断层,其间有一共同的下降盘,称为地堑;其中如有一共同的上升盘,则为地垒。一般形成地堑与地垒的断层多为正断层,也有逆断层,或为正、逆断层的结合。许多由新生代地层组成的盆地,多被地堑构造所控制,如图2.26(b)所示。例如我国的汾河、渭河地堑盆地。当然,也有视野所能及的小型地堑与地垒构造。后者在地质旅行路线上亦有机会相遇。

(3)叠瓦状构造:由若干条平行排列的逆断层构成,其上盘在剖面上构成一个接一个的叠瓦状(或称覆瓦状)构造,我国四川龙门山地区有此种构造存在,如图2.26(c)所示。

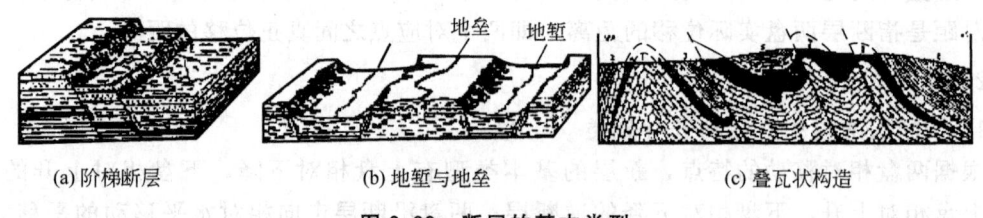

(a)阶梯断层　　　　(b)地堑与地垒　　　　(c)叠瓦状构造

图2.26　断层的基本类型

另外还有环型断层及放射状断层,若干产状不同在平面上呈环状或放射状分布的断层组合成环状断层或放射状断层,多见于火山活动区的火山锥附近或穹隆构造的周围,也见于侵入体的周围,断层性质多为正断层。近年来,不少地质学家认为天体撞击地球以后的陨击坑周围亦有此种断裂构造,有人认为太湖四周也能见到,故太湖也可能属天体撞击形成的。

旋扭断层多见于较大的断裂之旁,是一种规模小的弧形断层,好像是主断层派生出来的。转换断层是一种新型断层,它切穿岩石圈,是板块边界类型之一,在大洋板块中特征显著,在大陆内部不易识别。

3. 断层的标志

在自然界，大部分断层由于后期遭受剥蚀破坏和覆盖，在地表上暴露得不清楚，认识它们比较困难。因此需根据地层、构造等直接证据和地貌、水文等方面的间接证据来证实判断断层的存在，判断断层存在的标志以及断层类型。

1) 构造（线）不连续

各种地质体，诸如地层、矿层、矿脉、侵入体与围岩的接触界线等都有一定的形状和分布方向。一旦断层发生，它们就会突然中断、错开，即造成构造（线）的不连续现象，这是判断断层现象的直接标志。

2) 地层的重复或缺失

这是很重要的断层证据，虽然褶皱构造也有地层的重复现象，但它是对称性的重复，而断层的地层重复却是单向性的。沉积间断或不整合构造也可造成地层缺失，但这两类地层缺失都是区域性的，而断层造成的地层缺失则是局部性的。

3) 断层面（带）上的构造特征

由于断层面两侧岩块的相互滑动和摩擦，在断层面上及其附近留下的各种证据。这是识别断层的直观证据，即在眼前"方寸"之地内所能见到的若干构造现象，最常见的有断层擦痕与阶步及牵引构造。

4. 断层运动方向的判别

判别断层性质，首先要确定断层面的产状，从而确定出断层的上、下盘，再确定上、下盘的运动方向，进而确定断层的性质。断层上、下盘运动方向可由以下几点判别。

(1) 地层时代。在断层线两侧，通常上升盘出露地层较老，下降盘出露地层较新。地层倒转时相反。

(2) 地层界线。当断层横截褶曲时，背斜上升盘核部地层变宽，向斜上升盘核部地层变窄。

(3) 断层伴生现象。刻蚀的擦痕凹槽较浅的一端、阶步陡坎方向，均指示对盘运动方向。牵引现象弯曲方向则指示本盘运动方向。

(4) 符号识别。在地质图上，断层一般用粗红线醒目地标示出来，断层性质用相应符号表示。如图 2.27 所示。

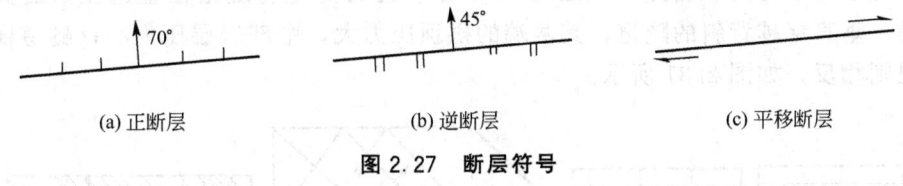

(a) 正断层　　　　(b) 逆断层　　　　(c) 平移断层

图 2.27　断层符号

2.3 地质构造对工程建筑物稳定性的影响

岩层产状与岩石路堑边坡坡向间的关系控制着边坡的稳定性。当岩层倾向与边坡坡向一致，岩层倾角等于或大于边坡坡角时，边坡一般是稳定的。若坡角大于岩层倾角，则岩层因失去支撑而有滑动的趋势产生。如果岩层层间结合较弱或有软弱夹层时，易发生滑动。当岩层倾向与边坡坡向相反时，若岩层完整、层间结合好，边坡是稳定的；若岩层内有倾向坡外的节理，层间结合差，岩层倾角又很陡，岩层多成细高柱状，容易发生倾倒破坏。开挖在水平岩层或直立岩层中的路堑边坡，一般是稳定的，如图 2.28 所示，(a)、(b)图稳定，(c)图易滑动，(d)图倾倒，(e)、(f)图稳定。

隧道位置与地质构造的关系密切。穿越水平岩层的隧道，应选择在岩性坚硬、完整的岩层中，如石灰岩或砂岩。在软、硬相间的情况下，隧道拱部应当尽量设置在硬岩中，设置在软岩中有可能发生坍塌。当隧道垂直穿越岩层时，在软、硬岩相间的不同岩层中，由于软岩层间结合差，在软岩部位，隧道拱顶常发生顺层坍方。当隧道轴线顺岩层走向通过时，倾向洞内的一侧岩层易发生顺层坍滑，边墙承受偏压。

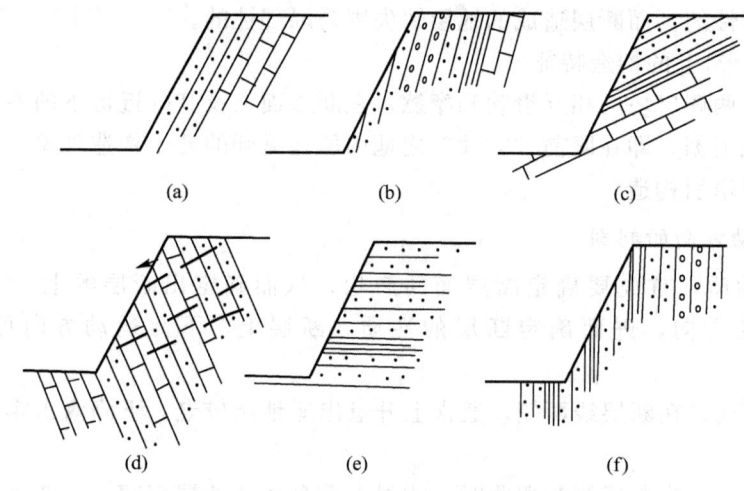

图 2.28 岩层产状与边坡稳定性关系

在图 2.29 中，(a)为水平岩层，隧道位于同一岩层中；(b)为水平的软、硬相间岩层，隧道拱顶位于软岩中，易坍方；(c)为垂直走向穿越岩层，隧道穿过软岩时易发生顺序坍方；(d)为倾斜岩层，隧道顶部右上方岩层倾向洞内侧，岩层易顺序滑动，且受到偏压。一般情况下，应当避免将隧道设置在褶曲的轴部，该处岩层弯曲，节理发育，地下水常常由此渗入地下，容易诱发坍方，如图 2.30 所示。通常尽量将隧道位置选在褶曲翼部或横穿褶曲轴。垂直穿越背斜的隧道，其两端的拱顶压力大，中部岩层压力小；隧道横穿向斜时，情况则相反，如图 2.31 所示。

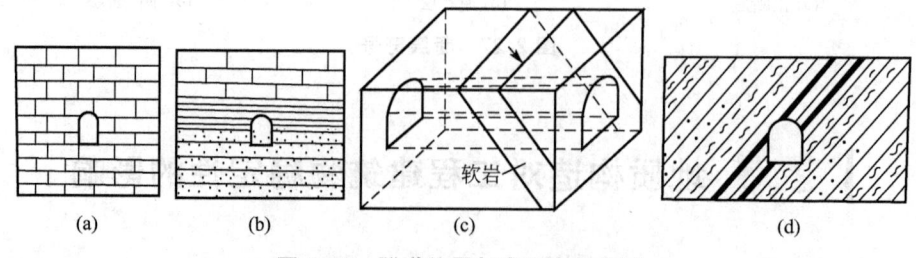

图 2.29 隧道位置与岩层产状关系

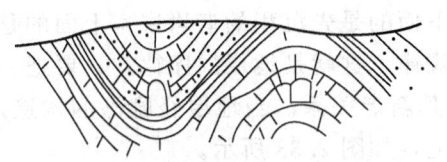
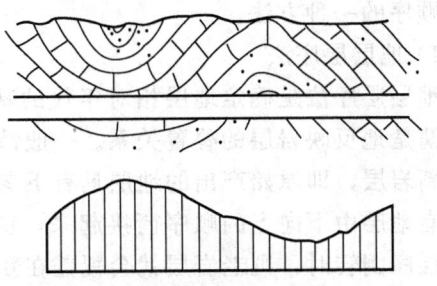

图 2.30 隧道沿褶曲轴通过　　　　图 2.31 隧道横穿褶曲时岩层压力分布

断层带岩层破碎，常夹有许多断层泥，应尽量避免将工程建筑直接放在断层上或断层破碎带附近。如京原线 10 号大桥位于几条断层交叉点，桥位选择极困难，多次改变设计方案，桥跨由 16m 最终改为 33.7m 跨越断层带，如图 2.32 所示。

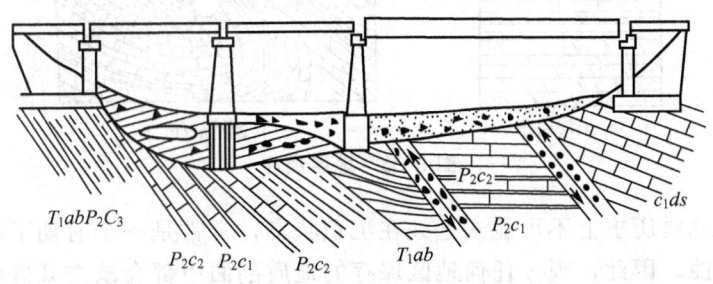

图 2.32　桥梁墩台避开断层破碎带

2.4 地质年代

对于地质研究者来说，地质历史的主要证据是地层，地层是地质历史时期遗留下来的唯一可供研究的材料。所谓地质年代，实际上是从最老的地层到最新的地层所代表的整个时代。地史学中，将各个地质历史时期形成的岩石，称为该时代的地层。各地层的新老关系，在褶曲、断层等地层构造形态的判别中，有着非常重要的作用。确定地层新老关系的方法有两种，即绝对年代法和相对年代法。

2.4.1 相对年代与绝对年代

相对地质年代是指地层形成的先后顺序和地层的相对新老关系，是由该岩石地层单位与相邻已知岩石地层单位的相对层位的关系来决定的，它只表示前后顺序，不包含各个时代延续的长短；绝对地质年代是指地层形成到现在的实际年数，使用"距今多少年以前"来表示，目前，主要是根据岩石中所含放射性元素的衰变来确定。在地质工作中，用的较多的是相对地质年代。

1. 相对年代法

相对年代法是依据岩层的沉积顺序，古生物的演化规律和地层接触关系来确定其形成先后顺序的一种方法。

1) 地层层序法

地层层序法是确定地层相对年代的基本方法。当沉积岩形成后，如未经剧烈的变动，则能清楚地反映岩层的叠置关系。一般情况下，下面的是先沉积的老岩层，上面的是后沉积的新岩层，即原始产出的地层具有下老上新的规律，这就是地层层序律。只要把一个地区所有地层由下向上的顺序衔接起来，就可确定其新老关系。当地层经剧烈的构造运动，地层层序倒转时，则老岩层就会覆盖在新岩层之上，如图 2.33 所示。

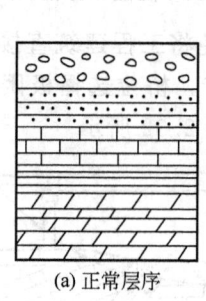
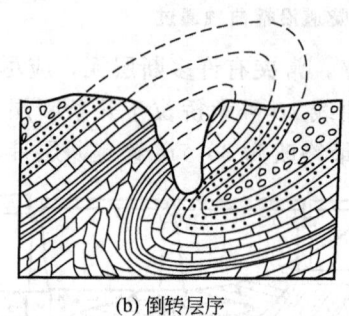

(a) 正常层序　　　　　(b) 倒转层序

图 2.33　地层层序

一个地区在地质历史上不可能永远处在沉积状态，常常是一个时期下降沉积，另一个时期抬升发生剥蚀。因此，现今任何地区保存的地质剖面中都会缺失某些时代的地层，造成地质记录不完整。故需对各地地层层序剖面进行综合研究，把各个时期出露的地层拼接起来，建立较大区域乃至全球的地层顺序系统，成为标准地层剖面。通过标准地层剖面的地层顺序，对照某地区的地层情况，也可排列出该地区地层的新老关系。

沉积岩的层面构造也可作为鉴定其新老关系的依据，例如泥裂开口所指方向，虫迹开口所示方向，波痕的波峰所指方向，均为岩层顶面，即新岩层方向，并可据此判定岩层的正常与倒转。如图 2.34 所示，(a) 图中泥裂开口向上，表明岩层上新下老，(b) 图中泥裂开口向下，表明岩层上老下新。

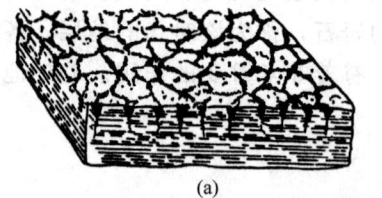
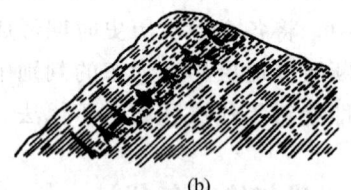

(a)　　　　　　　　　(b)

图 2.34　层面沉积特征(泥裂)

2) 古生物法

在地质历史上，地区表面的自然环境总是不停地出现阶段性变化。地球上的生物为了适应地球环境的改变，也不得不逐渐改变自身的结构，称为生物演化。即地球上的环境改变后，一些不能适应新环境的生物大量灭亡，甚至绝种，而另一些生物则通过逐步改变自身的结构，形成新的物种，以适应新环境，并在新环境下大量繁衍。这种演化遵循由简单到复杂、由低级到高级的原则，即地质时期越古老，生物结构越简单；地质时期越新，生物结构越复杂。

沉积岩中保存的地质时期生物遗体或遗迹称为化石。化石的成分常常已变为矿物质，但原来生物骨骼或介壳等硬件部分的形态和内部构造却在化石里保存下来。因此，埋藏在岩石中的生物化石结构能够反映岩层的新老关系。化石结构越简单，地层时代越老；化石结构越复杂，地层时代越新。故可依据岩石中的化石种属来确定岩石的新老关系。在某一环境阶段，能大量繁衍、广泛分布，从发生、发展到灭绝的时间很短，并且特征显著的生物，其化石称为标准化石。在每一地质历史时期都有其代表性的标准化石，如寒武纪的三叶虫、奥陶纪的珠角石、志留纪的笔石、泥盆纪的石燕、二叠纪的大羽羊齿、侏罗纪的恐龙等，如图 2.35 所示。

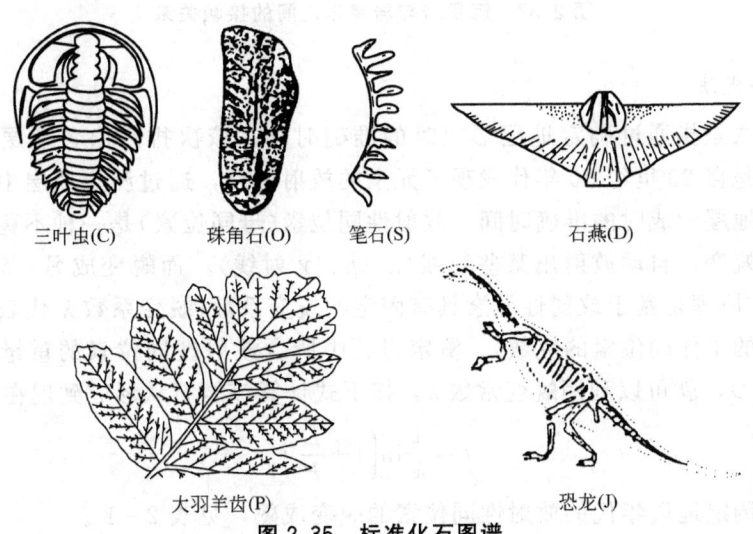

图 2.35　标准化石图谱

3）地层接触法

地层间的接触关系，是构造运动、岩浆活动和地质发展历史的记录。沉积岩、岩浆岩及其相互间均有不同的接触类型，据此可判别地层的新老关系。

(1) 沉积岩间的接触关系基本上可分为整合接触、平行不整合接触和角度不整合接触三大类型，这部分内容将在第 3 章详细介绍。

(2) 岩浆岩间的接触关系，主要表现为岩浆岩间的穿插接触关系。后期生成的岩浆岩(2)常插入早期生成的岩浆岩(1)中，将早期岩脉或岩体切隔开，如图 2.36 所示。

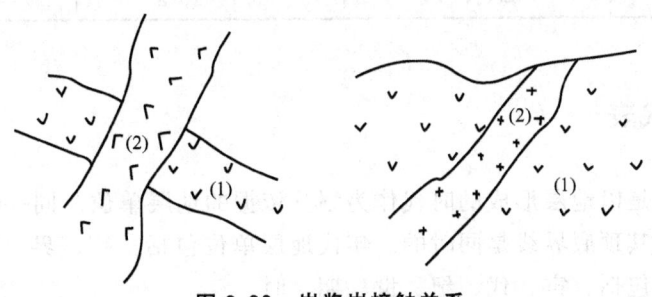

图 2.36　岩浆岩接触关系

(3) 沉积岩与岩浆岩之间的接触关系，可分为侵入接触和沉积接触两类，如图 2.37 所示。侵入接触指岩浆岩侵入沉积岩的一种接触关系，这说明岩浆侵入体的形成年代晚于发生变质的沉积岩层的地质年代；沉积接触指岩浆岩形成之后，经长期风化剥蚀，后来在侵蚀面上又有新的沉积,这说明岩浆岩的形成年代早于沉积岩的地质年代。

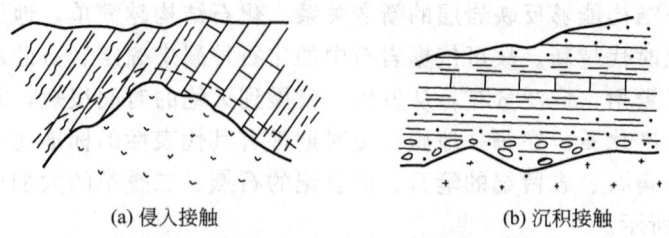

(a) 侵入接触　　　　　　　　(b) 沉积接触

图 2.37　沉积岩与岩浆岩之间的接触关系

2. 绝对年代法

绝对年代法是指通过确定地层形成时的准确时间,依次排列出各地层新老关系的方法。这种方法是自 20 世纪 30 年代发现了元素的放射性后,通过测定地层中的放射性同位素年龄来确定地层形成时的准确时间。放射性同位素(母同位素)是一种不稳定元素,在天然条件下发生蜕变,自动放射出某些射线(α、β、γ 射线),而蜕变成另一种稳定元素(子同位素)。基本原理是基于放射性元素具有固定的蜕变系数(蜕变系数 λ 代表每年每克母体同位素能产生的子体同位素的克数),测定岩石中所含放射性同位素的重量 P,以及其蜕变产物的重量 D,就可以利用蜕变常数 λ,按下式计算该岩石从形成到现在的年龄 t。

$$t = \frac{1}{\lambda}\ln\left(1+\frac{D}{P}\right)$$

主要用于测定地质年代的放射性同位素的蜕变成熟,见表 2-1。

表 2-1　常用同位素及其蜕变常数

母同位素	子同位素	半衰期	蜕变常数
铀(U^{238})	铅(Pb^{206})	4.5×10^{9} a	1.54×10^{-10} a^{-1}
铀(U^{235})	铅(Pb^{207})	7.1×10^{8} a	9.72×10^{-10} a^{-1}
钍(Th^{282})	铅(Pb^{208})	1.4×10^{10} a	0.49×10^{-10} a^{-1}
铷(Rb^{87})	锶(Sr^{87})	5.0×10^{10} a	0.14×10^{-10} a^{-1}
钾(K^{40})	氩(Ar^{40})	1.5×10^{9} a	4.72×10^{-10} a^{-1}
碳(C^{14})	氮(N^{14})	5.7×10^{3} a	

2.4.2　地质年代表

年代地层单位是以地层形成的时代作为划分依据的地层单位。同一年代地层单位具有相同的时限,并且其顶底界线是同时的。年代地层单位包括:宇、界、系、统、组、时间带;地质年代单位包括:宙、代、纪、世、期、时。

经长期的实践和历届国际地质学会议的研讨,形成了目前国际通用的地质年代表(世界标准地质年代表,见表 2-2)。地质历史划分为隐生宙(太古宙、元生宙)和显生宙两大阶段,宙再细分为代,代再细分为纪,纪再细分为世。每个地质时期形成的地层又赋予相应的地层单位,即宇、界、系、统,分别与地质历史宙、代、纪、世相对应。

表 2-2 地质年代表

地质时代（地层系统及代号）				同位素年龄值(Ma 百万年)	生物界		构造阶段（及构造运动）
宙(宇)	代(界)	纪(系)	世(统)		植物	动物	
显生宙(宇)	新生代(界 Kz)	第四纪(系 Q)	全新世(统 Q_h)		被子植物繁盛	出现人类	新阿尔卑斯构造阶段（喜马拉雅构造阶段）
			更新世(统 Q_p)	2		哺乳动物与鸟类繁盛	
		晚第三纪(系 N)	上新世(统 N_2)				
			中新世(统 N_1)	26			
		第三纪(系 R) 早第三纪(系 E)	渐新世(统 E_3)				
			始新世(统 E_2)				
			古新世(统 E_1)	65			
	中生代(界 Mz)	白垩纪(系 K)	晚白垩世(统 K_2)		裸子植物繁盛	爬行动物繁盛	老阿尔卑斯构造阶段 燕山构造阶段
			早白垩世(统 K_1)	137			
		侏罗纪(系 J)	晚侏罗世(统 J_3)				
			中侏罗世(统 J_2)			无脊椎动物继续演化发展	
			早侏罗世(统 J_1)	195			
		三迭纪(T)	晚三迭世(统 T_3)				印支构造阶段
			中三迭世(统 T_2)				
			早三迭世(统 T_1)	230			
	古生代(界 Pz)	二迭纪(系 P)	晚二迭世(统 P_2)		蕨类及原始裸子植物繁盛	两栖动物繁盛	（海西）华力西构造阶段
			早二迭世(统 P_1)	285			
		石炭纪(系 C)	晚石炭世(统 C_3)				
			中石炭世(统 C_2)				
			早石炭世(统 C_1)	350			
		泥盆纪(系 D)	晚泥盆世(统 D_3)		裸蕨植物繁盛	鱼类繁盛	
			中泥盆世(统 D_2)				
			早泥盆世(统 D_1)	400			
		志留纪(系 S)	晚志留世(统 S_3)				加里东构造阶段
			中志留世(统 S_2)				
			早志留世(统 S_1)	435		海生无脊椎动物繁盛	
		奥陶纪(系 O)	晚奥陶世(统 O_3)		藻类及菌类植物繁盛		
			中奥陶世(统 O_2)				
			早奥陶世(统 O_1)	500			
		寒武纪(系 ∈)	晚寒武世(统 $∈_3$)				
			中寒武世(统 $∈_2$)				
			早寒武世(统 $∈_1$)	570			
元古宙(字 Pt)	晚元古代(界 Pt_3)	震旦纪(系 Z)	晚震旦世(统 Z_2)		裸露无脊椎动物出现		晋宁运动
			早震旦世(统 Z_1)	800			
				1000			
	中元古代(界 Pt_2)			1900	生命现象开始出现		吕梁运动
	早元古代(界 Pt_1)			2500			五台运动 阜平运动
太古宙(字 Ar)	太古代			4600			地球形成

2.5 地 质 图

地质图是反映一个地区各种地质条件的图件,呈现某个地区岩石的种类、性质、排列状态以及生成年代。透过地质图,可以了解该地区是否有断层通过、地层是否容易塌陷、是否蕴藏矿产等。地质图反映了大地的物质组成、结构和地下的宝藏,各种比例尺的地质图是国家经济规划和重大工程建设的重要依据,是地下水资源、矿产资源调查和勘察的基础资料与其他地质工作的基础,是工程实践中需要搜集和研究的一项重要地质资料。

2.5.1 地质图的种类

地质图是用一定的符号、色谱和花纹将地壳某部分各种地质体和地质现象,如各种岩层、岩体、地质构造、矿床等的时代、产状、分布和相互关系,按一定比例概括地投影到平面图上的一种图形;不仅能反映野外各种地表地质现象,还将区内地层、岩石、构造和矿产等方面形成、发展的一定时间与空间规律反映出来,反映地下一定深度的地质构造。由地质人员在野外实地观察研究的基础上,按一定比例尺将各种地质体和地质现象填绘在地理底图上制成地质图的过程称地质填图。

由于工作目的不同,绘制的地质图也不同,常见的地质图有以下几种。

① 普通地质图:主要表示地区地层分布、岩性和地质构造等基本地质内容的图件。一幅完整的普通地质图包括地质平面图、地质剖面图和综合柱状图。

② 构造地质图:用线条和符号,专门反映褶曲、断层等地质构造的图件。

③ 第四纪地质图:只反映第四纪松散沉积物的成因、年代、成分和分布情况的图件。

④ 基岩地质图:假想把第四纪松散沉积物"剥掉",只反映第四纪以前基岩的时代、岩性和分布的图件。

⑤ 水文地质图:反映地区水文地质资料的图件。可分为岩层含水性图、地下水化学成分图、潜水等水位线图、综合水文地质图等类型。

2.5.2 地质图的比例尺、图例

一幅正规的地质图应该有图名、比例尺、图例和责任表,其中图名表明图幅所在地区和图的类型,一般采用图区内主要城镇、居民点或主要山岭、河流等命名,图名用端正美观的字体书写于图幅上端正中或图内适当位置。

1) 比例尺

地质图上任一线段的长度与它所代表的实地水平距离之比称为比例尺,又称缩尺,用以表明图幅反映实际地质情况的详细程度。

目前地质图上常用的主要是大、中、小 3 种比例尺,1∶50 万、1∶100 万的比例尺称为小比例尺,1∶2.5 万、1∶5 万、1∶25 万的比例尺称为中比例尺,中国以 1∶20 万的国际分幅作为基本地质图件。大比例尺地质图的比例尺大于 1∶5 万,包括按国际分幅填制的 1∶5

万地质图、矿山地质图和大型工程地质图等。

2）图名、方位

了解图幅的地理位置，图幅类别，图上方位一般用箭头指北表示，或用经纬线表示。若图上无方位标志，则以图正上方为正北方。

3）图例

图例是地质图中采用的各种符号、代号、花纹、线条及颜色等的说明。通过图例，可对地质图中的地层、岩性、地质构造建立起初步概念。

4）地形、水系

通过图上地形等高线、河流径流线，了解地区地形起伏情况，建立地貌轮廓。地形起伏常常与岩性、构造有关。

5）地质内容

可按如下步骤进行。

① 地层岩性：了解各年代地层岩性的分布位置和接触关系。

② 地质构造：了解褶曲及断层的产出位置、组成地层、产状、形态类型、规模和相互关系等。

③ 地质历史：根据地层、岩性、地质构造的特征，分析该地区地质发展历史。

应用案例 2-1

读资治地区地质图，如图 2.38 所示。

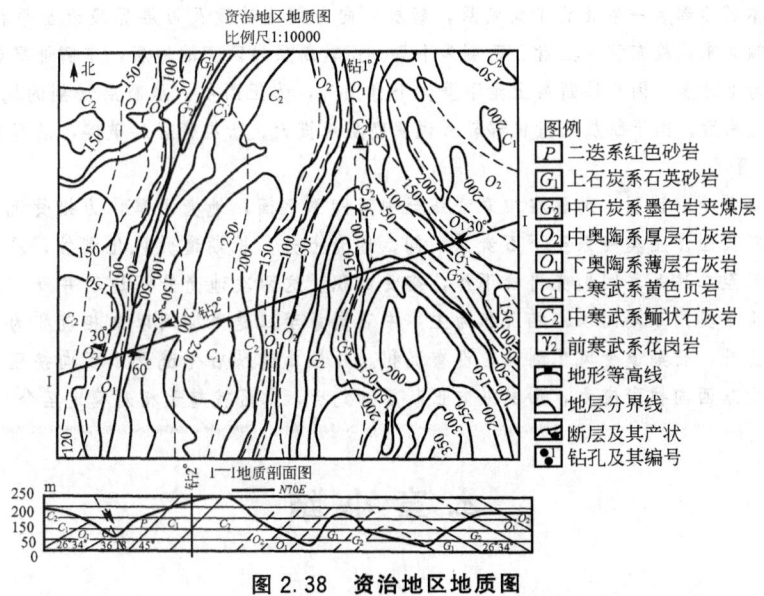

图 2.38 资治地区地质图

1. 图名、比例尺、方位

图名：资治地区地质图。

比例尺：1∶10000，图幅实际范围：1.8km×2.05km。

方位：图幅正上方为正北方。

2. 地形、水系

本区有三条南北向山脉,其中东侧山脉被支沟截断。相对高差350m左右,最高点在图幅东南侧山峰,海拔350m。最低点在图幅西北侧山沟,海拔±0以下。本区有两条流向北北东的山沟,其中东侧山沟上游有一条支沟及其分支沟,从北西方向汇入主沟。西侧山沟沿断层发育。

3. 图例

由图例可见,本区出露的沉积岩由新到老依次为:二叠系(P)红色砂岩、上石炭系(C_3)石英砂岩、中石炭系(C_2)黑色页岩夹煤层、中奥陶系(O_2)厚层石灰岩、下奥陶系(O_1)薄层石灰岩、上寒武系(C_3)紫色页岩、中寒武系(C_2)鲕状灰岩。岩浆岩有前寒武系花岗岩(γ_2)。地质构造方面有断层通过本区。

4. 地质内容

1) 地层分布与接触关系

前寒武系花岗岩岩性较好,分布在本区东南侧山头一带。年代较新、岩性坚硬的上石炭系石英砂岩,分布在中部南北向山梁顶部和东北角高处。年代较老、岩性较弱的上寒武系紫色页岩,则分布在山沟底部。其余地层均位于山坡上。从接触关系上看,花岗岩没有切割沉积岩的界线,且花岗岩形成年代老于沉积岩,其接触关系为沉积接触。中寒武系、上寒武系、下奥陶系、中奥陶系沉积时间连续,地层界线彼此平行,岩层产状彼此平行,是整合接触。中奥陶系与中石炭系之间缺失了上奥陶系至下石炭系的地层,沉积时间不连续,但地层界线平行、岩层产状平行,是平行角度不整合接触。中石炭系至二叠系又为整合接触关系。本区最老地层为前寒武系花岗岩,最新地层为二叠系红色石英砂岩。

2) 地质构造

褶曲构造:由图2.38可见,图中以前寒武系花岗岩为中心,两边对称出现中寒武系至二叠系地层,其年代依次越来越新,故为一背斜构造。背斜轴线从南到北由北北西转向正北。顺轴线方向观察,地层界线封闭弯曲,沿弯曲方向凸出,所以这是一个轴线近南北并向北倾伏的背斜,此倾伏背斜两翼岩层倾向相反,倾角不等,东侧和东北侧岩层倾角较缓(30°),西侧岩层倾角较陡(45°),故为一倾斜倾伏背斜。轴面倾向北东东。

断层构造:本区西部有一条北北东向断层,断层走向与褶曲轴线及岩层界线大至平行,属纵向断层。此断层的断层面倾向东,故东侧为上盘、西侧为下盘。比较断层线两侧的地层,东侧地层新,故为下降盘;西侧地层老,故为上升盘。因此该断层上盘下降,下盘上升,为正断层。从断层切割的地层界线看,断层生成年代应在二叠系后。由于断层两盘位移较大说明断层规模大。断层带岩层破碎,沿断层形成沟谷。

3) 地质历史简述

根据以上读图分析,说明本地区在中寒武系至中奥陶系之间,地壳下降,为接受沉积环境,沉积物基底为前寒武系花岗岩。上奥陶系至下石炭系之间,地壳上升,长期遭受风化剥蚀,没有沉积,缺失大量地层。中石炭系至二叠系之间地壳再次下降,接受沉积。这两次地壳升降运动并没有造成强烈褶曲及断层。中寒武系至中奥陶系期间以海相沉积为主,中石炭系至二叠系期间以陆相沉积为主。二叠系以后至今,地壳再次上升,长期遭受风化剥蚀,没有沉积。并且二叠系后先遭受东西向挤压力,形成倾斜倾伏背斜,后又遭受东西向拉张应力,形成纵向正断层。此后,本区就趋于相对稳定至今。

本 章 小 结

(1) 构造运动有水平运动和垂直运动。构造运动的结果是使原始水平状态连续产出的岩层发生变形变位,形成地质构造。褶皱、断层和节理是最基本的地质构造。

(2) 岩层的产状要素是岩层的走向、倾向与倾角。岩层的厚度是岩层顶、底面间的垂直距离。

(3) 岩层间接触关系有整合、不整合、假整合 3 种。侵入体与其围岩间为侵入接触。侵入体形成后，地壳发生隆起上升，使侵入体遭受风化剥蚀并接受随后沉积而被沉积地层覆盖，这种接触关系称沉积接触。

(4) 褶皱要素是：核、翼、轴面、枢纽等。褶皱的识别标志是在沿地层倾斜方向上地层为对称式重复。核部地层老，两翼新者为背斜；核部地层新，两翼老者为向斜。同一岩层沿走向发生转折合围表明枢纽倾伏是倾伏褶皱。褶皱核部是岩层强烈变形部位。断裂构造发育、岩体完整性差且是地下水富水地段，易发生工程地质问题。两翼相对有利，但要注意顺层滑动和软弱夹层。褶皱的工程地质评价要考虑区域地质背景，线状紧闭褶皱发育地区最易造成工程地质问题。

(5) 节理是岩石中的裂隙。节理观测服务于岩体质量评价。观测内容有：力学性质、充填物、粗糙度、节理密度、产状。通过制作节理玫瑰图得出数量优势节理。节理间距愈小，岩体质量愈低。

(6) 断层是岩层破裂后，破裂面两侧岩块发生明显位移。断层要素包括：断层面、断层线、断层盘。按断层两盘相对运动分为：正断层、逆断层、平移断层。断层是影响岩体稳定性最重要的一种不连续面。道路选线、桥和隧道选址应尽量避开。

(7) 地质年代包括相对年代与绝对年代。地层层序律、生物层序律与切割律是确定相对年代的基本方法；地质年代表是依据全球地层系统划分和对比建立起来的地质历史编年。地质学用两种方法计算时间：一是相对年代，即代表地质体的生成及地质事件发生的先后顺序；二是绝对年代（同位素年龄），即代表地质体形成或地质事件发生距今的时间。地质年代是以全球地层划分和对比为依据并综合其同位素年龄建立起来的地质历史编年。第四纪是距今最近的地质年代，第四纪的下限是二百万年。新构造运动和第四纪沉积物与人类工程活动关系密切。

关 键 术 语

地质构造 geologic structure；褶皱 fold；背斜 anticline；向斜 syncline；断裂 rupture(fracture)；断层 fault；节理 joint；产状 attitude；地垒 horst；整合 conformity；不整合 unconformity；走向 strike；倾向 dip；倾角（真倾角） dip angle (true dip angle)；视倾角 apparent angle

知 识 链 接

1912 年魏格纳系统地论述了大陆漂移的观点，随后遭到主张地壳是以垂直升降运动为主的固定论学派的反对，即欧洲传统的和苏联正统的大地构造学派，如德国的施蒂勒，美国的大多数地质家，前苏联的沙茨基、别洛乌索夫等人为首一批学者。直到 20 世纪 60 年代，由于海洋地质和洋底扩张的确定，导致板块构造理论的提出，才肯定了魏氏理论的正确性。李四光于1926年发表了长篇文章《地球表面形象变迁之主因》，强调了地壳水平运动的重要性，并对魏氏理论给予了高度评价与支持，初步提出了大陆构造和构造体系的想法。就在李四光宣读上述论文时当场就遭到美国人维理士的责难。文章也表明他除了继承了魏格纳等的一些见解外，重点发展了大陆构造变形体系理论。这也是地质力学的主要内容和特色。1939年李四光在英国《地质杂志》(Geological Magazine)上发表了《大陆漂移》文章，公开支持杜·托伊特(Du Toit A. L.)的《我们的漂移大陆》一书的观点，成为当时国际上支持大陆漂移学说的三大学者(英国的霍姆斯，南非的杜·托伊特，中国的李四光)之一。

魏格纳大陆漂移理论的要点有：①石炭纪以前地球上的大陆是一个统一的大陆，即泛大陆，其四周为大洋包围；②从中生代以来泛大陆逐步解体，大陆块在海底(硅镁质的岩浆)上进行漂移；③陆地上的高褶皱山系是陆块受洋底阻力挤压而成的；④大陆块由较轻的硅铝质组成，漂浮在较重的粘性的硅镁质的大洋底之上；⑤大陆块漂移是在由两极向赤道的力和向西移的力作用下发生的。魏格纳论证了大西洋两侧是拉开的，大陆是向两侧漂移的。魏格纳最后分析了运动的力源，强调了3点：①向赤道的离极力；②因地球自转产生的向西的力；③重力均衡产生的垂直向上的力。他同时提出均衡补偿面深度在114km或120km。

鉴于大陆上大规模的纬向和经向构造现象，李四光提出造成运动的力有：①离极力(由重力和离心力组成)，推动地壳向赤道运动；②推论地球自转速度变化产生大陆向西移的动力，它可以是挤压力，也可以是拉张力，并提出"大陆车阀"的理论；③重力均衡调整地壳垂直运动；④太阳与月球引起的潮汐力。

板块构造理论主要是论述海洋地块运动及其与大陆板块的交界处的构造作用，但是，它论及大陆构造时也仅仅限于大陆边缘地带与大陆裂谷，对大陆内部的构造论及的不多，而强调和研究大陆上的构造则是李四光研究的特点，两者在这一点上是互补的，而不是可被取代的。

近几十年来大陆动力学研究的内容主要有：①大陆岩石圈结构、构造演化与成矿作用；②大洋岩石圈结构与构造演化；③洋-陆相互作用的造山与成矿，如安第斯造山带的结构构造演化，及其与大斑岩铜矿的成矿作用；④地震、火山、板块运动动力学；⑤地幔对流与岩石圈拆沉与小尺度地幔对流；⑥四维地形演化——隆升、地沉与海平面上升及其动力学机制；⑦1层圈结构及相互作用与全球变化的关系；⑧全球构造体系及其形成演化机制；⑨岩石圈各层运动及驱动力的来源等，青藏高原深层物质流动去向问题。

思 考 题

(1) 简述什么是褶皱构造，褶皱的基本类型及其识别特征。
(2) 什么是节理？它对工程有什么影响？
(3) 什么是断层？按两盘相对位移方向，断层如何分类？

第3章 地下水

本章教学要点

知识要点	掌握程度	相关知识
暂时流水的地质作用	熟悉	残积层、坡积层洪积层及冲积层
岩石的水理性质	熟悉	岩石容纳、保持、释出和透水的能力
地下水的类型	掌握	层滞水、潜水、承压水
地下水对建筑工程的影响	掌握	地下水对混凝土的侵蚀、流砂、潜蚀等

本章技能要点

技能要点	掌握程度	应用方向
淋滤、洗刷、冲刷作用	熟悉	边坡工程稳定性评价
容水度、持水度等	熟悉	岩石物力性质描述
包气带水、潜水、承压水	掌握	地基持力层的选择
地下水对混凝土的侵蚀	掌握	地下混凝土工程的防护

导入案例

北京举办的"2010 国际地下水论坛"上,与会专家发出警告:一些地区地下水储存量正以惊人的速度减少,另外,许多地区地下水还遭到严重污染。中国地质调查局的相关专家表示,全国有 90%的地下水都遭受了不同程度的污染,其中 60%污染严重。目前最容易受到污染的是浅层的地下水,由于地表水的污染比较普遍,自然造成浅层地下水污染也比较普通。"在北方,地下水的超采比较严重,造成大面积地下水的漏掉。由于地下水比周边地区明显低,形成漏斗区,在压力作用下,周边的地表水进入这块区域,这使得地下水更容易受到污染。"

在农村,除了其他污染源,化肥、农药的大量使用污染了农村的地下水源,更由于村民大多是用手压井直接抽取浅层的地下水,农民因此往往成为地下水污染最直接的受害者。

在淮河,由于淮河出现各种化学和重金属污染,淮河两岸不仅出现癌症的高发村,当地村民不孕不育的现象增多,而且后代还有不少畸形儿。

北京大学专家介绍,据有关部门对 118 个城市 2~7 年的连续监测资料,约有 64%的城市地下水遭受了严重污染,33%的城市地下水受到轻度污染,基本清洁的城市地下水只有 3%。

在自然界里,水有气体、液体和固体 3 种不同状态,它们存在于大气中,覆盖在地球表面上和存在于地下土、石的孔隙、裂隙或空洞中,可分别称为大气水、地表水和地下水。

自然界中这 3 部分水之间有密切的联系。在太阳辐射热的作用下,地表水经过蒸发和生物蒸腾变成水蒸气,上升到大气中,随气流移动。在适当条件下,水蒸气凝结成雨、露、雪、雹降落到地面,称为大气降水。降到地面的水,一部分沿地面流动,汇入江、河、湖、海,成为地表水;另一部分渗入地下,成为地下水。地下水沿地下土、石的孔隙、裂隙流动,当条件适合时,以泉的形式流出地表或由地下直接流入海洋。大气水、地表水和地下水之间这种不间断地运动和相互转化,称为自然界中水的循环。按其循环范围的不同,可分为大循环和小循环,如图 3.1 所示。

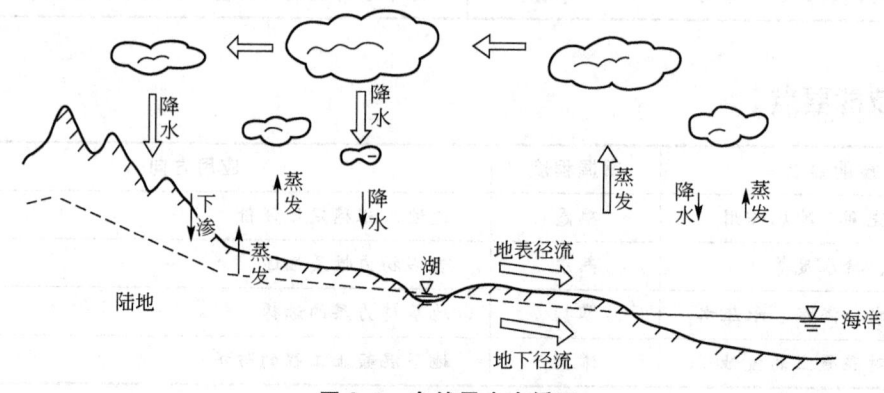

图 3.1 自然界中水循环

3.1 地表流水的地质作用

3.1.1 概述

地表流水可分为暂时流水和经常流水两类。暂时流水是一种季节性、间歇性流水，它主要以大气降水为水源，所以一年中有时有水，有时干枯，如大气降水后沿山坡坡面或山间沟谷流动的水。经常流水在一年中流水不断，它的水量虽然也随季节发生变化，但不会干枯无水，这就是通常所说的河流。一条暂时流水的沟谷，若能不间断地获得水源的供给，就会变成一条河流。

地表流水的地质作用主要包括侵蚀作用、搬运作用和沉积作用。

地表流水对坡面的洗刷作用及对沟谷及河谷的冲刷作用，均不断地使原有地面遭到破坏，这种破坏被称为侵蚀作用。侵蚀作用造成地面大量水土流失、冲沟发展，引起沟谷斜坡滑塌、河岸坍塌等各种不良地质现象和工程地质问题。山区道路多沿河流前进，修建在河谷斜坡和河流阶地上，因此，地表流水的侵蚀作用就显得十分重要。

地表流水把地面被破坏的破碎物质带走，称为搬运作用。搬运作用使被破碎物质覆盖的新地面暴露出来，为新地面的进一步破坏创造了条件。在搬运过程中，被搬运物质对沿途地面加强了侵蚀。同时，搬运作用为沉积作用准备了物质条件。当地表流水流速降低时，部分物质不能被继续搬运而沉积下来，称为沉积作用。沉积作用是地表流水对地面的一种建设作用，形成某些最常见的第四纪沉积层。

第四纪沉积层是指现代沉积的松散物质。从粒度成分看，它们包括块石、碎石、砾石、卵石、各种砂和粘性土。由于第四纪沉积层形成原因不同，例如有风成的、海成的、湖成的、冰川形成的和地表流水形成的等，被称为土的成因分类，它们各有自己的特征。此外，第四纪沉积层生成年代最新，处于地壳最表层。工程建筑如果修筑在广阔的大平原上，它可能只遇到第四纪沉积层而遇不到任何岩石。在山区进行工程建筑，虽然经常遇到岩石，但也不可能完全避开第四纪沉积层。本章要求掌握下述4种最常见的第四纪沉积层：残积层、坡积层、洪积层及冲积层的形成过程及其工程地质特征。

3.1.2 暂时流水的地质作用

暂时流水是大气降水后短暂时间内在地表形成的流水，因此雨季是它发挥作用的主要时间，特别是在强烈的集中暴雨后，它的作用特别显著，往往造成较大灾害。

1. 淋滤作用及残积层

在大气降水渗入地下的过程中，渗流水不仅能把地表附近的细小破碎物质带走，还能把周围岩石中的易溶成分溶解、带走。经过渗流水的这些物理和化学作用后，地表附近岩石逐渐失去其完整性、致密性，残留在原地的则为未被冲走又不易溶解的松散物质，这个过程称淋滤作用，残留在原地的松散破碎物质称残积层。由其形成过程可知残积层有下述特征。

（1）残积层是位于地表以下、基岩风化带以上的一层松散破碎物质。其破碎程度地表最大，愈向地下愈小，逐渐过渡到基岩风化带。基岩全风化带经过淋滤作用后应当包括在残积层之内。

（2）残积层的物质成分与下伏基岩成分密切相关，因为残积层就是下伏原岩经过风化淋滤之后残留下来的物质。

（3）残积层的厚度与地形、降水量、水中化学成分等多种因素有关。若地形较陡，被破坏的物质容易冲走，残积层就薄；若降水量大，水中 CO_2 多，则化学风化作用强烈，残积层可能较厚。各地残积层厚度相差很大，厚的可达数十米，薄的只有数十厘米，甚至完全没有残积层。

（4）残积层具有较大的孔隙率、较高的含水量，作为建筑物地基，强度较低。特别是当残积层下伏基岩面倾斜、残积层中有水流动或近于被水饱和时，在残积层内开挖边坡，或把建筑物置于残积层之上，均易发生残积层滑动。

2. 洗刷作用及坡积层

大气降水沿地表流动的部分，在汇入洼地或沟谷以前，往往沿整个山坡坡面漫流，把覆盖在坡面上的风化破碎物质洗刷到山坡坡脚处，这个过程称洗刷作用，在坡脚处形成新的沉积层称坡积层，如图 3.2 所示。坡积层具有下述特征。

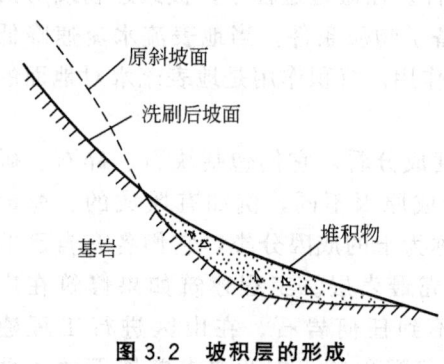

图 3.2 坡积层的形成

（1）坡积层位于山坡坡脚处，其厚度变化较大，一般是坡脚处最厚，向山坡上部及远离山脚方向均逐渐变薄尖灭。

（2）坡积层多由碎石和粘性土组成，其成分与下伏基岩无关，而与山坡上部基岩成分有关。

（3）由于从山坡上部到坡脚搬运距离较短，故坡积层层理不明显，碎石棱角清楚。

（4）坡积层松散、富水，作为建筑物地基强度很差。坡积层很容易发生滑动，坡积层下原有地面愈陡，坡积层中含水愈多，坡积层物质粒度愈小、粘土含量愈高，则愈容易发生坡积层滑坡。

3. 冲刷作用及洪积层

地表流水逐渐向低洼沟槽中汇集，水量渐大，携带的泥沙石块也渐多，侵蚀能力加强，使沟槽向更深处下切，同时使沟槽不断变宽，这个过程称为冲刷作用。冲刷作用使地面进一步遭到破坏，形成很多冲沟。

集中暴雨或积雪骤然大量融化，都会在短时间内形成巨大的地表暂时流水，一般称为洪流。洪流所携带的大量泥沙石块被搬运到一定距离后沉积下来，形成洪积层。

1) 冲沟

如果地表岩石或土比较疏松、裂隙发育、地面坡度较陡，再加上地面缺少植物覆盖，则该地区极易形成冲沟。经常、反复进行的冲刷作用，先在地表低洼处形成小沟，小沟又不断被加深、扩宽形成大沟，大沟两侧及上游又形成许多新的小支沟。随着冲沟的形成和不断发展，使当地产生大量水土流失，地表被纵横交错的大、小冲沟切割得支离破碎。

2）洪积层的特征

洪流携带大量被剥蚀的泥沙石块沿沟谷流动，当流到山前平原、山间盆地或沟谷进入河流的谷口时，流速显著降低，携带的大量泥沙石块沉积下来，形成洪积层。洪积层有下述特征。

（1）洪积层多位于沟谷进入山前平原、山间盆地、流入河流处。从外貌看洪积层多呈扇形，称洪积扇（图3.3）。扇顶位于较高处的沟谷内，扇缘在陡坡与缓坡交界处成一弧形。

（2）洪积层成分较复杂，由沟谷上游汇水区内的岩石种类决定。

图3.3　洪积扇

（3）从平面上看，扇顶洪积物较粗大，多为砾石、卵石；向扇缘方向愈来愈细，由砂至粉土直至粘土。从断面上看，地表洪积物颗粒向地下愈来愈粗。也就是说，洪积层初始较细，向地下愈来愈粗。由于携带物搬运距离较远，沿途受到摩擦、碰撞，使洪积物具有一定磨圆度。

（4）在洪积扇上修筑道路，首先要注意洪积扇的活动性。正在活动的洪积扇，每当暴雨季节，仍将发生新的洪积物沉积，处理原则在本书第4章泥石流一节中讨论。对于已停止活动的洪积扇，应充分查清其物质成分及分布情况、地表水及地下水情况，以便对道路通过洪积扇不同部位的工程地质条件作出评价。

3.2　岩石中的空隙与岩石的水理性质

岩石中的空隙包括孔隙、裂隙及溶隙，它们是地下水赋存和运动的通道。空隙的大小和多少决定着岩石透水的能力和含水量。空隙大，水能自由透过的岩层称为透水层；空隙小，能含水但难于透过的岩层称为隔水层；饱含地下水的透水层称为含水层。一般说，颗粒分选好以及排列疏松的岩石含水量较大。地下水中含有多种元素的离子、分子和化合物。

3.2.1　岩石中的空隙

坚硬的岩石或多或少含有空隙，松散土中则有大量的空隙存在，见表3-1。岩土空隙是地下水赋存和运移的空间，研究地下水时必须首先给予研究。根据岩石空隙的成因不同，可把空隙分为孔隙、裂隙和溶隙3大类（图3.4）。

1. 孔隙

松散颗粒物中颗粒或颗粒集合体之间普遍存在着呈小孔状分布的空隙，称为孔隙。衡量孔隙发育程度的指标是孔隙度 n 或孔隙比 e。土的孔隙度的参考值列入表 3-1。

表 3-1　土孔隙度的参考值（据 R. A. Freeze）

土名称	砾土	砂	粉砂	粘土
孔隙度/%	25~40	25~50	35~50	40~70

孔隙度的大小主要决定于岩石的密实程度及分选性。此外，颗粒形状和胶结程度也有影响。岩石越疏松，分选性越好［图 3.4(a)］，孔隙度越大。反之，土越紧密［图 3.4(b)］或分选性越差，孔隙度越小［图 3.4(c)］。土孔隙部分被胶结物充填，孔隙度变小［图 3.4(d)］。

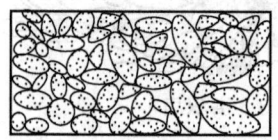
(a) 分选良好的排列疏松的沙

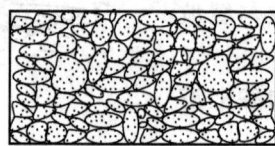
(b) 分选良好的排列紧密的沙

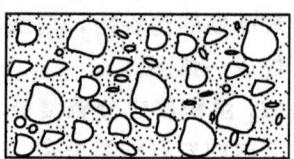
(c) 分选不好的含泥、沙的砾石

(d) 部分胶结的砂岩

(e) 有裂隙的岩石

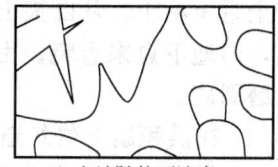
(f) 有溶隙的可溶岩

图 3.4　岩石的孔隙

2. 裂隙

坚硬岩石受地壳运动及其他内外地质营力作用的影响产生的空隙，称为裂隙，［图 3.4(e)］。

裂隙的发育程度除与岩石受力条件有关外，还与岩性有关。质坚性脆的岩石，如石英岩、块状致密石灰岩等张性裂隙发育，透水性较好；质软具塑性岩石，如泥岩、泥质页岩等闭性裂隙发育，透水性很差，甚至不透水构成隔水层。

衡量岩石裂隙发育程度的指标称裂隙率(K_t)是裂隙体积与包括裂隙体积在内的岩石总体积的比值，用小数或百分数表示，其计算式如下。

$$K_t = \frac{V_t}{V} \quad 或 \quad K_t = \frac{V_t}{V} \times 100\%$$

3. 溶隙

可溶岩（石灰岩、白云岩等）中的裂隙经地下水流长期溶蚀而形成的空隙称溶隙，［图 3.4(f)］。

衡量可溶性岩石岩溶发育程度的指标为溶隙率(K_k)，用下式计算。

$$K_k = \frac{V_k}{V} \times 100\% \quad 或 \quad K_k = \frac{V_k}{V} \times 100\%$$

研究岩石的空隙时，不仅要研究空隙的多少，而且更重要的是还应研究空隙本身的大小,空隙间的连通性和分布规律。松散土孔隙大小和分布都比较均匀,且连通性好;岩石裂隙无论其宽度、长度和连通性差异很大,分布不均匀;溶隙大小相差悬殊,分布很不均匀,连通性更差。

3.2.2 岩石的水理性质

岩石的水理性质是指岩石与水接触时,控制水分储存和运移的性质。岩石孔隙大小和数量不同,其容纳、保持、释出和透水的能力都有所不同。

1. 容水度

容水度是指岩石饱水时所能容纳的最大的水体积与岩石体积之比,用小数或百分数表示。岩石容水度与其孔隙多少有关,在理论上等于孔隙度,但实际上比孔隙度小,因为有些孔隙不相连通,以及孔隙中有被水封闭的气泡存在。

2. 持水度

持水度是指饱水岩石在受重力作用后,保持在岩石中水的体积与岩石体积的比值,用小数或百分数表示。这部分滞留在岩石中的水为结合水和毛细水。

岩石的持水度主要决定于岩石颗粒的大小,颗粒越细,吸附的水膜就越厚,持水度就越大,反之,就越小,见表3-2。

表3-2 持水度与岩石颗粒直径的关系

颗粒直径/mm	持水度/%	颗粒直径/mm	持水度/%
1.00~0.50	1.57	0.10~0.05	4.75
0.50~0.25	1.60	0.05~0.005	10.18
0.25~0.10	2.73	<0.005	44.85

3. 给水度

给水度指的是潜水面下降1个单位深度,在重力作用下从单位含水层面积柱体所释出的水量。给水度(u)用小数或百分数表示。

给水度等于容水度减去持水度。一般颗粒越粗,给水度越大,反之,越小,见表3-3。

表3-3 某些岩石的给水度

岩石名称	给水度	岩石名称	给水度
砾石	0.35~0.30	细砂	0.20~0.15
粗砂	0.30~0.25	极细砂	0.15~0.10
中砂	0.25~0.20		

4. 透水性

岩石的透水性是指岩石允许水透过的能力。评价岩石透水性的指标是渗透系数(K)。岩土的透水性的大小主要决定于孔隙大小。颗粒较粗的岩土具有较大的粒间孔隙,水流受阻力较小,因此透水性好;反之,透水性差。颗粒很细的粘土,虽然孔隙度很大,但粒间孔隙极易被结合水充满,不存在水流动的空间,因而不透水。表 3-4 列出了岩土的渗透系数数量级。

表 3-4 岩土的渗透系数

细粒土		粗粒土		裂隙岩体	
粉土	$10^{-3} \sim 10^{-4}$	粗粒	$>10^{-4}$	岩溶化	$>10^{-2}$
粉质粘土	$10^{-5} \sim 10^{-6}$	粗砂及细砂	$10^{-1} \sim 10^{-3}$	裂隙化	$10^{-2} \sim 10^{-3}$
粘土	$10^{-7} \sim 10^{-8}$	细砂、粉砂	$10^{-3} \sim 10^{-5}$	细裂隙化	$10^{-3} \sim 10^{-5}$
				微裂隙化	$10^{-5} \sim 10^{-7}$
				粘土质	$<10^{-6}$

5. 毛细性

岩石的毛细性指的是岩石中的水在毛细张力(负压)作用下,沿毛细孔隙向各个方向运动的性能。在地下水面以上,水在毛细张力作用下,沿毛细孔隙上升到一定高度停止下来,此高度称毛细上升高度,由下式计算。

$$h_c = \frac{0.03}{D}$$

式中:h_c——毛细上升高度,cm;
D——毛细孔隙平均直径,mm。

土的毛细上升高度见表 3-5。

表 3-5 土的毛细水上升高度(据 Mesch & Denny,1986) 单位:cm

名称	细砾	极粗砾	粗砂	中砂	细砂	粉砂
粒度	2~5	1~2	0.5~1	0.2~0.5	0.1~0.2	0.05~0.1
毛细上升高度	2.5	6.5	13.5	24.6	42.8	105.5

3.3 地下水的类型

地下水的分类方法很多,归纳起来可分为两类:一类是按地下水的某一特征进行分类;另一类是综合考虑了地下水的某些特征进行分类。按埋藏条件分为:包气带水、潜水、承压水,按含水层的空隙性质又分为孔隙水、裂隙水和岩溶水。

3.3.1 含水层、隔水层与滞水层

含水层是指在正常水力梯度下,饱水、透水并能给出一定水量的岩土层。把在正常水力梯度下不透水或透水相对微弱的岩土层称为隔水层,有时也把弱透水层称为滞水层。隔水层可以含水甚至饱水(如粘土),也可以是不含水的(如致密的岩石)。

含水层的形成必须具备以下条件：岩土层中有较大(指能透水)的空隙；含水层要为隔水层所限，以便地下水汇集不致流失；含水层要有充分的补给来源。

含水层(广义)在空间分布的几何形态是多样的，但多为层状、似层状，故称含水层(狭义)，如砾石含水层、细砂含水层等。此外，有些含水层还呈带状、脉状分布，此类含水层宜称含水带，如断层含水带、裂隙含水带等。

3.3.2 地下水的埋藏类型

地下水的埋藏类型是按含水层在地质剖面中所处的部位和受隔水层限制的情况划分的，可分为包气带水、潜水和承压水(图3.5)。

1. 包气带水

包气带含有结合水、毛细水和气态水，又称为非饱和带。包气带水是在颗粒表面吸附力和孔隙中毛细张力作用下，因此孔隙水压力为负值，其绝对值大小与含水量成反比，在包气带下部地下水面以上，存在毛细饱和带，孔隙水压力为零。

包气带中存在局部隔水层时，降水入渗的重力水可在局部隔水层的上部聚集起来，形成上层滞水(图3.5)。上层滞水接近地表，接受大气降水补给，以蒸发形式或向隔水底板边缘排泄。雨季时获得补给，赋存一定水量，旱季时水量逐渐消失。因此，上层滞水变化很不稳定。另外，输水管渗漏也可能形成上层滞水，其动态较稳定。上层滞水危害工程建设，常常突然涌入基坑危害基坑施工安全。上层滞水的供水意义不大。

2. 潜水

潜水是埋藏在地面以下第一个稳定隔水层之上具自由水面的重力水。潜水主要分布于松散土层中。

潜水的自由水面称潜水面。潜水面上任一点的高程称该点的潜水位；自地面某点至潜水面的距离称该点潜水的埋藏深度；潜水面到隔水底板的距离为潜水含水层的厚度，(图3.6)。

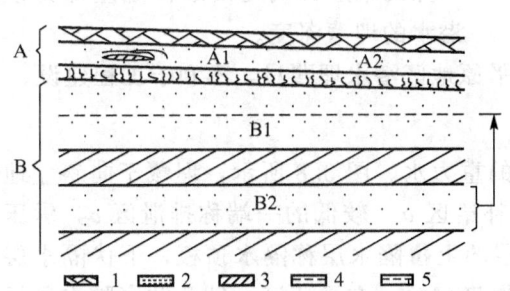

图 3.5 包气带水、潜水和承压水
1—土壤；2—含水层；3—隔水层；
4—潜水面；5—承压水面；A—包气带；
B—饱水带；A1—上层滞水；A2—毛细水带
B1—潜水；B2—承压水

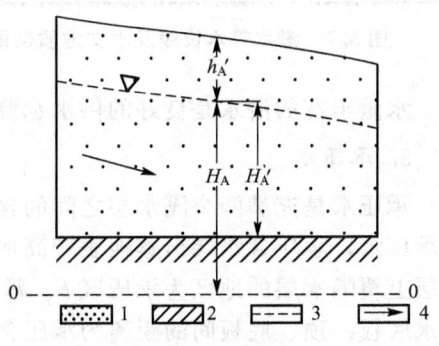

图 3.6 潜水的埋藏
1—含水层；2—隔水层；3—潜水面；
4—潜水流向；
h_A—A 点的潜水埋藏深度；H_A—A 点的潜水位；H'_A—A 点潜水层的厚度

潜水具如下特征。

(1) 潜水与大气相通，具自由水面，为无压水。当潜水为不稳定的隔水层覆盖时，如水位超过其底面，局部会承压压力。

(2) 潜水的补给区与分布区一致，直接接受大气降水补给。旱季时，常以蒸发形式排泄给大气。

(3) 潜水动态受气候影响较大，具有明显的季节性变化特征。

(4) 潜水易受地面污染的影响。

潜水面的形状主要受地形控制，基本上与地形倾斜一致，但比地形平缓。在河旁平原地区潜水面平缓，微向河流倾斜，潜水流向河流。

潜水面常以潜水等水位线图表示。所谓潜水等水位线图就是潜水面上标高相等个点的连线图，它可解决如下问题。

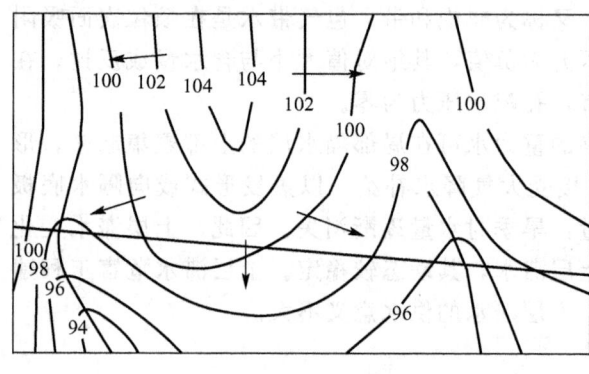
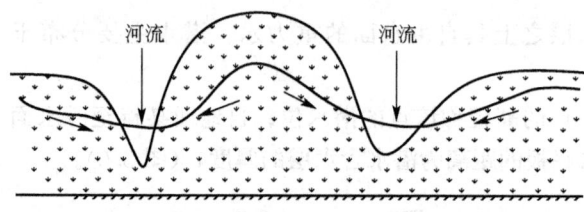

图 3.7 潜水等水位线及水文地质剖面图

(1) 确定潜水流向。潜水自水位高的地方向水位低的地方流动，形成潜水流。在等水位线图上，垂直于等水位线的方向即为潜水的流向，如图 3.7 箭头所示的方向。

(2) 计算潜水的水力坡度。在潜水流向上取两点的水位差除以两点间的距离，即为该段潜水的水力坡度(近似值)。

(3) 确定潜水与地表水之间的关系。如果潜水流向指向河流，则潜水补给河水；如果潜水流向背向河流，则潜水接受河水补给。

(4) 确定潜水的埋藏深度。等水位线图应绘于附有地形等高线的图上。某一点的地形标高与潜水位之差即为该点潜水的埋藏深度。

水量丰富的潜水是良好的供水水源；邻河平原地区潜水埋藏浅，不利于工程建设。

3. 承压水

承压水是充满两个隔水层之间的含水层中的重力水。图 3.8 所示，埋藏于向斜盆地中的承压水，承压含水层出露地表较高的一端称补给区 a，较低的一端称排泄区 c，承压含水层上覆隔水层的地区为承压区 b。承压含水层的上覆隔水层称隔水顶板，下伏隔水层称隔水底板。顶、底板间的距离为承压含水层的厚度(M)。在承压区，钻孔钻穿隔水顶板后才能见到地下水，此见水高程(H_1)(即隔水顶板底面的标高)称初见水位。

此后，承压水在静水压力作用下沿钻孔上升到一定高度停止下来，此高程称承压水位或叫做测压水位(H_2)。承压水位高出隔水顶板底面的距离(H)，称为承压水头。承压水位高于地表的地区称作自流区，在此区，凡钻到承压含水层的钻孔都形成自流井，承压水沿钻孔上升喷出地表。各井点承压水位连成的面称承压水面。承压水面不是真正的地下水面，它只是一个压力面。

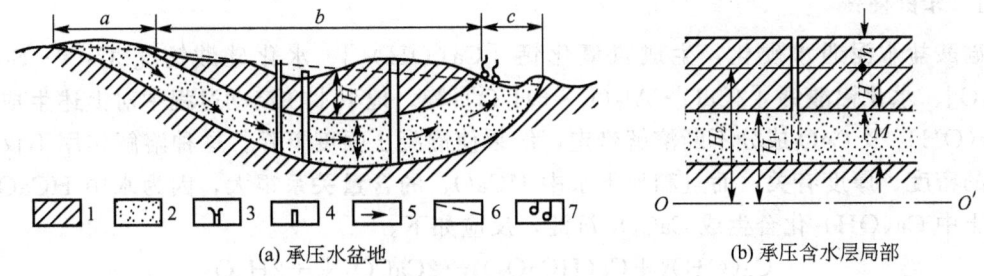

图 3.8 承压水的埋藏

a—补给区；b—承压区；c—排泄取区；

1—隔水层；2—含水层；3—钻孔；4—地下水流向；5—测压水位；6—泉；7—上升泉

承压水具有如下特征。

(1) 承压水的重要特征是不具自由水面，并承受一定的静水压力。承压水承受的压力来自补给区的静水压力和上覆地层压力。由于上覆地层压力是恒定的，故承压水压力的变化与补给区水位变化有关。当接受补给水位上升时，静水压力增大。水对上覆地层的浮托力随之增大，从而承压水头增大，承压水位上升；反之，补给区水位下降，承压水位随之降低。

(2) 承压含水层的分布区与补给区不一致，常常是补给区远小于分布区，一般只通过补给区接受补给。

(3) 承压水的动态比较稳定，受气候影响较小。

(4) 承压水不易受地面污染。

承压水面在平面图上用承压水等水压线图表示。所谓等水位线图就是承压水面上高程相等点的连线图。等水位线图上必须附有地形等高线和顶板等高线。后者表明钻孔钻到什么深度能见到承压水（初见水位）。

承压水等水位线图可以判断承压水的流向及计算水力坡度，确定初见水位、承压水位的埋深及承压水头的大小等。规模大的承压含水层是很好的供水水源；承压水的水头压力能引起基坑突涌，破坏坑底的稳定性。

3.4 地下水对建筑工程的影响

3.4.1 地下水对混凝土的侵蚀性

土木工程建筑物，如房屋桥梁基础、地下洞室衬砌和边坡支挡建筑物等，都要长期与地下水相接触，地下水中各种化学成分与建筑物中的混凝土发生化学反应，使混凝土中某些物质被溶蚀，强度降低，结构遭到破坏；或者在混凝土中生成某些新的化合物，这些新化合物生成时体积膨胀，使混凝土开裂破坏。

地下水对混凝土的侵蚀有以下几种类型。

1. 溶出侵蚀

硅酸盐水泥遇水硬化，生成氢氧化钙[$Ca(OH)_2$]、水化硅酸钙[$2CaO \cdot SiO_2 \cdot 12H_2O$]、水化铝酸钙[$2CaO \cdot Al_2O_3 \cdot 6H_2O$]等。地下水在流动过程中对上述生成物中的 $Ca(OH)_2$ 及 CaO 成分不断溶解带走，结果使混凝土强度下降。这种溶解作用不仅和混凝土的密度、厚度有关，而且和地下水中 $HCaO_3^-$ 的含量关系很大，因为水中 $HCaO_3^-$ 与混凝土中 $Ca(OH)_2$ 化合生成 $CaCO_3$ 沉淀，反应如下。

$$Ca(OH)_2 + Ca(HCaO_3)_2 \rightarrow 2CaCO_3 \downarrow + 2H_2O$$

$CaCO_3$ 不溶于水，既可充填混凝土空隙，又可在混凝土表面形成一个保护层，防止 $Ca(OH)_2$ 溶出，因此，$HCaO_3^-$ 含量愈高，水的侵蚀性愈弱，当 $HCaO_3^-$ 含量低于 2.0mg/L 或暂时硬度小于 3 时，地下水具有溶出侵蚀。

2. 碳酸侵蚀

几乎所有的水中都含有以分子形式存在的 CO_2，常称游离 CO_2，水中 CO_2 与混凝土中 $CaCO_3$ 的化学反应是一种可逆反应，反应如下。

$$CaCO_3 + CO_2 + H_2O \leftrightarrow Ca(HCaO_3)_2 \leftrightarrow Ca^{2+} + 2HCaO_3^-$$

当 CO_2 含量过多时，反应向右进行，使 $CaCO_3$ 不断被溶解；当 CO_2 含量过少时，或水中 $HCaO_3^-$ 含量过高时，反应向左进行，析出固体的 $CaCO_3$。只有当 CO_2 与 $HCaO_3^-$ 的含量达到平衡时，化学反应停止进行，此时所需的 CO_2 含量称平衡 CO_2。若游离 CO_2 含量超过平衡 CO_2 所需的含量，则超出的部分称侵蚀性 CO_2，它使混凝土中 $CaCO_3$ 被溶解，直到形成新的平衡为止。可见，侵蚀性 CO_2 愈多，对混凝土侵蚀性愈强。当地下水流量、流速都较大时，CO_2 容易不断得到补充，平衡不易建立，侵蚀作用不断进行。

3. 硫酸盐侵蚀

水中 SO_4^{2-} 含量超过一定数值时，对混凝土造成侵蚀破坏。SO_4^{2-} 含量超过 250mg/L 时，就可能与混凝土中的 $Ca(OH)_2$ 作用生成石膏。石膏在吸收 2 分子结晶水、生成二水石膏($CaSO_4 \cdot 2H_2O$)的过程中，体积膨胀到原来的 1.5 倍。SO_4^{2-}、石膏还可以与混凝土中的水化铝酸钙作用，生成水化硫铝酸钙结晶，其中含有多达 31 分子的结晶水，又使新生成物增大到原来体积的 2.2 倍，反应如下。

$$3(CaSO_4 \cdot 2H_2O) + 3CaO \cdot Al_2O_3 \cdot 6H_2O + 19H_2O \longrightarrow 3CaO \cdot Al_2O_3 \cdot 3CaSO_4 \cdot 31H_2O$$

水化硫铝酸钙的形成使混凝土严重溃裂，现场称之为水泥细菌。

当使用含水化铝酸钙极少的抗酸水泥时，可大大提高抗硫酸盐侵蚀的能力，当 SO_4^{2-} 含量低于 3000mg/L 时，都不具有硫酸盐侵蚀性。

4. 一般酸性侵蚀

地下水的 pH 值较小时，酸性较强，这种水与混凝土中 $Ca(OH)_2$ 作用生成 $CaCl_2$、$CaSO_4$ 等各种钙盐，若生成物易溶于水，则混凝土被侵蚀。一般认为 pH 值小于 5.2 时具有侵蚀性。

5. 镁盐侵蚀

地下水中的镁盐($MgCl_2$、$MgSO_4$ 等)与混凝土中的 $Ca(OH)_2$ 作用生成易溶于水的 $CaCl_2$ 及易产生硫酸盐侵蚀的 $CaSO_4$，使 $Ca(OH)_2$ 含量降低，引起混凝土中其他水化物的分解破坏。一般认为 Mg^{2+} 含量大于 1000mg/L 时具有侵蚀性。通常地下水中 Mg^{2+} 含量都低于此值。

3.4.2 地基沉降

在松散沉积层中进行深基础施工时，往往需要人工降低水位。若降水不当，会使周围地基土层产生固结沉降，轻者造成邻近建筑物或地下管线的不均匀沉降；重者使建筑物基础下的土体颗粒流失，甚至掏空，导致建筑物开裂甚至危及安全。

附近抽水井滤网和砂滤层的设计不合理或施工质量差，则抽水时会将软土层中的粘粒、粉粒、甚至细砂等细小颗粒随同地下水一起带出地面，使周围地面土层很快不均匀沉降，造成地面建筑物和地下管线不同程度的损坏。另一方面，井管开始抽水时，井内水位下降，井外含水层中的地下水不断流向滤管，经过一段时间后，在井周围形成漏斗状的弯曲水面——降水漏斗。在这一降水漏斗范围内的软土层会发生渗透固结而造成地基土沉降。而且，由于土层的不均匀性和边界条件的复杂性，降水漏斗往往是不对称的，因而使周围建筑物或地下管线产生不均匀沉降，甚至开裂。

3.4.3 流砂

流砂是地下水自下而上渗流时土产生流动的现象，它与地下水的动水压力有密切的关系。当地下水的动水压力大于土粒的浮容重或地下水的水力坡度大于临界水力坡度时，就会产生流砂。这种情况的发生常是由于在地下水位以下开挖基坑、埋设地下水管、打井等工程活动而引起的，所以流砂是一种工程地质现象。易产生在细砂、粉砂、粉质粘土等土中。流砂在工程施工中能造成大量的土体流动，致使地表塌陷或建筑物的地基破坏，能给施工带来很大困难，或直接影响建筑工程及附近建筑物的稳定，因此，必须进行防治。

在可能产生流砂的地区，若其上面有一定厚度的土层，应尽量利用上面的土层做天然地基，也可用桩基穿过流砂，总之尽可能地避免开挖。如果必须开挖，可用以下方法处理流砂。

(1) 人工降低水位：使地下水位降至可能产生流砂的地层以下，然后开挖。

(2) 打板桩：在土中打入板桩，它一方面可以加固坑壁，同时增长了地下水位的渗流路程以减小水力坡度。

(3) 冻结法：用冻结方法使地下水结冰，然后开挖。

(4) 水下挖掘：在基坑(或沉井)中用机械在水下挖掘，避免因排水而造成产生流砂的水头差，为了增加砂的稳定，也可向基坑中注水并同时进行挖掘。

此外，处理流砂的方法还有化学加固法、爆炸法及加重法等。在基槽开挖的过程中局部地段出现流砂时，立即抛入大块石头等，可以克服流砂的活动。

3.4.4 潜蚀

潜蚀作用可分为机械潜蚀和化学潜蚀两种。机械潜蚀是指土粒在地下水的动水压力作用下受到冲刷，将细粒冲走，使土的结构破坏，形成洞穴的作用；化学潜蚀是指地下水溶解土中的易溶盐分，使土粒间的结合力和土的结构破坏，土粒被水带走，形成洞穴的作用。这两种作用一般是同时进行的。在地基土层内如具有地下水的潜蚀作用时，将会破坏地基土的强度，形成空洞，产生地表塌陷，影响建筑工程的稳定。在我国的黄土层及岩溶地区的土层中，常有潜蚀现象产生，修建建筑物时应予注意。

对潜蚀的处理可以采用堵截地表水流入土层、阻止地下水在土层中流动、设置反滤层、改造土的性质、减小地下水流速及水力坡度等措施。这些措施应根据当地地质条件分别或综合采用。

3.4.5 地下水的浮托作用

当建筑物基础底面位于地下水位以下时，地下水对基础底面产生静水压力，即产生浮托力。如果基础位于粉性土、砂性土、碎石土和节理裂隙发育的岩石地基上，则按地下水位的100%计算浮托力；如果基础位于节理裂隙不发育的岩石地基上，则按地下水位的50%计算浮托力；如果基础位于粘性土地基上，其浮托力较难确切地确定，应结合地区的实际经验考虑。

地下水不仅对建筑物基础产生浮托力，同样对其水位以下的岩石、土体产生浮托力。

3.4.6 基坑突涌

当基坑下伏有承压含水层时，开挖基坑减小了底部隔水层的厚度。当隔水层较薄经受不住承压水头压力作用时，承压水的水头压力会冲破基坑底板，这种工程地质现象被称为基坑突涌。

本 章 小 结

(1) 地表流水的地质作用主要包括侵蚀作用、搬运作用和沉积作用。暂时流水的地质作用主要表现在淋滤作用、洗刷作用、冲刷作用以及残积层、坡积层和洪积层的形成。

(2) 岩石中的空隙包括孔隙、裂隙及溶隙，岩石的水理性质是指岩石与水接触时，控制水分储存和运移的性质。岩石孔隙大小和数量不同，其容纳、保持、释出和透水的能力都有所不同。

(3) 地下水按埋藏条件可分为：包气带水、潜水、承压水。包气带水主要是土壤水和上层滞水。埋藏于包气带土壤中的水称为土壤水，它主要以结合水和毛细水形式存在，靠大气降水的渗入、水汽的凝结及潜水由下而上的毛细作用补给。潜水是埋藏在地面以下第一个稳定隔水层之上具自由水面的重力水。潜水主要分布于松散土层中。承压水是充满两个隔水层之间的含水层中的重力水。

(4) 地下水对混凝土的侵蚀性主要表现在溶出侵蚀、碳酸侵蚀、硫酸盐侵蚀、一般酸性侵蚀和镁盐侵蚀5个方面。

关 键 术 语

地表水　surface water；地下水　ground water；孔隙水　pore water；自由水　free water；重力水　gravitational water；毛细管水　capillary water；吸着水　absorbed water；残积土　residual soil；坡积土　slope soil；洪积土　diluvial soil；冲积土　alluvial soil

知 识 链 接

南京地铁建设对城市地下水环境影响

南京地铁 1 号线全长 16.99km，穿越秦淮河古河道等市区各种地貌单元，地铁对地下水环境的影响主要体现在地铁隧道两次穿越秦淮河古河道。地铁隧道为水平间距 17m，直径 6.2m 的两条平行盾构隧道，在古河道段主要置于饱和粉砂夹细砂层中，该层在古河道段厚度较大，平均约 18m，含水丰富，渗透系数大，为主要含水层和导水层。古河道饱和砂层具有层理结构，古河道地下水分层流动，埋深 12～15m（高程 -1～-4m）区间是一个重要的水平传输通道。地铁盾构隧道在穿越古河道段底板标高在 -2～-9.5m 之间，隧道与古河道水平渗流通道重合，加剧了对古河道地下水状态的影响，使得地下水径流量大幅度降低，降低了古河道地下水的传输能力。由于古河道在南京市浅层地下水循环中处于主导地位，这种影响使区域地下水流场发生改变，降低古河道"流域"地下水的循环代谢，加剧地下水的污染。有研究显示：深层地下水的开采量中 35.19% 的水量来自上层渗流补给，浅层地下水污染的加剧还将对深层地下水产生影响，为城市未来的发展提出了新的环境问题。除南京地铁 1 号线外，待建的 2、3、6 号线都将横穿秦淮河古河道，将统一的古河道分成若干单元，降低了地下水的水力联系和调节能力，使地下水环境更加复杂。

地铁车站为庞大的地下结构，如位于古河道上的三山街车站长 226.6m，许府巷车站长 242.3m，其连续墙埋深达 30m，插入隔水层中。这些大型构筑物不仅阻碍了地下水的传输，而且还通过侵占古河道降低了地下水的蓄存能力和调节能力。

思 考 题

(1) 岩石中有哪些形式的水？各有什么特点？
(2) 地下水有哪些主要的化学成分？简要说明它们在水中存在的形式和来源。
(3) 什么是含水层？划分的依据是什么？如何考虑划分的相对性？
(4) 地基沉降的原因是什么？
(5) 简述地下水对混凝土结构的腐蚀特点。

第4章 动力地质作用

本章教学要点

知识要点	掌握程度	相关知识
风化作用	掌握	风化作用的概念、类型及其作用特点
河流的地质作用	掌握	河谷的要素、河流的侵蚀、搬运与沉积作用特点
岩溶、滑坡、崩塌、泥石流	熟悉	岩溶、滑坡、崩塌、泥石流概念、特点、形成条件
地震	掌握	地震的基本概念、成因、震级与地震烈度

本章技能要点

技能要点	掌握程度	应用方向
物理风化、化学风化及生物风化	掌握	岩体、混凝土等防腐处理
河流的侵蚀、搬运与沉积作用	熟悉	河道治理、地基处理
岩溶、滑坡、崩塌、泥石流	了解	工程地质稳定性问题
地震	掌握	工程设计的依据

第4章 动力地质作用

导入案例

2008年5月12日下午14时28分04秒，四川省汶川县映秀镇发生8.0级特大地震，由于印度板块长期对欧亚板块的碰撞和挤压，龙门山-鲜水河-安宁河断裂带上出现应力集中和调整，致使地震发生，地壳在不到百秒的瞬间，沿龙门山断裂向东北方向破裂了300千米。

汶川大地震引发了大量的滑坡、崩塌、泥石流等地质灾害。初步统计，地质灾害多达12000多处，潜在隐患点近8700处，有危险的堰塞湖30多座。四川汶川地震已确认69227人遇难，374643人受伤，失踪17923人。地震造成的死伤只是最表面的损失，与地震伴生的次生地质灾害——山体滑坡、泥石流、堰塞湖、滚石、坍塌等才是最具毁灭性的灾难。从映秀到北川，是本次破裂带的中心地带，有20个村镇无一幸免夷为平地；北川老县城部分建筑物被滑坡体前缘推高数十米；汉旺镇2座山大面积塌方夹成了一座湖，湖水深度可淹没电线杆。

此次地震发生的位置是南北地震带中段平原和高山的交汇处，山体呈北东走向。它的西侧是自第三纪起就不断隆起，并向东推挤的青藏高原，东侧是最古老的稳定地块，几亿年来一直持续性沉降的四川盆地。因此，这个地区的差异运动十分强烈，地壳被撕裂的可能随时存在，所造成的破坏、影响和破裂过程都非常复杂。而龙门山断裂恰好位于南北地震带的高山峡谷、地形陡峭的南段。这次地震是典型的断裂带地震，震源深度14千米，属于浅源地震，地震所释放的能量经过很短的距离就可以抵达地面，因此对于地面上的物体破坏更为致命。此次地震的破裂带呈"中间窄，两头粗"的哑铃状。哑铃的一头是汶川县的映秀镇，另一头是北川县城。地表破裂带的表现形式受断层几何部位、断层运动方式和地理构造复杂等影响，主要为山体崩塌和地层错动。小则几十万平方米，大则几千万平方米的大面积的山体开裂、失衡，在地球重力的作用下，滑入谷地形成山体滑坡，而崩塌、滑坡所形成的大量松散岩体，不仅掩埋了村镇、道路，还为泥石流的发生提供了物质来源，阻塞河道，形成堰塞湖，这也是此次地震地质灾害深重的原因之一。

4.1 风化作用

地壳表层的岩石，在太阳辐射、大气、水和生物活动等因素影响下，发生物理和化学的变化，致使岩体崩解、剥落、破碎以至逐渐分解的作用，称为风化作用。风化作用是最普遍的一种外力地质作用，在大陆的各种地理环境中，都有风化作用在进行。风化作用在地表最为明显，随着深度的增加，其影响逐渐减弱以致消失。

风化作用使坚硬致密的岩石松散破坏，改变了岩石原有的矿物组成和化学成分，使岩石的强度和稳定性大大降低，变形增加，直接影响建筑场地的工程特性。岩坠、碎落、崩塌、滑坡及泥石流等一些不良地质现象，很多都是在风化作用的基础上逐渐形成和发展起来的。所以了解风化作用，认识风化现象，分析岩石风化程度，对评价建筑场地的工程地质条件具有重要意义。

4.1.1 风化作用的类型

根据风化作用的性质及其影响因素，岩石的风化作用可分为物理风化、化学风化及生物风化3种类型。

1. 物理风化作用

在地表或接近地表处，岩石、矿物在原地发生机械破碎而不改变其化学成分的过程叫物理风化作用。引起物理风化作用的主要因素是岩石释重和温度的变化。此外，岩石裂隙中水的冻结与融化、盐类的结晶、潮解与层裂等也能促使岩石发生物理风化作用。

1) 岩石释重

原岩无论是岩浆岩、沉积岩还是变质岩，在其形成以后，都会因为上覆巨厚的岩层而承受巨大的静压力，一旦上覆岩层遭受剥蚀而卸荷时即岩石释重时，随之将产生向上或向外的膨胀力，形成一系列与地表平行的节理。处于地下深处承受巨大静压力的岩石，其潜在的膨胀力是十分惊人的。在一些矿山，当岩石初次露在掌子面时，膨胀非常迅速，以致碎片炸裂飞出。岩石释重所形成的节理，又为水和空气提供了活动空间，加剧了岩石的风化作用。

2) 温度变化

白天岩石在阳光照射下，表层首先升温，由于岩石是热的不良导体，热向传递很慢，遂使岩石内外之间出现温差，各部分膨胀不同，岩石表面膨胀大于内部膨胀，形成与表面平行的风化裂隙。到了夜晚，白天吸收的太阳辐射热继续以缓慢速度向岩石内部传递，内部仍在缓慢地升温膨胀，而岩石表面却迅速散热降温、表面收缩，于是形成与表面垂直的径向裂隙。久而久之，这些风化裂隙日益扩大、增多，导致岩石层层剥落，崩解破坏。

温度变化的速度对物理风化作用的强度起着重要的影响。温度变化速度愈快，收缩与膨胀交替愈快，岩石破裂愈迅速，因而温度日变化对物理风化的影响最大，年变化影响较小。温度变化的幅度对物理风化作用的强度也起着重要的影响，在昼夜变化剧烈的干旱沙漠地区，昼夜温差可达50~60℃。由于岩石热容量远小于水，因此在缺少植被和水的沙漠地区，地表岩石温度日变化就远大于气温的日变化。所以在这些地区物理风化作用最为强烈。这种由于温度变化而产生的风化作用又称为温差风化作用。

3) 水的冻结与融化

存在于岩石裂隙中的水(雨水或融雪水)，当岩石温度低到0℃以下时，液态的水就变为固态的冰，体积膨胀约9%，这对裂隙将产生很大的膨胀力，它使原有裂隙进一步扩大，同时产生更多的新的裂隙。当温度升高至冰点以上时，冰又融化成水，体积减小，扩大的空隙中又有水渗入。年复一年，就会使岩体逐渐崩解成碎块。这种物理风化作用又称为冰劈作用或冰冻风化作用。

4) 可溶盐的结晶与潮解

在干旱及半干旱气候区，广泛地分布着各种可溶盐类。有些盐类具有很大的吸湿性，能从空气中吸收大量的水分而潮解，最后成为溶液。温度升高，水分蒸发，盐分又结晶析出，体积显著增大。由于可溶盐溶液在岩石的孔隙和裂隙中结晶时的撑裂作用，使裂隙逐渐扩大，导致岩石松散破坏。可溶盐的结晶撑裂作用在干旱的内陆盆地是十分引人注目的。盐类结晶对岩石所起的物理破坏作用主要取决于可溶盐的性质，同时与岩石孔隙度的大小和构造特征有很大的关系。

物理风化的结果，首先是岩石的整体性遭到破坏，随着风化程度的增加，逐渐成为岩石碎屑和松散的矿物颗粒。由于碎屑逐渐变细，使热力方面的矛盾逐渐缓和，因而物理风化随之相对削弱，但同时随着碎屑与大气、水、生物等营力接触的自由表面不断增大，使风化作用的性质发生相应的转化，在一定的条件下，化学作用将在风化过程中起主要作用。

2. 化学风化作用

在地表或接近地表条件下，岩石、矿物在原地发生化学变化并产生新矿物的过程叫化学风化作用。水和氧是引起化学风化作用的主要因素。自然界的水，不论是雨水、地表水或地下水，都溶解有多种气体（如 O_2、CO_2 等）和化合物（如酸、碱、盐等），因此自然界的水都是水溶液。溶液可通过溶解、水化、水解、碳酸化等方式促使岩石化学风化。

1) 溶解作用

水直接溶解岩石中矿物的作用称为溶解作用。溶解作用的结果，使岩石中的易溶物质逐渐溶解而随水流失，难溶的物质则残留于原地。岩石由于可溶物质的被溶解而致孔隙增加，削弱了颗粒间的结合力，从而降低岩石的坚实程度，更易遭受物理风化作用而破碎。最容易溶解的矿物是卤化盐类（岩盐，钾盐），其次是硫酸盐类（石膏，硬石膏），再次是碳酸盐类（石灰岩，白云岩），其反应如下

$$CaCO_3 + H_2O + CO_2 \rightarrow Ca(HCO_3)_2$$
（碳酸钙） （重碳酸钙）

碳酸钙生成重碳酸钙后被水溶解带走，石灰岩便形成溶洞。

2) 水化作用

有些矿物与水接触后和水发生化学反应，吸收一定量的水到矿物中形成含水矿物，这种作用称为水化作用，如硬石膏经过水化作用变为石膏就是很好的例子，其反应如下：

$$CaSO_4 + 2H_2O \rightarrow CaSO_4 \cdot 2H_2O$$
（硬石膏） （石膏）

水化作用的结果产生了含水矿物。含水矿物的硬度一般低于无水矿物，同时由于在水化过程中结合了一定数量的水分子进入物质的成分之中，改变了原有矿物的成分，引起体积膨胀，对岩石具有一定的破坏作用。在隧道施工中，若岩层中含有硬石膏层时，当硬石膏发生水化作用而体积膨胀，对围岩会产生很大的压力，这种压力促使岩层破碎，甚至能引起支撑倾斜，衬砌开裂，应当引起足够的注意。

3) 水解作用

某些矿物溶于水后，出现离解现象，其离解产物可与水中的 H^+ 和 OH^- 离子发生化学反应，形成新的矿物，这种作用称为水解作用。例如正长石经水解作用后，开始形成的 K^+ 与水中 OH^- 离子结合，形成 KOH 随水流失，析出部分 SiO_2 可呈胶体溶液随水流失，或形成蛋白石（$SiO_2 \cdot H_2O$）残留于原地，其余部分可形成难溶于水的高岭石而残留于原地，其反应如下。

$$4K(AlSi_3O_8) + 6H_2O \rightarrow 4KOH + 8SiO_2 + Al_4(Si_4O_{10})(OH)_8$$
　　（正长石）　　　　　　　　　　　　（高岭石）

4）碳酸化作用

当水中溶有 CO_2 时，水溶液中除 H^+ 和 OH^- 离子外，还有 CO_3^{2-} 和 HCO_3^- 离子，碱金属及碱土金属与之相遇会形成碳酸盐，这种作用称为碳酸化作用。硅酸盐矿物经碳酸化作用，其中碱金属变成碳酸盐随水流失，如花岗岩中的正长石受到长期碳酸化作用时，则发生如下反应。

$$4K(AlSi_3O_8) + 4H_2O + 2CO_2 \rightarrow 2K_2CO_3 + 8SiO_2 + Al_4(Si_4O_{10})(OH)_8$$
　　（正长石）　　　　　　　　　　　　　　（高岭石）

5）氧化作用

矿物中的低价元素与大气中的游离氧氧化后变为高价元素的作用，称为氧化作用。氧化作用是地表极为普遍的一种自然现象。在湿润的情况下，氧化作用更为强烈。自然界中，有机化合物、低价氧化物、硫化物最容易遭受氧化作用。尤其是低价铁常被氧化成高价铁。例如常见的黄铁矿（FeS_2）在含有游离氧的水中，经氧化作用形成褐铁矿（$Fe_2O_3 + nH_2O$），同时产生对岩石腐蚀性极强的硫酸，可使岩石中的某些矿物分解形成洞穴和斑点，致使岩石破坏。

$$2FeS_2 + 7O_2 + 2H_2O \rightarrow 2FeSO_4 + 2H_2SO_4$$
　　（黄铁矿）　　　　　　（亚硫酸铁）（硫酸）

化学风化使岩石中的裂隙加大，孔隙增多，破坏了原来岩石的结构和成分，使岩层变成松散的土层。

3. 生物风化作用

岩石在动、植物及微生物影响下发生的破坏作用称为生物风化作用。生物风化作用有物理的和化学的两种形式。

生物物理风化作用是生物的活动对岩石产生机械破坏的作用。例如，生长在岩石裂隙中的植物，其根部生长像楔子一样撑裂岩石，不断地使岩石裂隙扩大、加深，使岩石破碎。穴居动物蚂蚁、蚯蚓等钻洞挖土，可不停地对岩石产生机械破坏，也使岩石破碎，土粒变细。

生物化学风化作用是生物的新陈代谢及死亡后遗体腐烂分解而产生的物质与岩石发生化学反应，促使岩石破坏的作用。例如，植物和细菌在新陈代谢过程中，通过分泌有机酸、碳酸、硝酸和氢氧化铵等溶液腐蚀岩石；动、植物遗体腐烂可分解出有机酸和气体（CO_2、H_2S）等，溶于水后可对岩石腐蚀破坏；遗体在还原环境中，可形成含钾盐、磷盐、氮的化合物和各种碳水化合物的腐殖质。腐殖质的存在可促进岩石物质的分解，对岩石起强烈的破坏作用。

岩石、矿物经过物理、化学风化作用以后，再经过生物的化学风化作用，就不再是单纯的无机组成的松散物质，因为它还具有植物生长必不可少的腐殖质。这种具有腐殖质、矿物质、水和空气的松散物质叫土壤。不同地区的土壤具有不同的结构及物理、化学性质，据此全世界可以划分出许多土壤类型，而每一种土壤类型都是在其特有的气候条件下形成的。例如，在热带气候下，强烈的化学风化和生物风化作用，使易溶性物质淋失殆尽，形成富含铁、铝的红土壤。

4.1.2 影响风化作用的因素

1. 地质因素

如果岩石生成的环境和条件与目前地表环境、条件接近,则岩石抵抗风化能力强,反之则容易风化。因此,喷出岩比浅成岩抗风化能力强,浅成岩又比深成岩抗风化能力强。一般情况下沉积岩比岩浆岩和变质岩抗风化能力强。

组成岩石矿物成分的化学稳定性和矿物种类的多少,是决定岩石抵抗风化能力的重要因素。按照矿物化学稳定性顺序,石英化学稳定性最好,抗风化能力最强;其次是正长石、酸性斜长石、角闪石和辉石;而基性斜长石、黑云母和黄铁矿等矿物是很容易被风化的。一般来说深色矿物风化快,浅色矿物风化慢。各种碎屑岩和粘土岩,其抗风化能力强。

一般来说均匀、细粒结构岩石比粗粒结构岩石抗风化能力强,等粒构造比斑状结构岩石耐风化,而隐晶质岩石最不易风化。从构造上看,具有各向异性的层理、片理状岩石较致密块状岩石容易风化,而厚层、巨厚层岩石比薄层状岩石更耐风化。

岩石的节理、裂隙和破碎带等为各种风化因素侵入岩石内部提供了途径,扩大了岩石与空气、水的接触面积,大大促进了岩石风化。因此在褶曲轴部、断层破碎带及其附近裂隙密集部位的岩石风化程度比完整的岩石严重。

2. 气候因素

主要体现在气温变化、降水和生物的繁殖情况。地表条件下温度增加10℃,化学反应速度增加一倍;水分充足有利于物质间的化学反应。故气候可控制风化作用的类型和风化速度,在不同的气候区,风化作用的类型及其特点有明显的不同。例如,在寒冷的极地和高山区,以物理风化作用(冰冻风化)为主,岩石风化后形成具棱角状的粗碎屑残积物;在湿润气候区,各种类型的风化作用都有,但化学风化、生物风化作用更为显著,岩石遭受风化后分解较彻底,形成的残积层厚,且往往发育有较厚的土壤层;在干旱的沙漠区,以物理风化作用(温差风化)为主,岩石风化后形成薄层具棱角状的碎屑残积物。

3. 地形

地形可影响风化作用的速度、深度、风化产物的堆积厚度及分布情况。地形起伏较大、陡峭、切割较深的地区,以物理风化作用为主,岩石表面风化后岩屑可不断崩落,使新鲜岩石直接露出表面而遭受风化,且风化产物较薄;在地形起伏较小、流水缓慢流经的地区,以化学风化作用为主,岩石风化彻底,风化产物较厚;在低洼有沉积物覆盖的地区,岩石由于有覆盖物的保护不易风化。

4.1.3 岩石风化的勘查评价与防治

1. 风化作用的工程意义

岩石受风化作用后,改变了物理化学性质,其变化的情况随着风化程度的轻重而不同。如岩石的裂隙度、孔隙度、透水性、亲水性、胀缩性和可塑性等都随风化程度加深而增加，岩石的抗压和抗剪强度都随风化程度增加而降低，风化产物成分的不均匀性、产状和厚度的不规则性都随风化程度增加而增大。所以，岩石风化程度愈强的地区，工程建筑物的地基承载力愈低，岩石的边坡愈不稳定。

风化程度的强弱对工程设计和施工都有直接影响，如矿山建设、场址选择、水库坝基、大桥桩基和房屋建筑基础等地基开挖深度、浇灌基础应到达的深度和厚度、边坡开挖的坡度以及防护或加固的方法等，都将随岩石风化程度不同而异。因此，工程建设前必须对岩石的风化程度、速度、深度和分布情况进行调查和研究。

2. 岩石风化的调查与评价

岩石风化的调查内容主要有以下几个方面。

（1）查明风化程度，确定风化层的工程性质，以便考虑建筑物的结构形式和施工的方法。

（2）查明风化层厚度和分布，以便选择最适当的建筑地点，合理地确定风化层的清基和刷方的土石方量，确定加固处理的有效措施。

（3）查明风化速度和引起风化的主要因素，对那些直接影响工程质量和风化速度快的岩层，必须制定预防风化的正确措施。

（4）对风化层进行划分，对次生矿物特别是粘土的含量和成分（如蒙脱石）进行必要分析，因为它直接影响地基的稳定性。

3. 岩石风化的防治

挖除法：适用于风化层较薄的情况，当风化层厚度较大时通常只将严重影响建筑物稳定的部分剥除。

抹面法：用使水和空气不能透过的材料如沥青、水泥、粘土层等覆盖岩层，使岩石与水和空气隔绝。

胶结灌法：用水泥、粘土等浆液灌入岩层或裂隙中，以增强岩层的强度，降低其透水性。

排水法：为了减少具有侵蚀性的地表水和地下水对岩石中可溶性矿物的溶解及对岩石强度的影响，适当做一些排水工程。

只有在进行详细调查研究以后，才能提出切合实际的防止岩石风化的处理措施。

4.2 河流的地质作用

4.2.1 河谷要素

一条河流在地面上是沿着狭长的谷地流动的，这个谷地称河谷。河谷在平面上呈线状分布，在横剖面上一般为近"V"字形，主要由谷坡、谷底、河床组成（图4.1）。这三者常称为河谷要素。

1) 河床

河床是在平水期间为河水所占据的部分，或称河槽。

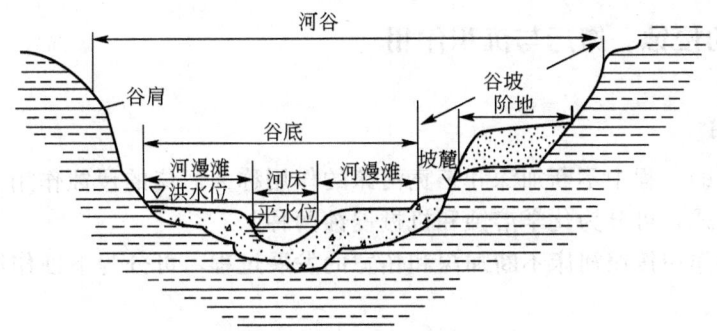

图 4.1 河谷要素

2) 谷底

谷底是河谷地貌的最低部分，地势一较比较平坦，其宽度为两侧谷坡坡麓之间的距离，谷底上分布有河床及河漫滩，河漫滩是在洪水期间被河水淹没的河床以外的平坦地，其中每年都能被洪水淹没的部分称低河漫滩，仅被周期性多年一遇的最高洪水所淹没的部分称为高河漫滩。

3) 谷坡

谷坡是高出于谷底的河谷两侧的坡地。谷坡上部的转折处称为谷缘或谷肩，下部的转折处称为坡麓或坡脚。

4) 阶地

阶地是沿着谷坡走向呈条带状或断断续续分布的阶梯状平台，（图 4.2）。阶地可能有多级。

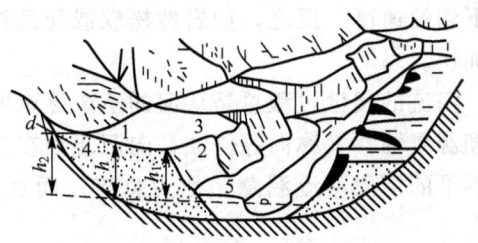

图 4.2 河流阶地的形态要素
1—阶地面；2—阶坡（陡坎）；3—前缘；
4—后缘；5—坡脚；
h_1—前缘高度；h—阶地平均高度；
h_2—后缘高度

4.2.2 流水的动能

水沿河床流动时具有一定的动能（E）。动能的大小决定于河水的质量 m 和河水的流速 v，可用下式表示：

$$E = \frac{1}{2}mv^2$$

河水在流动过程中，其动能主要消耗于两方面：一是克服阻碍流动的各种摩擦力，如河水与河床之间的摩擦力、河水水流本身的粘滞力等；二是搬运水流中所携带的泥沙。因此，河流的地质作用可归纳为侵蚀、搬运和沉积 3 个方面。

河水通过侵蚀、搬运和沉积作用形成河床，并使河床的形态不断发生变化，河床形态的变化反过来又影响着河水的流速场，从而促使河床发生新的变化，两者互相作用，互相影响。

河流的侵蚀、搬运和沉积作用，可以认为是河水与河床动平衡不断发展的结果。

4.2.3 河流的侵蚀、搬运与沉积作用

1. 侵蚀作用

河水在流动的过程中不断加深和拓宽河床的作用称为河流的侵蚀作用。河流的侵蚀作用按其作用的方式，可分为化学溶蚀和机械侵蚀两种。

河流的侵蚀作用按照河床不断加深和拓宽的发展过程，可分为下蚀作用（或底蚀作用）和侧蚀作用。

1）下蚀作用

河水在流动过程中使河床逐渐下切加深的作用，称为河流的下蚀作用。河水夹带固体物质对河床的机械破坏，是使河流下蚀的主要因素。其作用强度取决于河水的流速和流量，同时，也与河床的岩性和地质构造有密切的关系。很明显，河水的流速和流量大时，则下蚀作用的能量大，如果组成河床的岩石坚硬且无构造破坏现象，则会抑制河水对河床的下切的速度。反之，如岩性松软或受到构造作用的破坏，则下蚀易于进行，河床下切过程加快。

河流的侵蚀过程总是从河的下游逐渐向河源方向发展的，这种溯源推进的侵蚀过程称为溯源侵蚀，又称向源侵蚀，向源侵蚀在急流和瀑布河段作用显著，河床坡降大、岩性坚硬不平的河段河流湍急，称为急流；而在河床上具有陡坎的地方形成明显的跌水，称为瀑布。

河流的下蚀作用并不是无止境地继续下去，而是有它自己的基准面的。因为随着下蚀作用的发展，河床不断加深，河流的纵坡逐渐变缓，流速降低，侵蚀能量削弱，达到一定的基准面后，河流的侵蚀作用将趋于消失。河流下蚀作用消失的平面，称为侵蚀基准面。流入主流的支流，基本上以主流的水面为其侵蚀基准面；流入湖泊海洋的河流，则以湖面或海平面为其侵蚀基准面。大陆上的河流绝大部分都流入海洋，而且，海洋的水面也较稳定，所以又把海平面称为基本侵蚀基准面。

2）侧蚀作用

河水在流动过程中，一方面不断刷深河床，同时也不断地冲刷河床两岸。这种使河床不断加宽的作用，称为河流的侧蚀作用。河水在运动过程中横向环流的作用，是促使河流产生侧蚀的经常性因素。此外，如河水受支流或支沟排泄的洪积物以及其他重力堆积物的障碍顶托，致使主流流向发生改变，引起对河床两岸产生局部冲刷，这也是一种在特殊条件下产生的河流侧蚀现象。在天然河道上能形成横向环流的地方很多，但在河湾部分最为显著［图4.3(a)］。当运动的河水进入河湾后，由于受离心力的作用。表层流速以很大的流速冲向凹岸，产生强烈冲刷，使凹岸岸壁不断坍塌后退，并将冲刷下来的碎屑物质由底层流速带向凸岸堆积下来［图4.3(b)］。由于横向环流的作用，使凹岸不断受到强烈冲刷，凸岸不断发生堆积，结果使河湾的曲率增大，并受纵向流的影响，使河湾逐渐向下游移动，因而导致河床发生平面摆动。这样天长日久，整个河床就被河水的侧蚀作用逐渐拓宽。

平原地区的曲流对河流凹岸的破坏更大。由于河流侧蚀的不断发展，致使河流一个河湾接着一个河湾，并使河湾的曲率越来越大，河流的长度越来越长，使河床的比降（河流

比降就是单位水平距离内铅直方向的落差,即高差和相应的水平距离比值)逐渐减小,流速不断降低,侵蚀能量逐渐削弱,直至常水位时已无能量继续发生侧蚀为止。这时河流所特有的平面形态,称为蛇曲。有些处于蛇曲形态的河湾,彼此之间十分靠近。一旦流量增大,会截弯取直,流入新开拓的局部河道,而残留的原河湾的两端因逐渐淤塞而与原河道隔离,形成状似牛轭的静水湖泊,称牛轭湖(图4.4)。由于主要承受淤积,致使牛轭湖逐渐成为沼泽,以至消失。

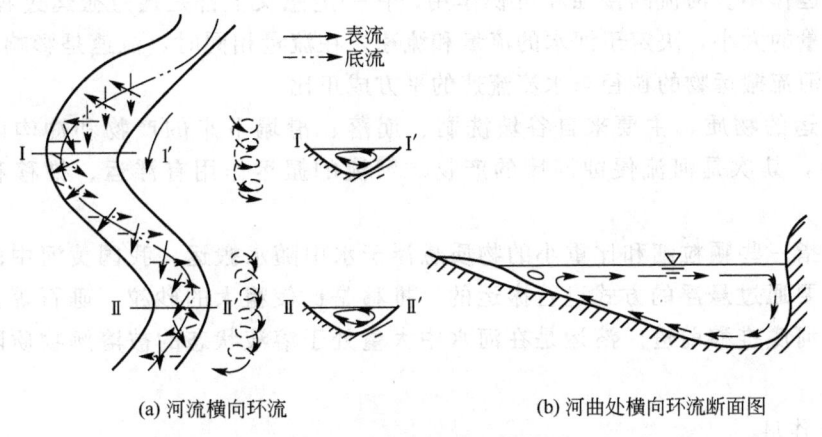

图 4.3 横向环流示意图

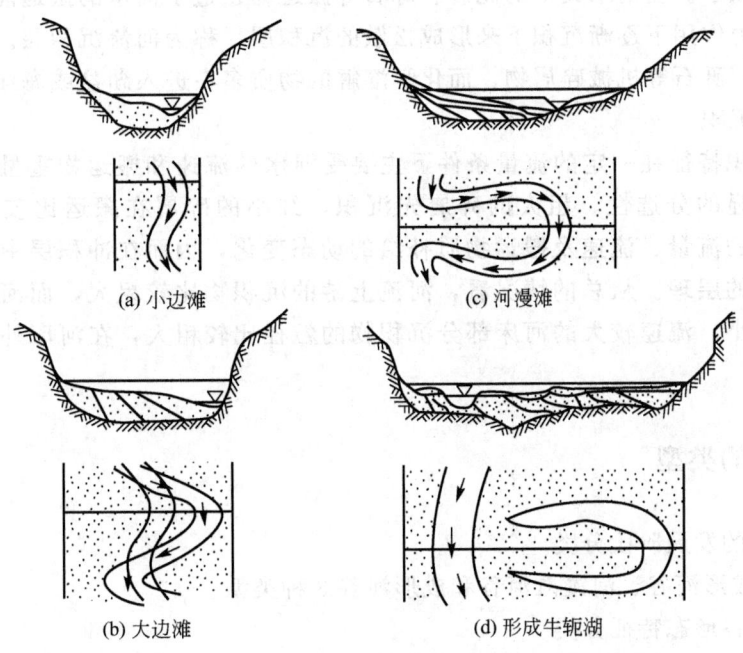

图 4.4 河漫滩的形成

下切侵蚀、侧向侵蚀和向源侵蚀常是共同存在的,只是在不同时期不同河段这3种侵蚀作用的强度不同。一般在上游以下切侵蚀和向源侵蚀为主,侧向侵蚀相对缓慢,河床横剖面常为深而窄的"V"字形；而在中、下游则以侧向侵蚀为主，河谷多浅而宽。

由于河湾部分横向环流作用明显加强，易发生坍岸，并产生局部剧烈冲刷和堆积作用，河床易发生平面摆动，对桥梁建筑是很不利的。山区河谷中，河道弯曲产生"横向环流"，对沿凹岸所布设的公路，其边坡常因"水毁"而导致"局部断路"的现象。

2. 搬运作用

河流在流动过程中夹带沿途冲刷侵蚀下来的物质（泥沙、石块等）离开原地的移动作用，称为搬运作用。河流的侵蚀和沉积作用，在一定意义上都是通过搬运过程来进行的。河水搬运能量的大小，决定于河水的流量和流速，在流量相同时，流速是影响搬运能量的主要因素，河流搬运物的粒径与水流流速的平方成正比。

河流搬运的物质，主要来自谷坡洗刷、崩落、滑塌下来的产物和冲沟内洪流冲刷出来的产物，其次是河流侵蚀河床的产物。河流的搬运作用有浮运、推移和溶运三种形式。

浮运是指一些颗粒细和比重小的物质悬浮于水中随水搬运，我国黄河中的大量黄土物质就是主要通过悬浮的方式进行搬运的。推移是比较粗大的砂粒、砾石等，主要受河水冲动，沿河底推移前进。溶运是在河水中大量处于溶液状态的被溶解物质随水流走的现象。

3. 沉积作用

河流搬运物从河水中沉积下来的过程称为沉积作用。河流在运动过程中，能量由于受到损失而逐渐减小。当河水夹带的泥砂、砾石等搬运物超过了河水的搬运能力时，被搬运的物质便在重力作用下逐渐沉积下来形成松散的沉积层，称为河流沉积层。河流沉积物几乎全部是泥沙、砾石等机械碎屑物，而化学溶解的物质多在进入湖盆或海洋等特定的环境后才开始发生沉积。

河流的沉积特征在一定的流量条件下主要受河水的流速和搬运物重量的影响，所以一般都具有明显的分选性。粗大的碎屑先沉积，细小的碎屑在搬运比较远的距离后沉积。由于河水的流量、流速及搬运物质补给的动态变化，因而在冲积层中一般存在具有明显结构特征的层理。从总的情况看，河流上游的沉积物比较粗大，而河流下游沉积物的粒径逐渐变小，流速较大的河床部分沉积物的粒径比较粗大，在河床外围沉积物的粒径逐渐变小。

4.2.4 河谷的类型

1）按河谷的发展阶段分类

可分为未成形河谷、河漫滩河谷和成形河谷3种类型。

2）根据河谷形态特征分类

（1）峡谷：多见于坡降较大、下蚀强烈的山区，河谷深而窄，呈"V"字形。如世界上最深的雅鲁藏布江大峡谷，最深处达5382m。

（2）宽谷：亦称河漫滩河谷、"U"形谷，此河谷呈浅槽形，河漫滩分布较广，阶地发育。

3) 按河谷走向与地质构造的关系分类

(1) 纵谷：伸展方向与岩层走向或构造线方向一致的河谷。

(2) 横谷：横谷是河谷的走向与构造线垂直。

(3) 斜谷：斜谷是河谷的走向与构造线斜交。

就岩层的产状条件来说，横谷和斜谷对谷坡的稳定性是有利的，但谷坡一般比较陡峻，在坚硬岩石分布地段，多呈峭壁悬崖地形。

4.2.5 河流阶地

过去不同时期的河床及河漫滩，由于地壳上升运动，河流下切使河床拓宽，被抬升高出现今洪水位之上，呈阶梯状分布于河谷谷坡之上的地貌形态，称为河流阶地。

1. 阶地的成因

原来的河谷河床或河漫滩，因地壳运动或气候变化等原因导致河流下切而高出一般洪水位，呈阶梯状沿谷坡分布，成为阶地。每一级阶地包括阶地面、阶地斜坡、阶地前缘、阶地后缘和阶地坡麓等形态要素（图4.5）。一般河谷中都发育有多级阶地，把高于河漫滩的最低一级阶地称为一级阶地，依次向上为二级阶地、三级阶地等，一般说来阶地愈高，时代愈老，阶地形态保存越差。

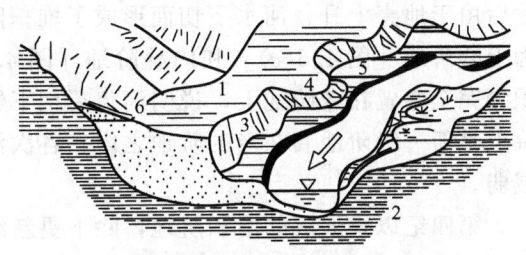

图4.5 河流阶地的要素
1—阶地面；2—底岩；3—阶地斜坡；
4—阶地前缘；5—阶地坡麓；6—阶地后缘

河流阶地是一种分布较普遍的地貌类型。阶地上保留着大量的第四纪冲积物，主要由泥沙、砾石等碎屑物组成，颗粒较粗，磨圆度好，并具有良好的分选性，是房屋、道路等建筑的良好地基。

2. 阶地的类型

由于构造运动和河流地质过程的复杂性，河流阶地的类型是多种多样的，一般根据阶地的成因、结构和形态待征，阶地可分为侵蚀阶地、基座阶地、堆积阶地、嵌入阶地和埋藏阶地5种类型，如图4.6所示。

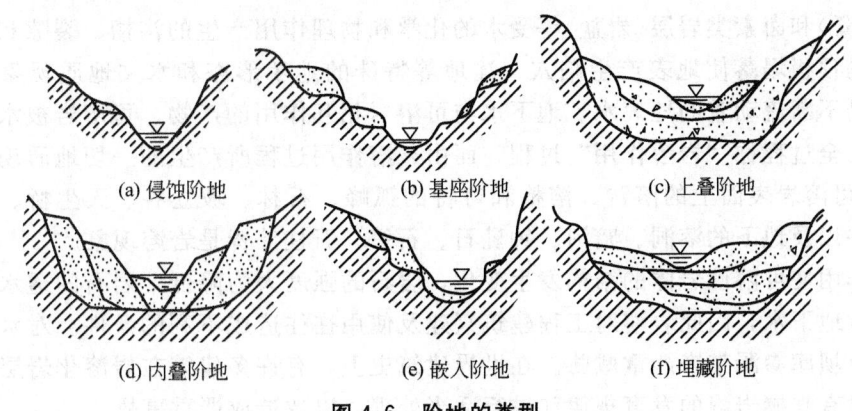

(a) 侵蚀阶地 (b) 基座阶地 (c) 上叠阶地
(d) 内叠阶地 (e) 嵌入阶地 (f) 埋藏阶地

图4.6 阶地的类型

1) 侵蚀阶地

侵蚀阶地[图 4.6(a)]发育在地壳上升的山区河谷中，因河流的侵蚀作用使河床底部基岩裸露，并拓宽河谷，致使地壳上升、河流下切而形成。阶地面上没有或很少有冲积物覆盖，即使保留有薄层冲积物，在阶地形成后也被地表流水冲刷殆尽。

2) 基座阶地

基座阶地[图 4.6(b)]是在河流的沉积作用和下切作用交替进行下，侵蚀阶地上覆盖的一层冲积物，经地壳上升、河水下切而形成的。基岩上部冲积物覆盖厚度一般比较小，整个阶地主要由基岩组成，所以称作基座阶地。

3) 堆积阶地

堆积阶地是由河流的冲积物组成的，所以又称冲积阶地。这种阶地多见于河流的中、下游地段。当河流侧向侵蚀时河谷拓宽，同时，谷底发生大量堆积，形成宽阔的河漫滩，然后由于地壳上升、河水下切而形成了堆积阶地。堆积阶地根据其形成方式的不同可以分为上叠阶地[图 4.6(c)]和内叠阶地[图 4.6(d)]两种。上叠阶地的特点是新阶地的冲积物完全叠置在老阶地上，说明河流后期下蚀深度及堆积规模都在逐次减小。内叠阶地的特点是新一级阶地套在老的阶地之内，各次河流下蚀深度都达基岩，而后期堆积作用逐渐减弱。

第四纪以来形成的堆积阶地，除下更新统的冲积物具有较低的胶结成岩作用外，一般的冲积物均呈松散状态，易遭受河水冲刷，因而影响阶地的稳定。

4) 嵌入阶地

嵌入阶地[图 4.6(e)]从外表看阶地全部由冲积物组成，而从横剖面上看到新老阶地呈嵌入关系，新的谷底低于老的谷底，新冲积层顶面高于老冲积层的基座。

5) 埋藏阶地

埋藏阶地[图 4.6(f)]早期形成的阶地被近期冲积层掩埋了，老的阶地称为埋藏阶地，如南京古长江两岸在晚更新世末期时形成的 2~3 级阶地。

4.3 岩溶作用

岩溶又称喀斯特(karst)，是指可溶性岩层，如碳酸盐类岩(石灰岩、白云岩)、硫酸盐类岩层(石膏)和卤素类岩层(岩盐)等受水的化学和物理作用产生的沟槽、裂隙和空洞，以及由于空洞顶板塌落使地表产生陷穴、洼地等特殊的地貌形态和水文地质现象作用的总称。岩溶是不断流动着的地表水、地下水与可溶岩相互作用的产物。可溶岩被水溶蚀、迁移、沉积的全过程称"岩溶作用"过程，而由岩溶作用过程所产生的一切地质现象称"岩溶现象"。可溶岩表面上的溶沟、溶槽和奇特的孤峰、石林、坡立谷、天生桥、漏斗、落水洞、竖井以及地下的溶洞、暗河、钟乳石、石笋、石柱等皆是岩溶现象。

岩溶作用使可溶性岩体的结构发生变化，岩石的强度大为降低，岩石的透水性明显增大，并富含地下水，因此岩溶对工程建筑兴建及使用往往造成不利的条件。对水工建筑的坝基稳定及坝库渗漏带来严重威胁。在世界建筑史上，有许多建筑在岩溶化岩层上的建筑物，由于没有掌握岩溶的发育规律和进行适当处理，以致造成严重事故。

4.3.1 岩溶发育的条件

岩溶的发育与可溶性岩层、地下水的活动、气候条件、地质构造及地形等有关。前两项是形成岩溶的必要条件，若可溶性岩层具有裂隙，能透水，且位于地下水的侵蚀基准面以上，而地下水又具有化学溶蚀能力时，就能形成岩溶现象。

岩溶的形成必须有地下水的活动，当富含 CO_2 的大气降水和地表水渗入地下后，不断更新水质，就能保持着地下水对可溶性岩层的化学溶解能力，从而加速岩溶的发展，在大气降水丰富及潮湿气候的地区，地下水经常得到地表水的补给，由于来源充沛，因而岩溶发展也快。

具有裂隙的背斜顶部和向斜轴部、断层破碎带、岩层接触和构造断裂带等处，地下水流动快，是岩溶发育的有利条件。地形的起伏直接影响着地下水的流速和流向，地势高差大的地区，地表水和地下水流速大，水对可溶性岩层的溶解和冲蚀作用进行得强烈，岩溶的发育速度快。

4.3.2 岩溶发育的规律

1) 岩溶与岩性的关系

岩石成分、成层条件和组织结构等直接影响岩溶的发育程度和速度。一般地说，硫酸盐岩层、卤素类岩层岩溶发育速度较快；碳酸盐类岩层则发育速度较慢。质纯层厚的岩层，岩溶发育强烈，且形态齐全、规模较大；含泥质或其他杂质的岩层，岩溶发育较弱。结晶颗粒粗大的岩石岩溶较为发育；结晶颗粒细小的岩石，岩溶发育较弱。

2) 岩溶与地质构造的关系

(1) 节理裂隙：裂隙的发育程度和延伸方向通常决定岩溶的发育程度和发展方向。在节理裂隙的交叉处或密集带，岩溶最易发育。

(2) 断层：沿断裂带是岩溶显著发育地段。沿断裂带常分布有漏斗、竖井落水洞、溶洞、暗河等。一般情况下，正断层处岩溶较发育，逆断层处较差。

(3) 褶皱：褶皱轴部一般岩溶较发育。单斜地层，岩溶一般顺层面发育。在不对称褶曲中，较陡的一翼比较缓的一翼发育。

(4) 岩层产状：产状倾斜或陡倾斜的岩层，一般岩溶发育较强烈，水平或缓倾斜的岩层，上覆或下伏非可溶岩层时，岩溶发育较弱。

(5) 岩溶往往沿可溶岩与非可溶岩的接触带发育。

3) 岩溶与新构造运动的关系

地壳强烈上升地区，岩溶以垂直方向发育为主；地壳相对稳定的地区，岩溶以水平发育为主；地壳下降地区，既有水平发育，又有垂直发育，岩溶较为复杂。

4) 岩溶与地形的关系

地形陡峻、岩石裸露的斜坡上，岩溶多呈溶沟、溶槽、石芽等地表形态；地形平缓，岩溶多以漏斗、落水洞、竖井、塌陷洼地、溶洞等形态为主。

5) 地表水体与岩层产状的关系对岩溶发育的影响

层面反向水体或与水体斜交时，岩溶易于发育；层面顺向水体时，岩溶不易发育。

6) 岩溶与气候的关系

在大气降水丰富、气候潮湿地区，地下水能经常得到补给，水的来源充沛，岩溶易发育。

4.4 滑坡、崩塌、泥石流

4.4.1 滑坡

斜坡上的部分岩体和土体在自然或人为因素的影响下沿某一明显的界面发生剪切破坏向下运动的现象称为滑坡。

1. 滑坡要素

一个发育完全的滑坡，一般都具有下列各要素，(图 4.7)。滑坡发生后，滑动部分和母体完全脱开，这个滑动部分就是滑坡体。它和其周围没有滑动部分在平面上的分界线称为滑坡周界。滑坡作向下滑动时，它和母体形成一个分界面，这个面称为滑动面。滑动面以下没有滑动的岩(土)体称为滑坡床。滑动面以上受滑动揉皱的地带，称为滑动带，厚几厘米到几米。滑坡体滑动速度最快的纵向线称为主滑线，或称滑坡轴，它代表整个滑坡的滑动方向，一般位于滑坡体上推力最大、滑床凹槽最深(滑坡体最厚)的纵断面上，在平面上可为直线或曲线。

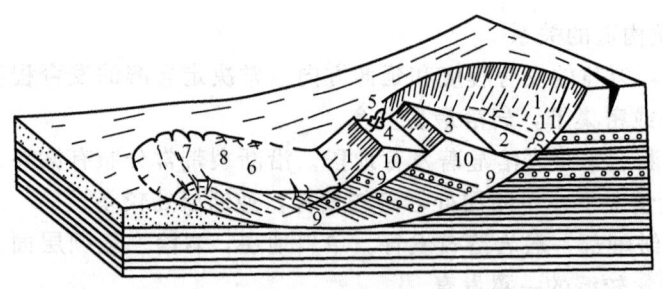

图 4.7　滑坡形态

1—滑坡壁；2—滑坡湖；3—第一滑坡阶地；4—第二滑坡阶地；
5—醉林；6—滑坡舌凹地；7—滑坡鼓丘和鼓张裂缝；
8—羽状裂缝；9—滑动面；10—滑坡体；11—滑坡泉

滑坡滑动后，滑坡体后部和母体脱开的分界面暴露在外面的部分，平面上多呈圈椅状外貌，称为滑坡壁。在滑坡体上部由于各段岩(土)体运动速度的不同所形成的台阶状的滑坡错台，称为滑坡台阶，常为积水洼地。滑坡体与滑坡壁之间拉开成沟槽，成为四面高而中间低的封闭洼地，此处常有地下水出现，或地表水汇集，成为清泉湿地或水塘。滑坡体向前滑动时如受到阻碍，就形成隆起的小丘，称为滑坡鼓丘。滑坡体的前部向前伸出如舌头状,称为滑坡舌或滑坡头。

从外表上看,滑坡体各部分还出现各种裂缝,如拉张裂缝(分布在滑坡体的上部,多呈弧形,与滑坡壁的方向大致吻合或平行,一般成连续分布,长度和宽度都较大,它是产生滑坡的前兆)、剪切裂缝(分布在滑坡体中部的两侧,缝的两侧还常伴有羽毛状裂缝)、鼓张裂缝(分布在滑坡体的下部,因滑坡体下滑受阻,土体隆起而形成张开裂缝,它们的方向垂直于滑动力方向,分布较短,深度也较浅)以及扇形张裂缝(分布在滑坡体的中、下部,特别在滑坡舌部分较多,因滑坡体滑到下部,向两侧扩散,形成张开的裂缝,在中部的与滑动方向接近平行,在滑舌部分的则成放射状)。这些裂缝是滑坡不同部位受力状况和运动差异性的反映,对判别滑坡所处的滑动阶段和状态等很有帮助。如滑坡区纵向很长,上部剪切裂缝明显,下部不明显,则属推移式滑坡;反之,如滑坡作从下而上出现拉张裂缝,而下部剪切裂缝发育完全,上部断续,则多属牵引式滑坡。

2. 滑坡的特征

根据滑坡地表形态的特征,有助于识别新、老滑坡,现把堆积层滑坡和岩层滑坡的一些特征扼要说明如下。

堆积层滑坡常有如下的主要特征:①其外形多呈扁平的簸箕形;②斜坡上有错距不大的台阶,上部滑壁明显,有封闭洼地,下部则常见隆起;③滑坡体上有弧形裂缝,并随滑坡的发展而逐渐增多;④滑动面的形状在均质土中常呈圆筒面,而在非均质土中则多呈一个或几个相连的平面;⑤在滑坡体两侧和滑动面上常出现裂缝,其方向与滑动方向一致,在粘性土层中,由于滑动时剧烈的摩擦,滑动面光滑如镜,并有明显的擦痕,呈一明一暗的条纹;在粘土夹碎石层中,则滑动面粗糙不平,擦痕尤为明显;⑥滑坡体上树木歪斜,称为醉林。

岩层滑坡的主要特征有:①在顺层滑坡中,滑动床的对面多呈平面或多级台阶状,其形状受地貌和地质构造所限制,多呈"U"形或平板状;②滑动床多为具有一定倾角的软弱夹层;③滑动面光滑,有明显的擦痕;④滑坡壁多上陡下缓,它与其两侧有互相平行的擦痕和岩石粉末;⑤在滑坡体的上、中部有横向拉张裂缝,大体上与滑动方向正交,而在滑坡床部位则有扇形张裂缝;⑥发生在破碎的风化岩层中的切层滑坡,常与崩塌现象相似。

当滑坡停止并经过较长时间后,可以看到:①台阶后壁较高,长满了草木,找不到擦痕;②滑坡平台宽大且已夷平,土体密实,地表无明显的裂缝;③滑坡前缘的斜坡较缓,土体密实,长满树木,无松散坍塌现象,前缘迎河部分多出露含大孤石的密实土层;④滑坡两侧的自然沟割切很深,已达基岩;⑤滑坡舌部的坡脚有清晰泉水出现;⑥原来的醉林又重新向上竖向生长,树干变成下部弯曲而上部竖直,形成所谓的"马刀树"(图4.8)等,这些征象表明滑坡已基本稳定。

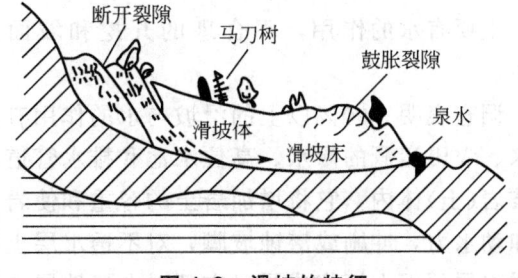

图4.8 滑坡的特征

滑坡稳定后，如触发滑动的因素已经消失，滑坡就将长期稳定，否则，还可能重新滑动或复活。

4.4.2 滑坡的形成条件

1. 滑坡发育的内部条件

产生滑坡的内部条件与组成边坡的岩土的性质、结构、构造和产状等有关。不同的岩土，它们的抗剪强度、抗风化和抗水的能力都不相同，如坚硬致密的硬质岩石，它们的抗剪强度大，抗风化能力强，在水的作用下岩性基本没有变化，由它们所组成的边坡往往不容易发生滑坡。而由页岩、片岩以及一般的土所组成的边坡就较易发生滑坡。岩（土）层层面、断层面、裂隙等的倾向对滑坡的发育也有很大的关系。这些部位又易于风化，抗剪强度也低。当它们的倾向与边坡坡面的倾向一致时，就容易发生顺层滑坡以及在堆积层内沿着基岩面滑动，否则反之。

边坡的断面尺寸对边坡的稳定性也有很大的影响。边坡越陡，其稳定性就越差，越易发生滑动。如果坡高和边坡的水平长度都相同，但一个是放坡到顶，而另一个却是在边坡中部设置一个平台，由于平台对边坡起了反压作用，就增加了边坡的稳定性。滑坡若要向前滑动，其前沿就必须要有一定的空间；否则，滑坡就无法向前滑动。

山区河流的冲刷、沟谷的深切以及不合理的大量切坡都能形成高陡的临空面，为滑坡的发育提供了良好的条件。

总之，当边坡的岩性、构造和产状等有利于滑坡的发育，并在一定的外部条件下引起边坡的岩性、构造和产状等发生变化时，就可能发生滑坡。

实践表明，在下列不良地质条件下往往容易发生滑坡：①当较陡的边坡上堆积有较厚的土层，其中有遇水软化的软弱夹层或结构面；②当斜坡上有松散的堆积层，而下伏基岩是不透水的，且并层面的倾角大于20°时；③当松散堆积层下的基岩是易于风化或遇水会软化时；④当地质构造复杂，岩层风化破碎严重，软弱结构面与边坡的倾向一致或交角小于45°时；⑤当粘土层中网状裂隙发育，并有亲水性较强的（如伊利土、蒙脱土）软弱夹层时；⑥原古、老滑坡地带可能因工程活动而引起复活时，等等。

如前所述，仅仅具备上述内部条件，还只是具备了滑坡的可能性，还不足以立即发生滑坡，必须有一定的外部条件的补充和触发，才能使滑坡发生。

2. 滑坡发育的外部条件

主要有水的作用，不合理的开挖和坡面上的加载、振动、采矿等，而又以前两者为主。

调查表明，90%以上的滑坡与水的作用有关。水的来源不外乎大气降水、地表水、地下水、农田灌溉的渗水、高位水池和排水管道等的漏水等。但不管来源怎样，一旦水进入斜坡岩（土）体内，它将增加岩土的容重和使岩石软化，降低岩土的抗剪强度，产生静水压力和动水力，冲刷或潜蚀坡脚，对不透水层土的上覆岩（土）层起了滑润作用，当地下水在不透水层顶面上汇集成层时它还对上覆地层产生浮力等。

振动对滑坡的发生和发展也有一定的影响，如大地震时往往伴有大滑坡发生，大爆破有时也会触发滑坡。

山区建设中还常由于不合理的开挖坡脚或不适当地在边坡上填置弃土、建造房屋或堆置材料，以致破坏斜坡的平衡条件而发生滑动。

4.4.3　滑坡防治原则和方法

防治滑坡应当贯彻"早期发现，预防为主；查明情况，对症下药；综合整治，有主有从；治早治小，贵在及时；力求根治，以防后患；因地制宜，就地取材；安全经济，正确施工"的原则，才能达到事半功倍的效果。

防治滑坡的措施和方法有如下几种。

1) 避开

选择场址时，通过搜集资料、调查访问和现场踏勘，查明是否有滑坡存在，并对场址的整体稳定性作出判断，对场址有直接危害的大、中型滑坡应避开为宜。

2) 减轻水对滑坡的危害

水是促使滑坡发生和发展的主要因素，应尽早消除或减轻地表水和地下水对滑坡的危害，其方法如下。

(1) 截：可能发展的边界 5m 以外的稳定地段设置环形截水沟(或盲沟)和泄水隧洞，以拦截和旁引滑坡范围外的地表水和地下水，使之不进入滑坡区。

(2) 排：滑坡区内充分利用自然沟谷，布置成树枝状排水系统，或修筑盲洞，布置垂直孔群及水平孔群等排除滑坡范围内的地表水和地下水。

(3) 护：滑坡体上种植草皮及种植蒸腾量大的树木或在滑坡上游严重冲刷地段修筑"丁"坝，改变水流流向和在滑坡前缘抛石、铺石笼等以防地表水对滑坡坡面的冲刷或河水对滑坡坡脚的冲刷。

(4) 填：填塞滑坡体上的裂缝，防止地表水渗入滑坡体内。

3) 改善滑坡体力学条件，增大抗滑力

(1) 减与压：对于滑床上陡下缓，滑体头重脚轻的推移式滑坡，可在滑坡上部的主滑地段减重或在前部抗滑地段加填压脚，以达到滑体的力学平衡。对于小型滑坡可采取全部清除。

(2) 挡：支挡结构(加抗滑片石垛、抗滑挡墙、抗滑桩等)以支挡滑体或把滑体锚固在稳定地层上。由于能比较少地破坏山体，有效地改善滑体的力学平衡条件，故"挡"是目前用来稳定滑坡的有效措施之一。

4) 改善滑带土的性质

采用焙烧法、灌浆法、孔底爆破灌注混凝土砂井、砂桩、电渗排水及电化学加固等措施改变滑带土的性质，使其强度指标提高，以增强滑坡的稳定性。

4.4.4　崩塌

在山区比较陡峻的山坡上，巨大的岩体或土体在自重作用下，脱离母岩，突然而猛烈地由高处崩落下来，这种现象称为崩塌。崩塌可以发生在河流、湖泊及海边的高陡岸坡上，也可以发生在公路路堑的高陡边坡上。规模巨大的崩塌也称山崩。由于岩体风化、破碎比较严重，山坡上经常发生小块岩石的坠落，这种现象称为碎落。一些较大岩块的零星崩落称为落石。在崩塌地段修筑路基；小型的崩塌一般对行车安全及路基养护工作影响较大，雨季中的小型崩塌会堵塞边沟，引起水流冲毁路面、路基；大型崩塌不仅会损坏路面、路基，阻断交通，甚至会迫使放弃已成道路的使用。

经常发生崩塌的山坡坡脚，由于崩落物的不断堆积，就会形成岩堆。在岩堆地区，岩堆常沿山坡或河谷谷坡呈条带状分布，连续长度可达数千米至数十千米。在不稳定的岩堆上修筑建筑，容易发生边坡坍塌、地基沉陷及滑移等现象。

1. 崩塌的形成条件及因素

(1) 地形：险峻陡峭的山坡是产生崩塌的基本条件。山坡坡度一般大于45°，而以55°~75°者居多。

(2) 岩性：节理发达的块状或层状岩石，如石灰岩、花岗岩、砂岩、页岩等均可形成崩塌。厚层硬岩覆盖在软弱岩层之上的陡壁最易发生崩塌。

(3) 构造：当各种构造面，如岩层层面、断层面、错动面、节理面等，或软弱夹层倾向临空面且倾角较陡时，往往会构成崩塌的依附面。

(4) 气候：温差大、降水多、风大风多、冻融作用及干湿变化强烈，容易发生崩塌。

(5) 渗水：在暴雨或久雨之后，水分沿裂隙渗入岩层，降低了岩石裂隙间的粘聚力和摩擦力，增加了岩体的重量，更加促进崩塌的产生。

(6) 冲刷：水流冲刷坡脚，削弱了坡体支撑能力，使山坡上部失去稳定。

(7) 地震：地震会使土石松动，引起大规模的崩塌。

(8) 人为因素：如在山坡上部增加荷重，大爆破的震动等都可能引起崩塌。修建建筑、公路等开挖边坡过深、过陡，或者由于建筑切割了山坡下部使软弱结构面暴露，都会使边坡上部岩体失去支撑，引起崩塌。

2. 崩塌的防治

崩塌的治理应以根治为原则，当不能清除或根治时，可采取下列综合措施。

(1) 遮挡：可修筑明洞、棚洞等遮挡建筑物，使线路通过。

(2) 拦截防御：当建筑物线路工程或线路工程与坡脚有足够距离时，可在坡脚或半坡设置落石平台、落石网、落石槽、拦石堤或挡石墙、拦石网。

(3) 支撑加固：在危石的下部修筑支柱、支墙。亦可将易崩塌体用锚索、锚杆固定在斜坡稳定的岩石上。

(4) 镶补勾缝：对岩体中的空洞、裂缝用片石填补、混凝土灌注。

(5) 护面：对易风化的软弱岩层，可用沥青、砂浆或浆砌片石护面。

(6) 排水：设排水工程以拦截疏导斜坡地表水和地下水。

(7) 刷坡：在危石突出的山嘴以及岩层表面风化破碎不稳定的山坡地段，可刷缓山坡。

4.4.5 泥石流

泥石流是山区特有的一种自然地质现象。它是由于降水（暴雨、融雪、冰川）而形成的一种挟带大量泥砂、石块等固体物质的特殊洪流，具有强大的破坏力。

泥石流是一种含有大量泥砂石块等固体物质，突然爆发，历时短暂，来势凶猛，具有强大破坏力的特殊洪流。泥石流与一般洪水不同，它爆发时，山谷雷鸣，地面震动，浑浊的泥石流体，仗着陡峻的山势，沿着峡谷深涧，前推后涌，冲出山外。往往在顷刻之间给人类造成巨大的灾害。如 1973 年 7 月，苏联中亚小阿拉木图河谷突然发生强烈泥石流，巨大水流向阿拉木图市方向倾泻。水流沿途捕获泥土、砂石及体积达 45m³、重达 120t 的巨大漂砾，形成了一股具有巨大能量的泥石流。瞬间摧毁了沿途所遇到的一切防护物。只有中心高 112m、宽 500m 的专门石坝才抵住了此次巨大的冲击，使阿拉木图市免遭破坏。

在我国西南、西北和华北的一些山区，均发育有泥石流，危害着山区的工农业生产和人民生活，故对泥石流及其防治进行研究具有重要意义。

4.4.6 泥石流的分类、形成条件及防治

分布在不同地区的泥石流，其形成条件、发展规律、物质组成、物理性质、运动特征及破坏强度等都具有差异性。

1. 泥石流的分类

1）泥石流按其流域的地质地貌特征分类

（1）标准型泥石流：这是比较典型的泥石流。流域呈扇状，流域面积一般为十几至几十平方千米，能明显地区分出泥石流的形成区（多在上游地段，形成泥石流的固体物质和水源主要集中在此区）、流通区和沉积区，[图 4.9(a)]。

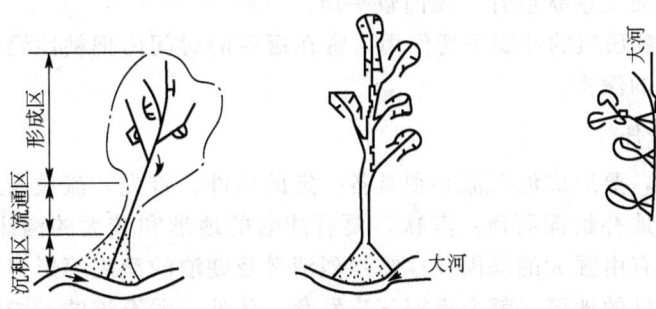

(a) 标准型泥石流流域示意图　　(b) 河谷型泥石流流域示意图　　(c) 山坡型泥石流流域示意图

图 4.9　泥石流示意图

（2）河谷型泥石流：流域呈狭长形，流域上游水源补给较充分。形成泥石流的固体物质主要来自中游地段的滑坡和塌方。沿河谷既有堆积，又有冲刷，形成逐次搬运的"再生式泥石流"[图 4.9(b)]。

（3）山坡型泥石流：流域面积小，一般不超过 1 平方千米。流域呈斗状，没有明显的流通区，形成区直接与沉积区相连[图 4.9(c)]。

2）泥石流按其组成物质分类

泥流、泥石流和水石流。这与形成区的地质岩性有关。

泥石流按其物理力学性质、运动和堆积特征可分为粘性泥石流（又称结构泥石流）和稀性泥石流（又称紊流型泥石流）。

粘性泥石流的特征如下：

(1) 含有大量的细粒物质(粘土和粉土)。固体物质含量占40%～60%，最高可达80%。水和泥砂、石块凝聚成一个粘稠的整体，并以相同的速度作整体运动，大石块犹如航船一样漂浮而下。这种泥石流的运动特点，主要是具有很大的粘性和结构性。

(2) 粘性泥石流在开阔的堆积扇上运动时，不发生散流现象，而是以狭窄的条带状向下奔泻，停积后，仍保持运动时的结构。堆积体多呈长舌状或岛状。由于粘性泥石流在运动过程中有明显的阵流现象，使得堆积扇的地面坎坷不平，这与由一般洪水或冰水作用形成的山麓堆积扇显著不同。

(3) 粘性泥石流流经弯道时，有明显的外侧超高和爬高现象及截弯取直作用。在沟槽转弯处，它并不一定循沟床运行，而往往直冲沟岸，甚至可以爬越高达5～10m的阶地、陡坎或导流堤坝，夺路外泄。同时，这种泥石流往往以"突然袭击"的方式骤然爆发，持续时间短，破坏力大，常在几分钟或几小时内把几万甚至几百万立方米的泥砂石块和巨砾搬出山外，造成巨大灾害。

稀性泥石流的特征如下。

(1) 稀性泥石流是水和固体物质的混合物，其中水是主要的成分，固体物质中粘土和粉土含量少，因而不能形成粘稠的整体，固体物质占10%～40%。这种泥石流的搬运介质主要是水，在运动过程中，水与泥砂组成的泥浆速度远远大于石块运动的速度，固液两种物质运动速度有显著的差异，属紊流性质，其中的石块以滚动或跃移的方式下泄。

(2) 稀性泥石流在堆积扇地区呈扇状散流，岔道交错，改道频繁，将堆积扇切成一条条深沟。这种泥石流的流动过程是流畅的，不易造成阻塞和阵流现象，停积之后，水与泥浆即慢慢流失，粗粒物质呈扇状散开，表面较平坦。

(3) 稀性泥石流有极强烈的冲刷下切作用，常在短暂的时间内把粘性泥石流填满的沟床下切成几米或十几米的深槽。

2. 泥石流的形成条件

根据泥石流的特征，要形成泥石流必须具备一定的条件。首先，流域内应有丰富的固体物质，并能源源不断地补给泥石流；其次，要有陡峻的地形和较大的沟床纵坡；最后，在流域的中、上游，应有由强大的暴雨或冰雪强烈消融及湖泊的溃决等形式补给的充沛水源。凡是具备这3种条件的地区，就会有泥石流发育。此外，泥石流的形成除与山区的自然条件有关外，尚和人类生产活动有密切关系。

1) 地质条件

丰富的固体物质来源决定于地区的地质条件。凡泥石流十分活跃的地区都是地质构造复杂、断裂褶皱发育、新构造运动强烈、地震烈度大的地区。由于这些原因，致使地表岩层破碎，各种不良物理地质现象(如山崩、滑坡、崩塌等)层出不穷，为泥石流的丰富的固体物质来源创造了有利条件。

2) 地形特征

泥石流流域的地形特征也很重要。一般是山高沟深，地势陡峻，沟床纵坡大及流域形状便于水流的汇集等。完整的泥石流流域，上游多为三面环山、一面有出口的瓢状或斗状围谷。这样的地形既有利于承受来自周围山坡的固体物质，也有利于集中水流。山坡坡度多为30°～60°，坡面侵蚀及风化作用强烈，植被生长不良，山体光秃破碎，沟道狭窄。在严重的坍方地段，沟谷横断面形状呈"V"形。中游在地形上多为狭窄而幽深的峡谷。谷壁陡峻（坡度在 20°～40°），谷床狭窄，纵比降大，沟谷横断面形状呈"U"形。如通过坚硬的岩层地段，往往形成陡坎或跌水。大股泥石流常常迅速通过峡谷直泄山外。小股泥石流到此有时出现壅高停积现象。当后来的泥石流继续推挤时，才一拥而出，成为下游所见破坏力很大的泥石流。泥石流的下游，一般位于山口以外的大河谷地两侧，多呈扇形或锥形，是泥石流得以停积的场所。

3）水文气象条件

形成泥石流的水源决定于地区的水文气象条件。我国广大山区形成泥石流的水源主要来自暴雨。暴雨量和强度愈大，所形成的泥石流规模也就愈大。如我国云南东川地区，一次在6小时内降雨量达180mm，形成了历史上少见的特大暴雨型泥石流。在高山冰川分布地区，冰川积雪的强烈消融也能为形成泥石流提供大量水源、冰川湖或由山崩、滑坡堵塞而成的高山湖的突然溃决，往往形成规模极大的泥石流。这样的例子在西藏东南部是很多的。

4）人类的经济活动

除自然条件外，人类的经济活动也是影响泥石流形成的一个因素。在山区建设中，由于开发利用不合理，就会破坏地表原有的结构和平衡，造成水土流失，产生大面积坍方、滑坡等。这就为形成泥石流提供了固体物质，使已趋稳定的泥石流沟复活，向恶化方向发展。

从形成泥石流的条件中可以看出，泥石流流域内固体物质的产生过程（即岩石性质的变化，岩体的破碎）是一个漫长的逐渐积累的过程，而固体物质补给泥石流又常常是以突然性的山崩、滑坡、崩塌等方式来实现。当这些固体物质崩落在陡峻的沟谷中与湍急的水流相遇时，才能形成泥石流。总之，固体物质的积累过程（包括水对固体物质的浸润饱和和搅拌过程），较之泥石流的突然爆发，是一个缓慢的孕育过程。当这个过程完成时，随之而来的就是来势凶猛的泥石流。这一特点，对于人类认识泥石流的分布规律，爆发率及其特征，具有重要意义。

根据泥石流的形成条件，泥石流具有一定的区域性和时间性特点。泥石流在空间分布上，主要发育在温带和半干旱山区以及有冰川分布的高山地区。在时间上，泥石流大致发生在较长的干旱年头之后（积累了大量的固体物质），而多集中在强度较大的暴雨年份（提供了充沛的水源动力）或高山区冰川积雪强烈消融时期。

我国泥石流主要分布于西南、西北和华北山区。如四川西部山区，云南西部和北部山区，西藏东部和南部山区，秦岭山区，甘肃东南部山区，青海东部山区，祁连山、昆仑山及天山山区，华北太行山和北京西山地区，以及鄂西、豫西山区等。

3. 泥石流的防治

泥石流的发生和发展原因很多，因此对泥石流的防治应根据泥石流的特征、破坏强度和工程建筑的要求来拟定，采取综合防治措施。

1）预防措施

上游水土保持，植树造林，种植草皮，以巩固土壤，不受冲刷、不使流失。治理地表水和地下水，修筑排水沟系，如截水沟等，以疏于土壤或不使土壤受浸湿。修筑防护工程，如沟头防护、岸边防护、边坡防护，在易产生坍塌、滑坡的地段做一些支挡工程，以加固土层，稳定边坡。

2）治理措施

有拦截、滞流、利导和输排措施。

拦截措施：在泥石流沟中修筑各种形式的拦渣坝，如石笼坝、格栅坝，以拦截泥石流中的石块。设置停淤场，将泥石流中固体物质导入停淤场，以减轻泥石流的动力作用。其中有一种特殊类型的坝，即格栅坝(图 4.10)。这种坝是用钢构件和钢筋混凝土构件装配而成的形似格栅状的建筑物。它能将稀性泥石流、水石流携带的大石块经格栅过滤停积下来。形成天然的石坝，以缓冲泥石流的动力作用，同时使沟段得以稳定。泥石流拦挡坝的作用，一是拦蓄泥砂石块等固体物质，减弱泥石流的规模；二是固定泥石流沟床，平缓纵坡，减小泥石流流速，防止沟床下切和谷坡坍塌。为了防止规模巨大的泥石流破坏重要城市，往往需要修筑高大的泥石流拦挡坝。

滞流措施：在泥石流沟中修筑各种低矮拦挡坝(又称谷坊坝)(图 4.11)，泥石流可以漫过坝顶。坝的作用是拦蓄泥砂石块等固体物质；减小泥石流的规模；固定泥石流沟床；防止沟床下切和谷坊坍塌；平缓纵坡；减小泥石流流速。

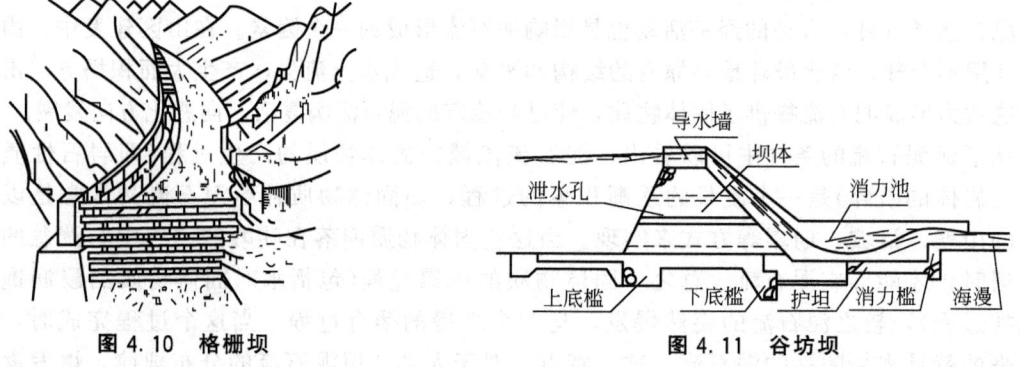

图 4.10 格栅坝　　　　　　　图 4.11 谷坊坝

输排和利导措施：在下游堆积区修筑排洪道、急流槽、导流堤等设施，以固定沟槽，约束水流，改善沟床平面等。

排洪道：是排导泥石流的工程建筑物，能起到顺畅排泄泥石流的作用。根据泥石流的特点，排洪道应尽可能直线布置。为了便于大河带走泥石流渲泄下来的固体物质，排洪道出口与大河交接以锐角为宜［图 4.12(1)］；排洪道与大河衔接处的标高应高于同频率的大河水位，至少应高出 20 年一遇的大河洪水位，以免大河顶托而导致排泄道淤积。排洪道的纵坡、横断面、深度等，要根据当地情况具体考虑。

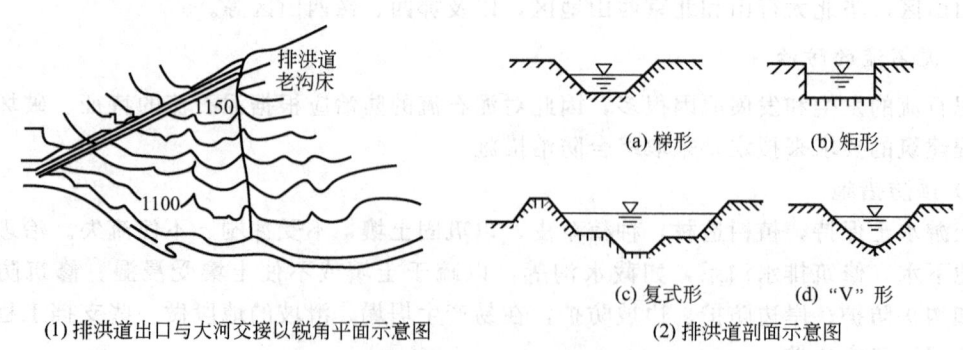

(1) 排洪道出口与大河交接以锐角平面示意图　　(2) 排洪道剖面示意图

图 4.12 排洪道示意图

导流堤：在可能受到泥石流威胁的范围内有建筑物时，要修筑导流堤，以确保建筑物的安全。导流堤的平面位置是位于建筑物的一侧，并且必须从泥石流出口处筑起（图 4.13）。

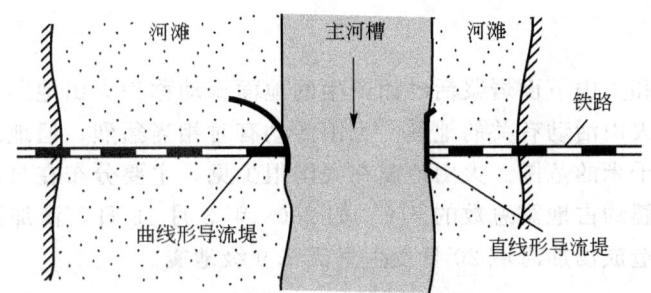

图 4.13 导流堤平面示意图

4.5 地 震

地震是一种地质现象，是地壳构造运动的一种表现。地下深处的岩层，由于某种原因突然破裂、塌陷以及火山爆发等而产生振动，并以弹性波的形式传递到地表，这种现象称为地震。

强烈地震瞬时之间可使很大范围的城市和乡村沦为废墟，是一种破坏性很强的自然灾害。因此，在规划各种工程活动时，都必须考虑地震这样一个极其重要的环境地质因素，而在修建各种建筑物时，都必须考虑可能遭受多强的地震并采取相应的防震措施。

4.5.1 地震的基本概念

1. 地震的成因类型

形成地震的原因是各种各样的。地震按其成因，可分为天然地震与人为地震两大类型。人为地震所引起的地表振动都较轻微，影响范围也很小，且能做到事先预告及预防，不是所要讨论的对象，以下所讨论的皆指天然地震。天然地震按其成因可划分为构造地震、火山地震、陷落地震和激发地震。

1) 构造地震

由于地质构造作用所产生的地震称为构造地震。这种地震与构造运动的强弱直接有关，它分布于新生代以来地质构造运动最为剧烈的地区。构造地震是地震的最主要类型，约占地震总数的 90%。构造地震中最为普遍的是由于地壳断裂活动而引起的地震。这种地震绝大部分都是浅源地震，由于它距地表很近，对地面的影响最显著，一些巨大的破坏性地震都属于这种类型。一般认为这种地震的形成是由于岩层在大地构造应力的作用下产生应变，积累了大量的弹性应变能，当应变一旦超过极限数值，岩层就突然破裂和位移而形成大的断裂，同时释放出大量的能量，以弹性波的形式引起地壳的振动，从而产生地震。此外，在已有的大断层上，当断裂的两盘发生相对运动时，如在断裂面上有坚固的大块岩层伸出，能够阻挡滑动作用，两盘的相对运动在那里就会受阻，局部的应力就越来越集中，一旦超过极限，阻挡的岩块被粉碎，地震就会发生。

2) 火山地震

由于火山喷发和火山下面岩浆活动而产生的地面振动称为火山地震。在世界一些大火山带都能观测到与火山活动有关的地震。火山活动有时相当猛烈，但地震波及的地区多局限于火山附近数十千米的范围。火山地震在我国很少见，主要分布在日本、印度尼西亚及南美等地。火山地震约占地震总数的7%。如2009年3月18日，汤加洪嘎双岛附近发生了海底火山喷发，造成汤加海域20日发生里氏7.9级地震。

3) 陷落地震

由于洞穴崩塌、地层陷落等原因发生的地震称为陷落地震。这种地震能量小，震级小，发生次数也很少，仅占地震总数的5%。在岩溶发育地区，由于溶洞陷落而引起的地震，危害小，影响范围不大，为数亦很少。在一些矿区，当岩层比较坚固完整时，采空区并不立即塌落，而是待悬空面积相当大以后方才塌落，因而造成矿山陷落地震。由于它总是发生在人烟稠密的工矿区，对地面上的破坏不容忽视，对安全生产有很大威胁，所以也是地震研究的一个重要方面。

4) 激发地震

在构造应力原来处于相对平衡的地区，由于外界力量的作用，破坏了相对稳定的状态，发生构造运动并引起地震，称为激发地震。属于这种类型的地震有水库地震、深井注水地震和爆破引起的地震，它们为数甚少。

2. 地震分布

地震并不是均匀分布于地球的各个部分，而是集中于某些特定的条带上或板块边界上。这些地震集中分布的条带称为地震活动带或地震带。

世界范围内的主要地震带是环太平洋地震带与地中海—喜马拉雅地震带，它们都是板块的汇聚边界。

1) 环太平洋地震带

沿南北美洲西海岸，向北至阿拉斯加，经阿留申群岛至堪察加半岛，转向西南沿千岛群岛至日本列岛，然后分为两支，一支向南经马里亚纳群岛至伊利安岛；另一支向西南经中国台湾、菲律宾、印度尼西亚至伊利安岛，两支汇合后经所罗门至新西兰。

这一地震带的地震活动性最强，是地球上最主要的地震带。全世界80%的浅源地震、90%的中源地震和几乎全部深源地震集中于此带，其释放出来的地震能量约占全球所有地震释放能量的76%。

2) 地中海—喜马拉雅地震带

主要分布于欧亚大陆，又称欧亚地震带。西起大西洋亚速尔岛，经地中海、希腊、土耳其、印度北部、中国西部与西南地区，过缅甸至印度尼西亚与环太平洋地震带汇合。

这一地震带的地震很多，也很强烈，它们释放出来的能量约占全球所有地震释放能量的22%。

> **应用实例**
>
> 中国地处世界上两大地震活动带的中间,地震活动性比较强烈,主要集中在以下五个震带。
> (1) 东南沿海及台湾地震带:以台湾的地震最频繁,属于环太平洋地震带。
> (2) 郯城—庐江地震带:自安徽庐江往北至山东郯城一线,并越渤海,经营口再往北,与吉林舒兰、黑龙江依兰断裂连接,是中国东部的强地震带。
> (3) 华北地震带:北起燕山,南经山西到渭河平原,构成"S"形的地带。
> (4) 横贯中国的南北向地震带:北起贺兰山、六盘山,横越秦岭,通过甘肃文县,沿岷江向南,经四川盆地西缘,直达滇东地区,为一规模巨大的强烈地震带。
> (5) 西藏—滇西地震带:属于地中海—喜马拉雅地震带。
> 此外还有河西走廊地震带、天山南北地震带以及塔里木盆地南缘地震带等。

3. 震源和震中距

地壳或地幔中发生地震的地方称为震源。震源在地面上的垂直投影称为震中。震中可以看作地面上振动的中心,震中附近地面振动最大,远离震中地面振动减弱。

震源与地面的垂直距离称为震源深度(图 4.14)。通常把震源深度在 70km 以内的地震称为浅源地震,70~300km 的称为中源地震,300km 以上的称为深源地震。目前出现的最深的地震是 720km。绝大部分的地震是浅源地震,震源深度多集中于 5~20km,中源地震比较少,而深源地震为数更少。同样大小的地震,当震源较浅时,波及范围较小,破坏性较大;当震源

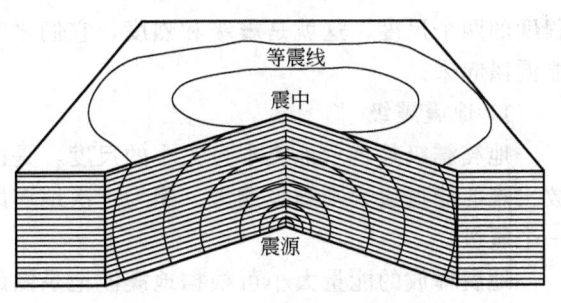

图 4.14 震源、震中、等震线

深度较大时,波及范围虽较大,但破坏性相对较小。多数破坏性地震都是浅震。深度超过 100km 的地震,在地面上不会引起灾害。

地面上某一点到震中的直线距离称为该点的震中距。震中距在 1000km 以内的地震,通常称为近震,大于 1000km 的称为远震。引起灾害的一般都是近震。围绕震中的一定面积的地区,称为震中区,它表示一次地震时震害最严重的地区。强烈地震的震中区往往又称为极震区。在同一次地震影响下,地面上破坏程度相同各点的连线,称为等震线。绘有等震线的平面图,称为等震线图。

4.5.2 地震波、地震震级与地震烈度

1. 地震波

地震时震源释放的应变能以弹性波的形式向四面八方传播,这就是地震波。地震波使地震具有巨大的破坏力,也使人们得以研究地球内部。地震波包括两种在介质内部传播的体波和两种限于界面附近传播的面波。

1) 体波

体波有纵波与横波两种类型。纵波（P 波）是由震源传出的压缩波，质点的振动方向与波的前进方向一致，一疏一密向前推进，所以又称疏密波，它周期短、振幅小。其传播速度是所有波当中最快的一个，震动的破坏力较小。横波（S 波）是由震源传出的剪切波，质点的振动方向与波的前进方向垂直，传播时介质体积不变，但形状改变，它周期较长、振幅较大。其传播速度较小，约为纵波速度的 0.5～0.6 倍，但震动的破坏力较大。

2) 面波

面波（L 波）是体波达到界面后激发的次生波，只是沿着地球表面或地球内的边界传播。面波向地面以下迅速消失。面波随着震源深度的增加而迅速减弱，震源愈深面波愈不发育。

一般情况下，横波和面波到达时振动最强烈。建筑物破坏通常是由横波和面波造成的。

2. 地震震级与地震烈度

地震能否使某一地区的建筑物受到破坏，主要取决于地震本身的大小和该区距震中的远近，距震中愈远则受到的振动愈弱，所以需要有衡量地震本身大小和某一地区振动强烈程度的两个尺度，这就是震级和烈度，它们之间有一定联系，但却是两个不同的尺度，不能混淆起来。

1) 地震震级

地震震级是表示地震本身大小的尺度，是由地震所释放出来的能量大小所决定的。释放出来的能量愈大则震级愈大。因为一次地震所释放的能量是固定的，所以每次地震只有一个震级。

地震释放的能量大小可根据地震波记录图的最高振幅来确定。由于远离震中波动要衰减，不同地震仪的性能不同，记录的波动振幅也不同，所以必须以标准地震仪和标准震中距的记录为准。

2) 地震烈度

地震烈度是指某一地区的地面和各种建筑物遭受地震影响的强烈程度。

震级和烈度既有联系，又有区别，它们各有自己的标准，不能混为一谈。震级是反映地震本身大小的等级，只与地震释放的能量有关，而烈度则表示地面受到的影响和破坏的程度。一次地震，只有一个震级，而烈度则各地不同。烈度不仅与震级有关，同时还与震源深度、震中距以及地震波通过的介质条件（如岩石的性质，岩层的构造等）等多种因素有关。震级与烈度虽然都是地震的强烈程度指标，但烈度对工程抗震来说具有更为密切的关系。为了表示某一次地震的影响程度或总结震害与抗震经验，需要根据地震烈度标准来确定某一地区的地震烈度；同样，为了对地震区的工程结构进行抗震设计，也要求研究预测某一地区在今后一定时期的地震烈度，以作为强度验算与选择抗震措施的依据。

(1) 基本烈度。基本烈度是指在今后一定时期内，某一地区在一般场地条件下可能遭遇的最大地震烈度。基本烈度所指的地区，并不是某一具体工程场地，而是指一较大范围，如一个区、一个县或更广泛的地区，因此基本烈度又常常称为区域烈度。

鉴定和划分各地区地震烈度大小的工作，称为烈度区域划分，简称烈度区划。烈度区划不应只以历史地震资料为依据，而应采取地震地质与历史地震资料相结合的方法，进行综合分析，深入研究活动构造体系与地震的关系，才能做到较准确地进行区划。各地基本烈度定得准确与否，与该地工程建设的关系甚为密切。如烈度定得过高，提高设计标准，会造成人力和物力上的浪费，定得过低，会降低设计标准，一旦发生较大地震，必然造成损失。

(2) 场地烈度。场地烈度提供的是地区内普遍遭遇的烈度，具体场地的地震烈度与地区内的平均烈度常常是有差别的。对许多地震的调查研究表明，在烈度高的地区内可以包含有烈度较低的部分，而在烈度低的地区内也可以包含有烈度较高的部分，也就是常在地震灾害报道中出现"重灾区里有轻灾区，轻灾区里有重灾区"的情况。一般认为，这种局部地区烈度上的差别，主要是受局部地质构造、地基条件以及地形变化等因素所控制。通常把这些局部性的控制因素称为小区域因素或场地条件。

知识要点提醒：在场地条件中，首先应当注意的是局部地质构造。断裂特征对场地烈度有很大的控制作用。宽大的断裂破碎带易于释放地震应力，故其两侧烈度可能有较大差别。存在活动断层常是局部地区烈度增加的主要原因。发震断层及其邻近地段不仅烈度高，而且常有断裂错动、地裂缝等出现，故属于对抗震危险的地段。其次应当注意的是地基条件，包括地层结构、土质类型以及地下水埋藏深度、地表排水条件等。软弱粘性土层、可液化土层和地层严重不均一的地段以及地下水埋藏较浅、地表排水不良的地段，均对抗震不利。再次，地形条件也是不可忽视的。开阔平坦的地形对抗震有利；峡谷陡坡、孤立的山包、突出的山梁等地形对抗震不利。

根据场地条件调整后的烈度，在工程上称为场地烈度。通过专门的工程地质、水文地质工作，查明场地条件，确定地场烈度，对工程设计有重要的意义：①有可能避重就轻，选择对抗震有利的地段布设路线和桥位；②使设计所采用的烈度更切合实际情况，避免偏高偏低。

(3) 设计烈度。在场地烈度的基础上，考虑工程的重要性、抗震性和修复的难易程度，根据规范进一步调整，得到设计烈度，亦称设防烈度。设防烈度是指国家审定的一个地区抗震设计实际采用的地震烈度，一般情况下，可采用基本烈度。

《抗震规范》将抗震设防烈度定为6～9度，并规定6度区建筑以加强结构措施为主，一般不进行抗震验算；设防烈度为10度地区的抗震设计宜按有关专门规定执行。

3. 场地及地基的评价

在地震基本烈度相同的地区内，经常会发现房屋的结构类型和建筑质量基本相同，但各建筑物的震害程度却有很大的差别。发生这种现象的主要是由场地条件所造成的。

1) 场地及其地质条件

(1) 地形。震害调查表明，地形对震害有明显的影响，如孤立突出的小丘和山脊地区，山地的斜坡地区、陡岸、河流、湖泊以及沼泽洼地的边缘地带等，均会使震害加剧、烈度提高。

(2) 断层。断层是地质构造上的薄弱环节，多数浅源地震均与断层活动有关。一些具有潜在地震活动的发震断层,地震时会出现很大错动。对工程建设的破坏很大。一些与发震断层有一定联系的非发震断层,由于受到发震断层的牵动和地震传播过程中产生的变异,也可能造成高烈度异常现象。

(3) 场地土质条件。场地土是指在较大和较深范围内的土和岩石。场地土质对震害的影响是很明显的,主要是基岩上面覆盖土层的土质及其厚度。

根据日本在东京湾及新宿布置的4个不同深度的钻孔观测资料表明:地面的水平最大加速度大于地下深度110~150m处的水平最大加速度。土层的放大系数与土层的土质密切相关,其比值为:岩土为1.5,砂土为1.5~3.0,软粘土为2.5~3.5。填土层对地表运动有较大的放大作用。

另外震害程度随覆盖土层的厚度增加而加重。

2) 场地土的类型

建筑所在场地土的类型,可根据土层剪切波速划分成4类,见表4-1。

表4-1 场地土的类型划分

场地土的类型	土层剪切波速/(m/s)
坚硬土或岩石	$V_s > 500$
中硬土	$500 \geqslant V_s > 250$
中软土	$250 \geqslant V_s > 140$
软弱土	$V_s < 140$

注:V_s为土层剪切波速;土层平均剪切波速为取地面下15m且不深于场地覆盖层厚度范围内各土层剪切波速,按土层厚度加权的平均值。

3) 建筑场地类别

场地类别是根据土层等效剪切波速和场地覆盖层厚度进行划分的。

应用案例4-1

《建筑抗震设计规范》(GB 50011—2001)规定汶川、都江堰、什邡、绵竹、安县、北川、青川等地的抗震设计烈度是7度,但2008年汶川8级地震的实际烈度最高11度,差别甚大;随后,2008年又进行修订施行,明文规定玉树结古镇的抗震设计烈度为7度,玉树7.1级地震的烈度则是9度,已经远远偏离实际,导致了灾难性地质灾害的发生。

4.5.3 常见震害及防震原则

1. 建筑工程常见震害及防震原则

1) 常见震害

地震时,由于土质因素使震害加重的现象主要有:地基的振动液化、软土的震陷、滑坡及地裂。

(1) 地基的液化。地基土的液化主要发生在饱和的粉、细砂和粉土中,其宏观现象是:地表开裂、喷砂、冒水,从而引起滑坡和地基失效,引起上部建筑物下陷、浮起、倾斜、开裂等震害现象。产生液化的原因是由于在地震的短暂时间内,孔隙水压力骤然上升并来不及消散,有效应力降低至零,土体呈现出近乎液体的状态,强度完全丧失,即所谓液化。

(2) 软土的震陷。地震时,地面产生巨大的附加下沉称为震陷,此种现象往往发生在松砂或饱和软粘土和淤泥质土层中。

产生震陷的原因有多种：①松砂的震密；②排水不良的饱和粉、细砂和粉土，由于振动液化而产生喷砂冒水，从而引起地面下陷；③淤泥质软粘土在振动荷载作用下，土中应力增加，同时土的结构受到扰动，强度下降，使已有的塑性区进一步开展，土体向两侧挤出而引起震陷。

土的震陷不仅使建筑物产生过大的沉降，而且产生较大的差异沉降和倾斜，影响建筑物的安全与使用。

（3）地震滑坡和地裂。地震导致滑坡的原因，简单地可以这样认识：一方面是地震时边坡受到了附加惯性力，加大了下滑力；另一方面是土体受震趋密使孔隙水压力升高，有效应力降低，减小了阻滑力。地质调查表明，凡发生过滑坡的地区，地层中几乎都夹有砂层。在均质粘土中，尚未有过关于地震滑坡的实例。

地震时往往出现地裂。地裂有两种，一种是构造性地裂。这种地裂虽与发震构造有密切关系，但它并不是深部基岩构造断裂直接延伸至地表形成的，而是较厚覆盖土层内部的错动。另一种是重力式地裂。它是由于斜坡滑坡或上覆土层沿倾斜下卧层层面滑动而引起的地面张裂。这种地裂在河岸、古河道旁以及半挖半填场地最容易出现。

2）防震原则

（1）建筑场地的选择。在地震区建筑，确定场地与地基的地震效应，必须进行工程地质勘察，从地震作用的角度将建筑场地划分为对抗震有利、不利和危险地段。这些不同地段的地震效应及防震措施有很大差异。进行工程地质勘察工作时，查明场地地基的工程地质和水文地质条件对建筑物抗震的影响，当设计烈度为7度或7度以上，且场地内有饱和砂土或粒径大于0.05mm的颗粒占总重4%以上的饱和粘土时，应判定地震作用下有无液化的可能性；当设计烈度为8度或8度以上且建筑物的岩石地基中或其邻近有构造断裂时，应配合地震部门判定是否属于发震断裂（发震断层）。总之，勘探工作的重点在于查明对建筑物抗震有影响的土层性质、分布范围和地下水的埋藏深度。勘探孔的深度可根据场地设计烈度及建筑物的重要性确定，一般为15～20m。利用工程地质勘察成果，综合考虑地形地貌、岩土性质、断裂以及地下水埋藏条件等因素，即可划分对建筑物抗震有利、不利和危险等地段。

对建筑物抗震有利的地段是：地形平坦或地貌单一的平缓地；场地土属Ⅰ类或坚实均匀的Ⅱ类；地下水埋藏较深等地段。这些地段，地震时影响较小，应尽量选择作为建筑场地和地基。

对建筑物抗震不利的地段是：一般为非岩质（包括胶结不良的第三系）陡坡、带状突出的山脊、高耸孤立的山丘、多种地貌交接部位、断层河谷交叉处、河岸和边坡坡缘及小河曲轴心附近；地基持力层在平面分布上有软硬不均地段（如故河道、断层破碎带、暗埋的塘浜沟谷及半填半挖地基等）；场地土属Ⅲ类、可溶化的土层；发震断裂与非发震断裂交汇地段；小倾角发震断裂带上盘；地下水埋藏较浅或具有承压水地段。这些地段，地震影响大，建筑物易遭破坏，选择建筑场地和地基应尽量避开。

对建筑物危险的地段：一般为发震断裂带及地震时可能引起山崩、地陷、滑坡等地段。这些地段，地震时可能造成灾害，不应进行建筑。

在一般情况下，建筑物地基应尽量避免直接用液化的砂土作持力层，不能做到时，可考虑采取以下措施。

① 浅基：如果可液化砂土层有一定厚度的稳定表土层，这种情况下可根据建筑物的具体情况采用浅基，用上部稳定表土层作持力层。

② 换土：如果基底附近有较薄的可液化砂土层，可采用换土的办法处理。

③ 加密：如果砂土层很浅或露出地表且有相当厚度，可用机械方法或爆炸方法提高密度。

④ 采用筏片基础、箱形基础、桩基础：根据调查资料，整体较好的筏片基础、箱形基础，对于在液化地基及软土地基上提高基础的抗震性能有显著作用。它们可以较好地调整基底压力，有效地减轻因大量振陷而引起的基础不均匀沉降，从而减轻上部建筑的破坏。桩基也是液化地基上抗震良好的基础形式。桩长应穿过可液化的砂土层，并有足够的长度伸入稳定的土层。但是，对桩基应注意液化引起的负摩擦力，以及由于基础四周地基下沉使桩顶土体与桩顶拉身脱开，桩顶受剪和嵌固点下移的问题。

(2) 软土及不均匀地基。软土地基地震时的主要问题是产生过大的附加沉降，而且这种沉降常是不均匀的。地震时，地基的应力增加，土的强度下降，地基土被剪切破坏，土体向两侧挤出，致使房屋沉降、倾斜、破坏。其次，厚的软土地基的卓越周期较长，振幅较大，振动持续的时间也较长，这些对自振周期较长的建筑物不利。

软土地基设计时要合理地选择地基承载力，基底压力不宜过大，同时应增加上部结构的刚度。软土地基上采用筏片基础、箱形基础、钢筋混凝土条形基础，抗震效果较好。不均匀地基一般指软硬不均的地基，如前面已提到的半挖半填、软硬不均的岩土地基以及暗埋的沟、坑、塘等，这类地基上建筑物的震害都比较严重，建筑应避开这种地区，否则应采取有效措施。

应当指出，建筑物的防震，在地震烈度小于 5 度的地区，建筑不需特殊考虑，因为在一般条件下影响不大。在 6 度的地震区（建造于Ⅳ类场地上较高的高层建筑与高耸结构除外），则要求建筑物施工质量要好，用质量较高的建筑材料，并满足抗震措施要求。在 7～9 度的地震区，建筑物必须根据《建筑抗震设计规范》进行抗震设计。

本 章 小 结

(1) 风化作用是地球表面最普遍的一种外力地质作用。风化作用有物理、化学和生物风化 3 种。影响风化作用的因素主要有温度、岩石释重、水、氧、地形和地质条件等。由于风化作用导致岩土的工程性质发生变化，使岩石的强度和稳定性降低，变形增加，直接影响建筑场地的工程特性。因此在工程建设前必须对岩石的风化情况进行认真的调查和处理。

(2) 河流是地表最活跃的外营力，它的侵蚀和淤积作用不仅使地表形态发生改变（形成河漫滩、阶地等），而且对工程建设造成各种危害。河流侵蚀、淤积规律是由水流与河床两方面的特征所决定的，凡是能改变水流或河床两方面特征的自然和人为因素，都可能影响河流侵蚀、淤积进展状况和河床的演变规律。因此不良河流侵蚀、淤积作用的防治必须建立在充分认识河流作用的规律基础之上。

(3) 岩溶是石灰岩地区特有的水文和地貌现象。岩溶现象的发生与特有的地质条件和地表与地下水密切相关。因此，岩溶地貌的组合规律研究对岩溶区工程地质问题的分析和解决显得尤为重要。

(4) 泥石流是山区特有的一种自然地质现象。它是由于降水（暴雨、融雪、冰川）而形成的一种挟带大量泥砂、石块等固体物质的特殊洪流，具有强大的破坏力。突然爆发，历时短暂，来势凶猛，具有强大破坏力的特殊洪流。

(5) 地震是地壳构造运动的一种表现，属不良地质现象，强烈地震是一种破坏性很强的自然灾害。因此，在规划各种工程活动时，都必须考虑地震这样一个极其重要的环境地质因素，而在修建各种建筑物时，都必须考虑可能遭受多强的地震并采取相应的防震措施。

关 键 术 语

风化作用　weathering；岩石风化程度　weathering degree of rock；不良地质作用　adverse geologic actions；震陷　earthquake subsidence；泥石流　debris flow；滑坡　landslide；岩崩　rock fall；喀斯特（岩溶）　karst

知 识 链 接

(1) 自 2009 年起，每年 5 月 12 日为全国"防灾减灾日"。

(2) 2010 年 4 月 14 日 7 时 49 分 40 秒，青海省玉树藏族自治州玉树县发生 7.1 级地震，震源深度 14km。震中位于县城附近，其后发生 1000 多次余震，导致 2698 人遇难、270 人失踪。

本次地震产生的次生地质灾害主要包括：地震砂土液化及其引起的公路变形、地震滑坡、地震诱发水渠破坏及其链生的土质滑坡。玉树地震发生在松潘—甘孜地体和羌塘地体之间的甘孜—玉树断裂带上，2008 年的汶川地震和 2010 年的玉树地震存在成因机制方面的联系，两者均与印度板块的持续向北挤压有关。汶川地震发生在松潘—甘孜地体东南缘龙门山断裂带上，其成因机制是由于青藏高原向东挤压，受到稳定的扬子地台阻挡而发生，但玉树地震的成因机制相对复杂一些。从穿过玉树地震震中并垂直于甘孜—玉树断裂走向的岩石圈波速剖面结构可以看出，青藏高原由南向北的拉萨地体、羌塘地体、松潘—甘孜地体和昆仑地体的岩石圈波速结构具有明显的分区特征，在地壳之下也表现出明显分区特点：拉萨地体和松潘—甘孜地体的岩石圈表现为高速异常，而介于其间的羌塘地体则表现为低速异常。一种合理的解释就是拉萨地体和松潘—甘孜地体下方的高速异常分别反映了俯冲至青藏高原之下的印度板片和古亚洲板片，而介于其间的羌塘地体下方的低速异常则可能反映了印度俯冲板片前缘和亚洲板片之间的高温幔源挤出物。在构造块体边界出露的大型构造线往往是从地表到岩石圈上地幔的深大断裂，是不同块体岩石圈间相对交错运动的地带，因此浅部活动断裂处发生的大地震有其深部的成因机制。总体看来，松潘—甘孜地体、羌塘地体和拉萨地体这3个主要构造块体岩石圈的相对差异运动是造成以走滑为主要特征的玉树地震发生的深层原因。

玉树地震诱发的地质灾害主要有4方面特点。

一是低位土质滑坡很多。最明显的是从结古镇到巴塘乡的路上，形成了6km左右的土质滑坡地带，最大方量近100万立方米，毁坏了道路及沿线房屋、水利工程，对今后的重建影响很大。另一个地方是从结古镇向西边震中方向公里沿线，高原草甸因为开挖修路切坡，地震也触发了多处滑坡，但体积仅数千立方米，虽阻断了公路，但不致造成严重灾害。目前，沿线仍分布有多处滑坡隐患区，在重建时应加以防范。

二是高位山体的稳定性总体很好。这与玉树地区的山体结构有关，它主要由三叠系石灰岩和火山岩混合组成，统称"巴塘群"，分离性的节理裂缝不发育，而且风化程度弱。掌握这些地质状况对于重建非常重要，至少知道，在降雨、冻融甚至在余震作用下，发生高位高速远程的地震灾害风险不大。

三是山体震裂现象在一些地方比较突出，特别是山体的突出部位。以结古镇后山的禅古寺为例，具有500多年历史的经堂被震塌，山体地面出现长达数十米长的震裂带，致使正在建设的寺庙建筑物框架出现裂缝。而在禅古寺山顶边缘出现了弧形裂缝，如遇较大的降雨会加剧变形，并形成滑坡，威胁下方居民区。

四是沿断裂带的地表破裂非常明显。与汶川8级地震以带状释放能量产生的破坏不同，玉树7.1级地震以点源释放为主。在接近震中的结古镇西部地段公路上，地震波形成了有节律状的波状地形和近于等距的地面破裂传导，并沿发震断裂在地表产生破裂错断。经过调查，玉树地震中的地表错动最大达1.75m。

思 考 题

（1）影响风化作用的因素有哪些？风化作用对岩石工程性质有何影响？

（2）河流地质作用表现在哪些方面？河流侧蚀作用和工程建设有何关系？

（3）形成滑坡的条件是什么？影响滑坡发生的因素有哪些？

（4）什么叫岩溶？岩溶有哪些主要形态？其发育的基本条件有哪些？

（5）什么是地震？天然地震按其成因可分为哪几种？

（6）何谓地震震级？震级如何确定？什么是地震烈度？根据什么确定地震烈度？震级和烈度之间的关系怎样？

（7）在工程建筑抗震设计时，需要确定的地震烈度有哪几种？

（8）地震对工程建筑物的影响和破坏表现在哪些方面？

第5章 常见地质灾害

本章教学要点

知识要点	掌握程度	相关知识
边坡工程地质问题	掌握	边坡破坏、计算分析方法
地基工程地质问题	掌握	地基破坏、承载力计算、地基处理
地下工程地质问题	了解	洞室围岩的破坏类型、特点

本章技能要点

技能要点	掌握程度	应用方向
边坡的破坏类型和形式	掌握	岩土工程边坡的认识与处理
地基处理、承载力计算	熟悉	基础的设计、地基的处理
洞室围岩破坏特点	了解	洞室围岩的认识

导入案例

南京地铁1号线建设场址区沿线地形复杂，地铁要频繁穿过基岩和河漫滩软土及古河床的饱水粉细砂层，由此引发了较多的工程地质问题，如区域稳定性问题、砂土液化问题、围岩稳定性问题、工程水害与渗透变形问题、地基不均匀沉降问题等严重影响了工程的进度和质量。工程地质问题的解决成为南京地铁建设的关键环节。

南京地铁1号线工程自南向北穿越不同的地貌单元，主要为低山丘陵地貌和古河道冲积平原，由于地形起伏大，工程将频繁穿过基岩和河漫滩软土、古河床的饱水粉细砂层。这些客观因素的存在正是南京地铁工程问题难度大和复杂的原因所在，也正因为这些客观因素的存在导致在该区的地铁建设不可避免的遇到较多的工程地质问题。地铁沿线，珠江路以南地段构造较为简单，基岩较为单一，基岩面起伏不大，无明显断裂破碎带存在；珠江路以北地段，构造较为复杂，基岩多样，基岩面埋深差异较大，断裂较为发育。穿越市区的南京—断裂和定淮门—鼓楼断裂规模较大，在地铁沿线表现为鼓楼岗和小红山两组断裂，延伸至近地表，并存在断裂破碎带，第四纪有一定活动性。该两组断裂为控制场区工程地基稳定性的场区优势断裂，控制着鼓楼岗和小红山地铁隧道的稳定性。

5.1 边坡工程地质问题

边坡包括天然斜坡和人工开挖的边坡。不稳定的天然斜坡和人工边坡在岩土体重力、水及振动力以及其他因素作用下，常常发生危害性的变形与破坏，导致交通中断，江河堵塞，塘库淤填，甚至酿成巨大灾害。边坡的工程地质问题，就是边坡的稳定性问题。

5.1.1 边坡变形破坏的基本类型

1. 坡面局部破坏

坡面局部破坏包括剥落、冲刷和表层滑塌等类型。表层土的松动和剥落是这类变形破坏的常见现象。它是由于水的浸润与蒸发、冻结与融化、日光照射等风化营力对表层土产生复杂的物理化学作用所导致。边坡冲刷是当雨水在边坡面上形成的径流，因动力作用带走边坡上较松散的颗粒，形成条带状的冲沟。表层滑塌是由于边坡上有地下水出露，形成点状或带状湿地，产生的坡面表层滑塌现象。对于因径流引起的冲刷，应做好地面排水，使边坡水流量减至最少程度。对已形成的冲沟，应在维修中予以嵌补，以防继续向深处发展。对因地下水引起的表层滑塌，应做好截断地下水或疏导地下水工程，疏干边坡，以制止边坡变形的发展。

2. 边坡整体性破坏

边坡整体崩塌和滑坡均属这类边坡变形破坏。土质边坡在坡顶或上部出现连续的拉张裂缝并下沉，或边坡中、下部出现鼓胀现象，都是边坡整体性破坏和滑动的征兆。崩塌、滑坡的有关内容已在第4章中专门论述，在此不再重复。

由上述可知，第一类边坡变形破坏，只要在养护维修过程中采用一定措施就可以制止或减缓它的发展，其危害程度也不如第二类。

3. 岩质边坡变形破坏的基本形式

岩质边坡的变形是指边坡岩体只发生局部位移或破裂，没有发生显著的滑移或滚动，不致引起边坡整体失稳的现象。而岩质边坡的破坏是指边坡岩体以一定速度发生了较大位移的现象，例如，边坡岩体的整体滑动、滚动和倾倒。边坡岩体变形破坏的基本形式可概括为松动、松弛张裂、蠕动、剥落、滑坡、崩塌落石等。

1) 松动

边坡形成初始阶段，坡体表部往往出现一系列与坡向近于平行的陡倾角张开裂隙，被这种裂隙切割的岩体便向临空方向松开、移动，这种过程和现象称为松动。它是一种斜坡卸荷回弹的过程和现象。

边坡常有各种松动裂隙，实践中把发育有松动裂隙的坡体部位，称为边坡卸荷带，在此可称为边坡松动带，其深度通常用坡面线与松动带内侧界线之间的水平间距来度量。

边坡松动使坡体强度降低，又使各种营力因素更易深入坡体。加大坡体内各种营力因素。划分松动带（卸荷带），确定松动带范围的活跃程度，是边坡变形与破坏的初始表现。所以研究松动带内岩体特征，对论证边坡稳定性，特别是对确定开挖深度或灌浆范围都具有重要意义。

2) 松弛张裂

松弛张裂是指边坡岩体由卸荷回弹而出现的张开裂隙的现象。它与上述边坡岩体松动现象并无十分严格的区别。它是在边坡应力调整过程中的变形。例如，由于河谷的不断下切，在陡峻的河谷坡上形成的卸荷裂隙；路堑边坡的开挖可使岩体中原有的卸荷裂隙得到进一步发展，或者由于开挖形成了新的卸荷裂隙。这种裂隙通常与河谷坡面、路堑边坡面相平行。而在坡顶或堑顶，则由于卸荷引起的拉应力作用形成张裂带。边坡愈高愈陡，张裂带也愈宽。一般说来，路堑边坡的松弛张裂变形多表现为顺层边坡层间结合的松弛、边坡岩体中原有节理裂隙的进一步扩展以及岩块的松动等现象。

3) 蠕动

蠕动是指边坡岩体在重力作用下长期缓慢的变形。这类变形多发生于软弱岩体（如页岩、千枚岩、片岩等）或软硬互层岩体（如砂页岩互层、页岩灰岩互层等），常形成挠曲型变形。如反坡向的塑性薄层岩层，向临空面一侧发生弯曲，形成"点头弯腰"，很少折断。边坡岩体为顺坡向的塑性岩层时，在边坡下部常产生揉皱型弯曲，甚至发生岩层倒转。由于这种变形是在地质历史时期中长期缓慢形成的，因此，在边坡上见到的这类变形都是自然山坡上的变形。当人工边坡切割山体时，边坡上的变形岩体在风化作用和水的作用下，某些岩块可能沿节理转动，出现倾倒式的蠕动变形或牵引式大规模堆塌变形现象。变形进一步发展，可使边坡发生破坏。边坡蠕动大致可分为表层蠕动和深层蠕动两种基本类型。

4）剥落

剥落指的是边坡岩体在长期风化作用下，表层岩体破坏成岩屑和小块岩石，并不断向坡下滚落，最后堆积在坡脚，而边坡岩体基本上是稳定的。产生剥落的原因主要是各种物理风化作用使岩体结构发生破坏。如阳光、温度、湿度的变化、冻胀等，都是表层岩体不断风化破碎的重要因素。对于软硬相间的岩石边坡，软弱易风化的岩石常常先风化破碎，首先发生剥落，从而使坚硬岩石在边坡上逐渐突出，这时，突出的岩石可能发生崩塌。因此，风化剥落在软硬互层边坡上可能引起崩塌。

5）崩塌落石

崩塌是指陡坡上的巨大岩体在重力作用下突然向下崩落的现象；而落石是指个别岩块向下崩落的现象。有关崩塌落石内容详见本书第4章。

6）滑坡

滑坡是指边坡上的岩体沿一定的面或带向下滑动的现象，它是岩质边坡岩体常见的变形破坏形式之一。在边坡中的具体破坏形式多为顺层滑动和双面楔形体滑动。滑坡已在本书第4章中讲述，本章不再重复。

知识要点提醒：联系前面章节讲述的滑坡、崩塌、泥石流、地震等地质灾害相关内容学习。

5.1.2 边坡稳定分析方法

边坡工程地质研究的目的是查明边坡基本工程地质条件，评价和预测其稳定性，提出相应有效的防治措施。在边坡工程地质研究中，应对边坡稳定性做专门评价。边坡稳定性的评价方法可归纳为3种：①工程地质分析法；②理论计算法（公式计算、图解及数值分析）；③试验及观测方法。前两种方法应用很普遍。这些方法常是互为补充和共同采用的。

1. 边坡应力分布特征

边坡的变形与破坏，决定于坡体中的应力分布和岩土体的强度特点。了解坡体中的应力分布特征，对认识边坡变形与破坏机制很有必要，对正确评价边坡稳定，制定切合实际的设计和整治方案有指导意义。

边坡开挖以后，上部岩体一部分被挖掉，由于卸荷作用，使岩体内的应力重新调整，从而出现应力重分布的现象。在靠近边坡面附近，最大主应力方向近于平行临空面。在陡峻边坡的坡面和坡顶则会出现拉应力，并形成拉应力带。在坡脚附近形成剪应力，集中带愈近坡脚应力集中程度愈高。

边坡应力分布特征主要与边坡的坡形密切相关。通常，边坡的坡形是指边坡横断面的形状。边坡的坡形主要有直线坡（一坡到顶）、折线坡（下陡、上缓和上陡、下缓两种）、台阶坡。

理论分析和实际调查表明，边坡坡脚处的集中应力可能导致边坡的剪切破坏，边坡坡顶的拉张区可能引起平行坡面的拉张裂缝，因此，应力集中区和拉张区的分布是边坡分析中最值得注意的问题。

不论边坡采用何种坡形，其坡脚的应力状态是边坡研究设计的重点。但坡形不同，各自的应力状态不同。直线坡的应力集中区在坡脚处。折线坡有两个重点应力区：坡脚和变坡点。当坡形为下陡、上缓时，坡脚是应力集中区，变坡点是拉张区；当坡形为上陡、下缓时，应力集中区在变坡点，消除了坡脚的应力集中。同时由于应力集中点向坡顶上移，降低了它的埋深，使集中的应力值下降，对边坡稳定有利。但是当坡脚需要防护时，在坡腰处修建支挡防护工程是不方便的，也给下部缓坡增加了额外荷载，所以，在实际工程中不宜采用这种坡形。台阶坡的应力状态表现为台阶上、下坡脚的集中应力和平台坡顶的拉张。虽然平台的设置降低并分散了应力在坡脚的集中，改善了边坡力学特征，但是在平台处，由于平台后缘的剪切和平台前缘的拉张相互交叉，使该处的应力分布十分复杂，容易产生破坏。因此，要求平台应达到一定宽度。

2. 工程地质分析法

工程地质分析法最主要的内容是比拟法，是生产实践中最常用、最实用的边坡稳定性分析方法。它主要是应用自然历史分析法认识和了解已有边坡的工程地质条件，并与将要设计的边坡工程地质条件相对比，把已有边坡的研究或设计经验用到条件相似的新边坡的研究或设计中去。

对比边坡要有一个原则可循，即不同的边坡要有"相似性"。相似性包括两个主要方面：一是边坡岩性、边坡所处的地质构造部位和岩体结构的相似性，其次是边坡类型的相似性。在这种基础上对比影响边坡稳定性的营力因素和边坡成因。

岩体结构的相似性，应特别注意结构面及其组合关系的相似性。要在构成边坡的相似结构面和相似结构面组合条件下对比；以相同成因、性质和产状的结构面所构成的边坡相互对比；以一组结构面构成的某边坡与一组结构面构成的另一边坡相对比；以多组结构面构成的某边坡与多组结构面构成的另一边坡相对比。

边坡类型的相似性，应在边坡岩性、岩体结构相似性基础上来对比。水上边坡可与河流岸坡对比；水下边坡可与河流水下边坡部分对比；一般场地边坡可与已有公路和铁道路堑边坡对比。如此对比相似的边坡，才可作为选择稳定坡角的依据。

一般情况下，在工程地质比拟所要考虑的因素中，岩石性质、地质构造、岩体结构、水的作用和风化作用是主要的，其他如坡面方位、气候条件等是次要的。在边坡工程地质条件相似的情况下，其稳定边坡便可作为确定稳定坡角的依据。

边坡的坡度与岩性关系极为密切，坚硬或半坚硬的岩石常形成直立陡峻的边坡；抵抗风化能力弱的岩石，边坡较平缓；层状岩石由于抵抗风化能力不同，常形成阶梯形山坡；均一岩石，如粘土质岩石为凹状缓坡。所以在进行对比时，要查清自然边坡的形态及陡缓，以及它们与岩性的关系。

3. 力学计算法

边坡稳定性力学分析法是一种应用很广的方法，它可以得出稳定性的定量概念，常为工程所必需。力学分析法多以岩土力学理论为基础，有的运用松散体静力学的基本理论和方法，进行运算；也有的采用弹塑性理论或刚体力学的某些概念，分析边坡稳定性。这些方面的基本假定尚不能在理论上完全解决，且因影响边坡的天然营力因素很复杂，实际上它通常只能进行一些近似估算。应该指明，力学分析法的可靠性，很大程度上还取决于计算参数的选择和边界条件的确定，特别对结构面抗剪指标的选择至关重要。因此，力学分析法必须以正确的地质分析为基础。

目前，边坡稳定的力学计算，通常建立在静力平衡的基础上，按不同边界条件考虑力的组合，核算滑面上推滑力和抗滑力的大小，进行稳定计算。

土质边坡通常是在假定沿坡体中某一弧状面滑动的基础上，进行稳定性计算。对于岩质边坡，影响稳定的主要因素是结构面，而其他各种营力因素只能通过结构面才能对稳定性发生作用。自然界大多数岩质边坡均受多组结构面相互切割，形成复杂的滑体。判定这种边坡的稳定性显然较为复杂，而其计算方法与分析方法基本上与简单类型岩质边坡并无太大差异。

1) 滑面为平面时土坡的稳定性计算

由均质砂性土或卵石土等构成的土坡和成层非均质砂类土构成的土坡，破坏时滑动面都近于平面形态。其稳定性计算详见土力学路基教材中的有关部分。

2) 滑面为圆弧形时土坡的稳定性计算

(1) 条分法。据大量观测资料，粘性土边坡滑动破坏时的滑动面近似圆柱面，在断面上可视滑面为一圆弧，称为滑弧。滑弧的位置在出现滑动前并不明确，主要取决于土体的性质和边坡的形态等因素。在稳定性计算时，需先假定若干滑弧，经试算后，以稳定性系数最小的滑弧为可能的滑弧。圆弧形滑面土坡稳定性计算常采用的方法为土力学中的条分法(图5.1)，可用公式表示如下。

$$K = \frac{\sum C_i l_i + \sum N_i \tan\varphi_i + \sum T'}{\sum T_i}$$

式中：N_i——作用在每个小条底面上的正压力；

T_i——作用在每个小条底面上的剪力；

φ_i——滑面上的内摩擦角；

C_i——滑面上的粘聚力；

l_i——滑面上的分条弧长；

T'——位于滑弧圆心铅直线左侧土条底面的剪力，其值很小，且有利于稳定，有时可忽略不计。

(2) 毕肖普法。该法与上述条分法不同的是，在作用力内考虑了孔隙水压力作用，且考虑了条间水平力的作用，如图5.2所示。

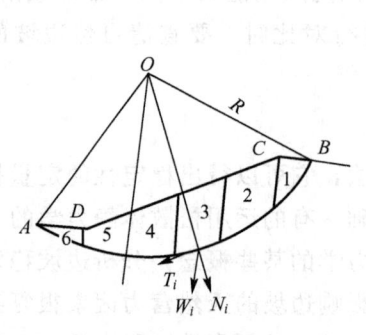
图5.1 条分法

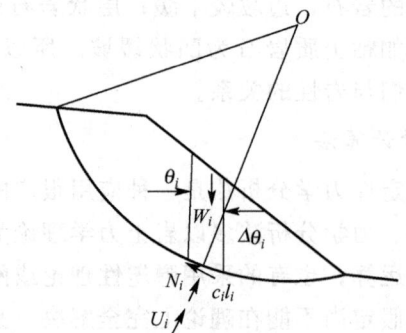
图5.2 毕肖普法

$$K = \frac{\sum[C_i l_i + (W_i \sec\alpha_i - U_i)\tan\varphi_i] \sum N_i \tan\varphi_i + \sum T'}{\sum \theta_i \cos\alpha_i + \sum W_i \sin\alpha_i} \cdot \frac{1}{1 + \tan\varphi_i \tan\alpha_i / K}$$

式中：θ_i——土条间水平力；

α_i——每条底面与水平面间的夹角；

W_i——每条土体的重力；

U_i——孔隙水压力；

其他符号同前。

从上式可知，等式两边都有 K 值，检算时要经过多次试算，方可确定临界滑面及边坡稳定系数。《岩土工程勘察规范》（GB 50021—2001）规定边坡稳定系数的取值，对新设计的边坡、重要工程宜取 1.3～1.5，一般工程宜取 1.15～1.3，次要工程宜取 1.05～1.15。采用峰值强度时取大值，采用残余强度时取小值。验算已有边坡时，取 1.10～1.25。

4. 模型模拟试验

对一些地质条件复杂、边坡受复杂工程荷载作用或十分重要的边坡的设计，必须运用各种岩土力学的理论、技术和方法，进行边坡应力场、变形场、位移场和变形破坏模式的分析。采用的方法主要是物理模型试验和数值模拟相结合的方法。近年来，计算机技术的发展，促进了以数值方法为基础的大型应用软件的发展，运用有限元、边界元、离散元等工具，已经可以解决很多边坡稳定性分析问题。

知识要点提醒：边坡稳定性计算问题是岩土工程经常遇到的问题，边坡稳定性计算的详细内容请参考东南大学、浙江大学等四校合编的《土力学》。

5.2 地基工程地质问题

地基在上部建筑物荷载作用下发生压密变形，如果荷载超过规范要求的特征值时地基将发生破坏。为了防止地基破坏，确保建筑物安全、正常使用，地基必须满足两方面要求：一是地基应具有足够的强度，在荷载作用下不发生失稳破坏；二是地基变形不能太大而影响建筑物的正常使用。前者是地基的稳定问题，后者是地基变形问题。本课程主要讨论由于地基的工程地质特性引起的变形破坏。

5.2.1 地基变形破坏的基本类型

1. 地基不均匀下沉和变形过大

地基不均匀下沉和变形过大是地基基础工程中最常见的两种变形。地基土强度低、压缩性大，通常是产生下沉的重要原因；特殊土的不良工程性质也是造成修建在该类土层上的工程建筑物下沉变形的重要原因；膨胀土具有遇水膨胀、失水收缩的特性，只要地基土中水分发生变化，膨胀土地基就产生胀缩变形，从而导致建筑物变形甚至破坏。湿陷性黄土质地疏松，大孔隙发育，富含可溶盐，浸水后结构迅速破坏而发生湿陷。饱水的粉砂地基在地震作用下突然液化，也是引起地基下沉、变形的一种重要原因；地基土层厚度变化较大，或基础置于不同岩、土层地基上，均可造成地基不均匀下沉，导致建筑物倾斜甚至倒塌。

2. 地基的滑移、挤出

发生地基滑移、挤出的实质是地基强度不足，出现剪切破坏。它们多发生在软弱的地基土或具有滑移条件、产状不利的软弱岩层中。

1941年修建的加拿大特朗斯康谷仓是建筑工程著名的软弱地基发生破坏的例子，因设计时忽略了持力层下部的软弱土层，在建成后第一次装料时就发生整体倾倒。

3. 地基的剪切破坏

工程实践表明，地基因强度不足而发生的破坏都是剪切破坏。土是由气体、水和固体碎屑颗粒构成的三相体，土颗粒之间的联结强度远低于颗粒自身的强度，不能承受拉力。当地基岩、土层中某一点的任意一个平面上剪应力达到或超过它的抗剪强度时，这部分岩、土体将沿着剪应力作用方向相对于另一部分地基岩、土体发生相对滑动，开始剪切破坏。一般地，在外荷载不太大时，地基中只有个别点位上的剪应力超过其抗剪强度，也就是局部剪切破坏，常发生在基础边缘处。随着外荷载的增大，地基中的剪切破坏由局部点位扩大到相互贯通，形成一个连续的剪切滑动面，地基变形增大，基础两侧或一侧地基向上隆起，基础突然下陷，地基发生整体剪切破坏，如图5.3所示。

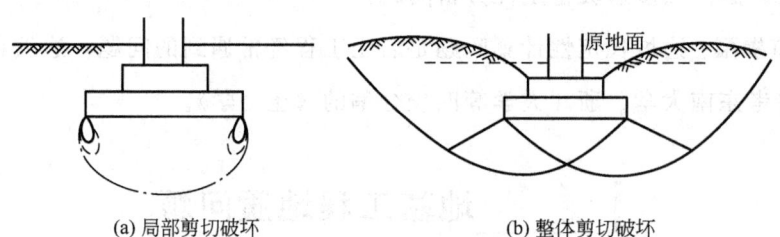

图 5.3　地基剪切破坏

5.2.2　软弱地基处理措施

没有经过人工加固就可以在其上修建基础的地基称为天然地基。工程建筑物应尽量修建在天然地基上，但是随着建筑事业的蓬勃发展，各类大型、高层建筑物的不断增多，建筑荷载愈来愈大，能够满足设计要求的天然地基日趋减少。原来被认为是良好的地基，也可能在新的条件下不能满足上部结构的要求，必须根据不同建筑物的需要，对不能满足要求的地基进行人工处理。

地基处理的目的是采取切实有效的措施，改善地基的工程性质，满足工程建筑的要求。具体目的如下。

(1) 提高地基容许承载力，保证其稳定性。

(2) 减少地基压缩性，减小建筑物的沉降量和不均匀沉降。

(3) 改善地基渗透性。

(4) 改善地基的动力特性,提高其抗震性能。
(5) 改善地基不良特性,如消除湿陷性,提高抗液化能力,满足工程要求。
软弱土的地基处理方法主要有以下几种。

1) 换填土法

换填土法是全部或部分挖除基础下面一定深度范围内不能满足地基要求的土层(或局部风化岩石),换填适合地基性能要求的材料,并分层夯实作为基础的持力层。换填土法可以处理建筑物荷载不大、软弱土层埋藏较浅的地基问题,是一种经济、简便的地基处理方法。

换填的材料一般为砂、碎石、素土、灰土、矿渣以及其他性能稳定、无侵蚀性的材料,换填的厚度不宜大于3m,且不宜小于0.5m。

2) 堆载预压法

堆载预压法是处理软土地基常用的方法,在软土地基上堆以矿、石等重物,使地基土在自然状态下逐渐固结。

预压荷载可以等于或大于设计荷载,但不得大于设计荷载1.2倍。为了促进软土排水固结,堆载预压法常与砂井结合使用。在地基中钻孔,孔中灌满砂土成为砂井,然后堆载土中水迅速排入砂井,为保证排水通畅,在砂井顶部应设置排水砂垫层,砂垫层厚度不大于0.4m,砂井直径一般为300~400mm。间距不小于1.5m,平面上呈正方形或梅花状排列,砂井范围应比建筑物基础宽一些,一般向外增大2~4m,如图5.4所示,防止基础外围地基破坏。

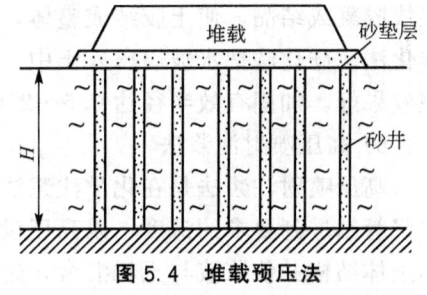

图5.4 堆载预压法

3) 重锤夯实法

夯实加固地基是一种古老的地基加固方法。重锤夯实是将重15~30kN的重锤提升到4m高,自由落下夯打地基表面重复夯打多遍,有效夯实深度可达1.5m左右,地基承载力可达100~150kPa。重锤夯实法适用于非饱和的粘性土、砂土、杂填土和湿陷性黄土地基。夯打时注意控制土的含水量,避免出现"橡皮土"现象。

4) 强夯法

强夯法是从重锤夯实法延伸而来的一种地基加固方法,1969年法国梅耶首先用于加固地基,我国1978年引进这项技术,很快在建筑、铁路、交通、水利等行业得到推广。

强夯法是以80~400kN重锤,从8~40m高度自由落下,重锤下落时产生巨大的冲击能量,使土体产生强烈的振动和应力,土中孔隙压缩,土体局部液化,夯击点周围产生裂隙,形成良好的排水通道,孔隙水顺利溢出,土体迅速固结。强夯法虽然已得到普遍推广与应用,但对其机理研究尚不完善,目前还没有一套很成熟、完善的设计计算理论和方法,主要靠经验和典型试验确定施工参数。

夯击击数和遍数按最佳夯击能量的要求确定。最佳夯击能量指能使地基中出现的孔隙水压力达到土的自重压力时的夯击能量,一般与土的种类有关。可取4~10击、1~8遍不等。为了让夯击后土中孔隙水压力有足够的时间消散,在一遍与一遍夯击之间应有一定的时间间隔,对砂土间隔时间短些,可以是2～4min,粘性土间歇时间长些,可达2～4周。

强夯加固范围应大于需要加固的面积,约每侧加大一个加固深度范围。夯击点多采用网格状或梅花状布置。强夯法适用于加固碎石土、砂土、粉土、粘性土和湿陷性黄土,对于饱和软粘土也有应用成功的例子。强夯法施工时噪声和振动较大,应注意采取防范措施。

5) 化学加固法

化学加固法是通过钻孔把化学浆液或胶结剂灌入土中,在土中凝固、填充孔隙或把土颗粒胶结起来,提高土的强度、降低透水性,从而改善地基土的性质。采用的浆液有:水泥浆、水玻璃、丙烯酰胺浆液和木质素浆液等。

水泥浆液一般采用普通硅酸盐水泥为主剂,适量加入速凝剂、缓凝剂、膨胀剂等调节水泥浆的性能。水灰比范围一般为0.6～2.0。速凝剂有水玻璃和氯化钙等,缓凝剂有木质磺酸、钙和酒石酸等,膨胀剂有铝粉等。这些附加剂的用量一般在0.5%～2%左右。

水玻璃浆液是把水玻璃(硅酸钠)和氯化钙分别灌入土中,反应生成的硅胶在土颗粒间很快胶凝或结晶,使土胶结成整体,达到加固的目的。因采用材料主要是硅酸钠,故又称硅化法。硅化法把水玻璃压入土中,在土孔隙中流动,所以在渗透性好的粉土、砂土中处理效果好,加固有效半径达0.5～2.0m。

6) 高压喷射注浆法

高压喷射注浆法是在化学注浆法基础上发展起来的,它用工程钻机把带有特殊喷嘴的注浆管钻进到要求的深度,以高压设备使浆液从钻杆下部的喷嘴中喷射出来,高压射流破坏土体结构并使浆液与土粒混合,边喷射边提升钻杆,经凝结固化形成圆柱状的加固体。

5.2.3 地基承载力

1. 地基承载力的基本概念

地基承载力特征值指由载荷试验测定的地基土压力变形曲线线性变形内规定的变形所对应的压力值,其最大值为比例界限值。在建筑物的荷载作用下,地基产生变形,随着荷载的增加变形也增大,当荷载达到或超过某个临界值时,地基中产生塑性变形,最终导致地基的破坏。显而易见,地基承受荷载的能力是有限的。我们把单位面积上地基能承受的最大极限荷载能力称为见地基极限承载力。可以想象,在建筑物地基基础设计时,为了确保建筑物的安全和地基的稳定性,不能以地基能承受的最大极限荷载作为设计用地基承载力,必须限定建筑物基础底面的压力不超过规定的地基承载力,即地基承载力特征值。

2. 地基承载力特征值的确定方法

《建筑地基基础设计规范》(GB 50007—2002)规定:地基承载力特征值可由载荷试验或其他原位测试、公式计算,并结合工程实践经验等方法综合确定。

1) 载荷试验(浅层平板载荷试验和深层平板载荷试验)

载荷试验法是在建筑物场址进行的原位试验方法。重要的建筑物多由载荷试验确定地基承载力，遇到地质条件复杂的场地，也多用载荷试验确定承载力，因为由试验测得的数据能真实反映地基的性质。

载荷试验是由载荷板向地基上传递压力，观测压力与地基土沉降之间的关系，得到压力 P 与沉降 S 曲线，由 $P-S$ 确定地基承载力，如图5.5所示。

地基土浅层平板载荷试验可适用于确定浅部地基土层的承压板下应力主要影响范围内的承载力。承压板面积不应小于 $0.25m^2$，对于软土不应小于 $0.5m^2$。试验基坑宽度不应小于承压板宽度或直径的三倍。应保持试验土层的原状结构和天然湿度。宜在拟试压表面用粗砂或

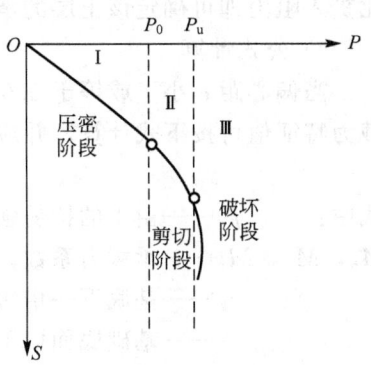

图5.5 载荷板荷载-沉降曲线

中砂层找平，其厚度不超过20mm。加荷分级不应少于8级。最大加载量不应小于设计要求的两倍。每级加载后，按间隔10min、10min、10min、15min、15min，以后为每隔半小时测读一次沉降量，当在连续两小时内，每小时的沉降量小于0.1mm时，则认为已趋稳定，可加下一级荷载。

当出现下列情况之一时，即可终止加载。

(1) 承压板周围的土明显地侧向挤出。

(2) 沉降 s 急骤增大，荷载-沉降($P-S$)曲线出现陡降段。

(3) 在某一级荷载下，24小时内沉降速率不能达到稳定。

(4) 沉降量与承压板宽度或直径之比大于或等于0.06。

当满足前3种情况之一时，其对应的前一级荷载定为极限荷载。

承载力特征值的确定应符合下列规定。

① 当 $P-S$ 曲线上有比例界限时，取该比例界限所对应的荷载值。

② 当极限荷载小于对应比例界限的荷载值的2倍时，取极限荷载值的一半。

③ 当不能按上述二款要求确定时，当压板面积为 $0.25\sim0.50m^2$。可取 $s/b=0.01\sim0.015$ 所对应的荷载，但其值不应大于最大加载量的一半。

④ 同一土层参加统计的试验点不应少于3点，当试验实测值的极差不超过其平均值的30%时，取此平均值作为该土层的地基承载力特征值 f_{ak}。

2) 静力触探试验

静力触探试验是将一个特制的金属探头用压力装置压入土中，由于土层的阻力，使探头受到一定的压力，土层强度高，探头受到的压力大，通过探头内部的压力传感器，测出土层对探头的比贯入阻力(p_s)。探头贯入阻力的大小及变化反映了土层强度的大小与变化。

静力触探试验适用于软土、一般粘性土、粉土、砂土和含少量碎石的土。静力触探可根据工程需要采用单桥探头、双桥探头或带孔隙水压力量测的单、双桥探头，可测定比贯入阻力(p_s)、锥尖阻力(q_c)、侧壁摩阻力(f_s)和贯入时的孔隙水压力(u)。

为了利用静力触探试验确定地基承载力，实践中都是利用静力触探比贯入阻力(p_s)与载荷试验求得的比例界限值进行对比或者与后面叙述的按规范查表所得的承载力相对比，建立比贯入阻力(p_s)与天然地基容许承载力的相关关系，再由静力触探测得土层的

比贯入阻力即可确定该土层的承载力值。

3) 公式计算

当偏心距 e 小于或等于 0.033 倍基础底面宽度时，根据土的抗剪强度指标确定地基承载力特征值可按下式计算，并应满足变形要求。

$$f_a = \gamma b M_b + \gamma_m d M_d + c_k M_c$$

式中： f_a——由土的抗剪强度指标确定的地基承载力特征值（kPa）；

M_b，M_d，M_c——承载力系数，根据持力层土的内摩擦角标准值 φ_k 确定；

c_k——基底下一倍短边宽深度内土的粘聚力标准值（kPa）；

γ——基础底面以下土的重度，地下水位以下取浮重度；

b——基础底面宽度（m），当基宽小于 3m 按 3m 取值，大于 6m 按 6m 取值；

γ_m——基础底面以上土的加权平均重度，地下水位以下取浮重度（kN/m³）。

5.3 地下工程地质问题

地下工程是与地质条件关系最密切的工程建筑。地下工程位于地表下一定深度，修建在各种不同地质条件的岩土体内，所遇到的工程地质问题比较复杂。从工程实践来看，地下工程的工程地质问题是围绕着工程岩体的稳定而出现的。因此，研究地下工程围岩稳定性的主要影响因素有岩体物理力学性质、岩体结构状态和类型、地应力和岩体含水状况等。预测可能发生的地质灾害，并采取相应的防治措施，是地下工程建设中非常重要的一个环节。本章在概述中主要介绍岩体、岩体结构和地应力的概念，在其他各节中，将对洞室变形及破坏类型、洞室常见特殊地质问题、围岩分级及其应用等进行叙述。

5.3.1 岩体及岩体结构的概念

从地质观点出发，岩体通常是指由各种岩石块体自然组合而成的"岩石结构物"，具有不连续性、非均质性和各向异性的特点。从工程观点出发，将与工程建筑有关的那部分岩体叫做工程岩体，有时简称岩体。岩石是矿物的自然集合体，是相对完整的块体，具有连续性、均质性。岩体是岩石的自然集合体，岩体中各岩块被不连续界面分割，这些不连续界面被称为岩体的结构面，岩块被称为结构体，结构面与结构体的组合关系称岩体结构，其组合类型称岩体结构类型。岩石的工程性质取决于组成它的矿物成分、结构和构造。岩体的工程性质不仅取决于组成它的岩石，更重要的是取决于它的不连续性。按工程性质，又可把岩体分为地基岩体、边坡岩体和洞室围岩岩体等。本章主要研究洞室围岩岩体。

1. 结构面

结构面是指岩体中的不连续界面，通常没有或只有较低的抗拉强度。结构面是指岩体中的各种破裂面、夹层、充填矿脉等，如岩层层面、层理、片理、软弱夹层、节理、断层、不整合接触界面等。结构面按成因可分为原生结构面、构造结构面和次生结构面。

1) 原生结构面

指岩石形成过程中产生的结构面。又可分为沉积结构面、火成结构面和变质结构面。

沉积结构面：指沉积岩形成时产生的结构面。如层理、层面、软弱夹层等。

火成结构面：指岩浆岩形成时产生的结构面。如冷缩节理、侵入岩的流线、流面、侵入接触面等。

变质结构面：指变质岩形成时产生的结构面。如片理面。

2）构造结构面

指地壳运动引起岩石变形破坏，形成的破裂面。如构造节理、断层、破劈理等。

3）次生结构面

指地表浅层因风化、卸荷、爆破、剥蚀等作用形成的不连续界面。如风化裂隙、卸荷裂隙、爆破裂隙、泥化夹层、不整合接触面等。

一般情况下，结构面在岩体中是力学强度相对薄弱的部位。因此，岩体的力学性质及岩体的稳定性，很大程度上取决于岩体中结构面的工程性质。结构面工程性质的影响因素主要有结构面的类型、组数、密度、产状、结构面粗糙度和结构面壁强度、结构面长度、张开度、充填物性质及厚度、含水情况等。

2. 结构体

岩体中被结构面切割而产生的单个岩石块体叫结构体。受结构面组数、密度、产状、长度等影响，结构体可以形成各种形状。常见的有块状、柱状、板状、锥状、楔形体、菱面体等。结构体形状、大小、产状和所处位置不同，其工程稳定性大不一样。当结构体形态、大小相同，但产状不同时，在同一工程位置，其稳定性不同；当结构体形状、大小、产状都相同，在不同工程位置，其稳定性也不相同。

3. 岩体结构及类型

岩体中结构面和结构体的组合关系叫岩体结构，其组合形式叫岩体结构类型，见表5-1。不同结构类型的岩体，其力学性质有明显差别。

表5-1 岩体结构划分 [《岩土工程勘查规范》(GB 50021—2001)]

岩体结构类型	岩体地质类型	结构体形状	结构面发育情况	岩土工程特征	可能发生的岩土工程问题
整体状结构	巨块状岩浆岩和变质岩，巨厚层沉积岩	巨块状	以层面和原生、构造节理为主，多呈闭合型，间距大于1.5m，一般为1~2组，无危险结构	岩体稳定，可视为均质弹性各向同性体	局部滑动或坍塌，深埋洞室的岩爆
块状结构	厚层状沉积岩，块状岩浆岩和变质岩	块状、柱状	有少量贯穿性节理裂隙，结构面间距0.7~1.5m。一般为2~3组，有少量分离体	结构面互相牵制，岩体基本稳定，接近弹性各向同性体	
层状结构	多韵律薄层、中厚层状沉积岩，副变质岩	层状板岩	有层理、片理、节理，常有层间错动	变形和强度受层面控制，可视为各向异性弹塑性体，稳定性较差	可沿结构面滑塌，软岩可产生塑性变形

(续)

岩体结构类型	岩体地质类型	结构体形状	结构面发育情况	岩土工程特征	可能发生的岩土工程问题
碎裂状结构	构造影响严重的破碎岩层	破碎状	断层、节理、片理发育，结构面间距0.2～0.5m。一般为3组以上，有许多分离体	整体强度很低，并受软弱结构面控制，呈弹塑性体，稳定性很差	易发生规模较大的岩体失稳，地下水加剧失稳
散体状结构	断层破碎带，强风化及全风化带	碎屑状	构造和风化裂隙密集，结构面错综复杂，多充填粘性土，形成无序小块和碎屑	完整性遭极大破坏，稳定性极差，接近松散体介质	易发生规模较大的岩体失稳，地下水加剧失稳

通常，可将岩体应力-应变曲线分为4种形态：①为坚硬岩石组成的完整岩体；②为坚硬岩石组成的裂隙岩体；③为软弱岩石组成的完整岩体；④软弱岩石组成的裂隙岩体。硬岩岩体主要为脆性破坏，软岩岩体主要为塑性破坏，硬岩岩体破坏强度大大高于软岩岩体。并且，在硬岩岩体中，结构面力学强度通常大大低于结构体力学强度。因此，硬岩岩体的变形破坏首先是沿结构面的变形破坏，岩体工程性质主要取决于结构面的工程性质；在软岩岩体中，因结构体力学强度较低，有时与结构面强度相差无几，甚至低于结构面强度，所以软岩岩体的工程性质主要取决于结构体的工程性质。

5.3.2 地应力

地应力也称天然应力、原岩应力、初始应力、一次应力，是指存在于地壳岩体中的应力。由于工程开挖，使一定范围内岩体中的应力受到扰动而重新分布，则称为二次应力或扰动应力，在地下工程中称围岩应力。

岩体是天然状态下长期、复杂的地质作用过程的产物，岩体中的地应力场是多种不同成因、不同时期应力场叠加，综合的结果。地应力包括岩体自重应力、地质构造应力、地温应力、地下水压力以及结晶作用、变质作用、沉积作用、固结脱水作用等引起的应力。在通常情况下，构造应力和自重应力是地应力中最主要的成分和经常起作用的因素。从实测地应力结果中减去岩体自重应力场，便可用来评价地质构造应力特性。构造应力场多出现在新构造运动比较强烈的地区。根据国内外实测地应力资料，最大测深已超过3km。但大部分测点位于地下1km范围之内。我国测点最深的是800多米，一般在200m以内。

从实测地应力资料分析，地应力基本规律可归纳为以下几个方面。

(1) 在浅部岩层，地应力垂直分量 σ_v 值接近于岩体自重应力；实测资料表明，水平分量 σ_h 大于垂直分量 σ_v。

(2) 在深部岩层，如1km以下，两者渐趋一致，甚至 σ_v 大于 σ_h。

(3) 水平分量 σ_h 有各向异性。有资料表明比值 $\sigma_{hmin}/\sigma_{hmax}=0.19\sim0.27$ 的占17%，比值为 $0.43\sim0.64$ 的占60%，比值为 $0.6\sim0.78$ 的约占20%。

(4) 最大主应力在平坦地区或深层受构造方向的控制，而在山区则和地形有关，在浅层往往平行于山坡方向。

（5）由于多数岩体都经历过多次地质构造运动，组成岩石的各种矿物的物理力学性质也不相同，因而地应力中的一部分以"封闭"或"冻结"状态存在于岩石中。

在岩土工程，特别是地下工程建设中，地应力有十分重要的意义。在高地应力地区修筑的隧道及地下洞库中，常遇到坚硬岩层中的岩爆现象和软弱岩层中的流变现象，给工程施带来危害。

5.3.3 地下洞室变形及破坏的基本类型

隧道及其他地下工程围岩的稳定性，是多种因素的综合效应，主要包括：岩石（体）的物理力学性质、岩体结构特征、含水状况、地应力状态等地质因素，以及工程所承受的荷载、工程类型、工程尺寸及施工方法等工程因素。下面就几种常见的洞室围岩变形和破坏类型作简要的阐述。

1. 围岩应力引起的变形与破坏

在土木工程中，将地下洞室开挖后洞室周围应力变化范围内的岩体称为围岩，变化后的应力称为围岩应力或二次应力。围岩应力引起的变形与破坏，主要指相对较完整岩体在围岩应力为主作用下产生的变形和破坏。

1) 围岩应力的变化规律

地下洞室开挖后，破坏了岩体中原有的地应力平衡状态，岩体内各质点在回弹应力作用下，力图沿最短距离向消除了阻力的临空面方向移动，直到达到新的平衡，这种位移现象叫做卸荷回弹。随着岩体质点的位移，岩体内一些方向上的质点由原来的紧密状态逐渐松胀，另一些方向上的质点反而挤压程度更大，岩体应力的大小和主应力方向也随之发生变化。这种岩体应力变化，一般发生在地下洞室横剖面最大尺寸的3～5倍范围内。在此范围以外，岩体依然处于原来的地应力状态。

2) 围岩应力引起的变形和破坏类型

在围岩应力作用下，围岩变形和破坏的主要类型有张裂塌落、劈裂剥落、碎裂松动、弯折内鼓、岩爆、塑性挤出、膨胀内鼓等。

（1）张裂塌落。在厚层状或块体状围岩的洞室拱顶部，当产生拉应力集中，其值超过围岩抗拉强度时，拱顶围岩将发生垂直张裂破坏。尤其是当有近于垂直的构造节理发育时，拱顶张拉裂缝易沿垂直节理发展，使被裂缝切割的岩体在自重作用下变得不稳定。此外，当岩石在垂直方向抗拉强度较低，或近于水平方向的软弱结构面发育，往往也造成拱顶塌落。

（2）劈裂剥落。过大的切向压应力可使厚层或块体状围岩表部发生平行洞室周边的破裂。一些平行破裂将围岩切割成几厘米到几十厘米厚的薄板，这些薄板常沿壁面剥落，其破裂范围一般不超过洞室的半径。当切向压应力大于劈裂岩板的抗弯强度时，这些劈裂板还可能被压弯、折断，并造成坍方。

（3）碎裂松动。碎裂松动是硬质岩因多组节理发育呈镶嵌碎裂状时的围岩变形、破坏的主要形式。洞室开挖后，如果围岩应力超过围岩的屈服强度，这类围岩就会沿已有的多组节理发生剪切错动而松弛，并围绕洞体形成一个碎裂松动带或松动圈。这类松动带本身是不稳定的，当有地下水活动参与时，极易导致拱顶坍塌和边墙失稳。松动带的厚度会随时间的推移而逐步增大。因此，该类围岩开挖后应及时支护加固。

（4）弯折内鼓。在薄层脆性围岩中，岩体变形、破坏主要表现为层状岩层以弯折内鼓的方式破坏。破坏成因有两种，一是卸荷回弹，二是由切向压应力超过薄层岩层的抗弯强度所造成的。在卸荷回弹造成的破坏中，破坏主要发生在地应力较高的岩体内（如深埋洞室或水平应力高的洞室），并且总是与岩体内初始最大应力垂直相交的洞壁上表现最强烈。故当薄层状岩层与初始最大应力近于垂直时，洞室开挖后，就会在回弹应力作用下发生如图5.6所示的弯曲、拉裂和折断，最终挤入洞内面坍倒。如垂直应力为主时，水平岩层在洞顶易产生弯折破坏，水平应力为主时，竖直岩层在洞壁易产生弯折破坏。当洞室侧壁有平行断层通过时，将加强洞壁与断层之间薄层岩体内的应力集中，从而更易产生弯折内鼓。

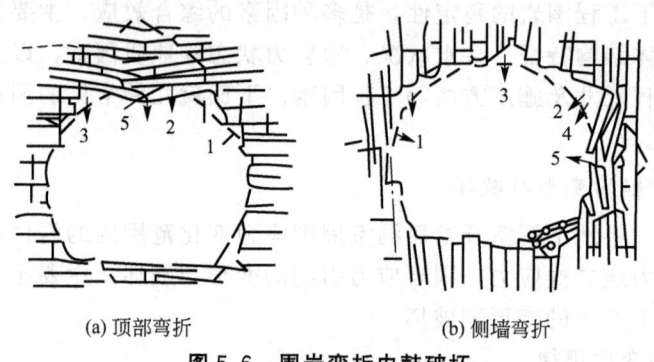

(a) 顶部弯折　　　　　　(b) 侧墙弯折

图 5.6　围岩弯折内鼓破坏

（5）岩爆。岩爆是高地应力区修建于脆性岩中的隧道及其他地下工程中常见的一种地质灾害。在高地应力区地下洞室开挖中，围岩在局部集中应力作用下，当应力超过岩体强度时，发生突然的脆性破坏，并导致应变能突然释放造成的岩石弹射或抛出现象，称为岩爆。弹射或抛出岩体小者数立方厘米，大者可达 $10m^3$ 以上，岩爆发生时，常伴有入耳可闻的爆裂，详见后述。

（6）塑性挤出。洞室开挖后，当围岩应力超过软弱岩体的屈服强度时，软弱的塑性物质就会沿最大应力梯度方向向消除了阻力的自由空间挤出。在软、硬岩体相间时，软弱岩体的塑性挤出还受岩体产出条件和洞室开挖所在部位控制。产生塑性挤出的围岩主要有固结程度较低的泥质粉砂岩、泥岩、页岩、泥灰岩等软弱岩体。此外，散体结构的围岩也存在塑性挤出的问题。通常，挤出变形的发展都有一个时间过程，一般要几周至几月后才达到稳定。

（7）膨胀内鼓。洞室开挖后，往往促使水分由围岩内部高应力区向围岩表部低应力区转移，常使某些含大量膨胀矿物、易于吸水膨胀的岩体发生强烈的膨胀内鼓变形。造成洞室设计空间不足，围岩表部膨胀开裂，并进一步风化，甚至解体。除水分重分布外，这类岩体开挖后也会从空气中吸收水分而自身膨胀。

遇水后易于膨胀的岩石主要有两类，一类是富含蒙脱石、伊利石的粘土岩类，另一类是富含硬石膏的地层。隧洞围岩中若含有遇水体积增加2.9%的岩石，就会给开挖造成困难。而有些富含蒙脱石的岩体，遇水后体积可增加14%～25%。围岩遇水膨胀后，会产生很大的围岩压力，给隧洞施工和运营带来很大困难。与围岩塑性挤出相比，围岩吸水膨胀是一个更为缓慢的过程，往往需要相当长的时间才能达到稳定。

2. 围岩构造控制的变形与破坏

受构造控制而变形、破坏的围岩，主要是脆性围岩。对于厚层状或块状结构的围岩，在构造控制下主要以沿结构面剪切滑移为主。

在厚层状或块状结构围岩中，当侧压力系数大于1时，洞室拱顶压应力集中程度较高，此时拱顶若有斜向断裂存在，在断裂面上将形成较大的剪应力分量，沿断裂面作用的剪应力往往会超过其抗剪强度，引起岩体沿断裂面的剪切滑移，岩体因滑移拉裂而坠落破坏。

当侧压力系数小于1时，洞室边墙上压应力集中程度较高，此时若有陡倾角断裂在边墙发育，常造成断裂面上剪应力超过其抗剪强度，使围岩沿断裂面发生剪切滑移，造成边墙失稳。此外，厚层状或块状结构的软弱岩体，当围岩表部压应力集中时，有时也会沿两组密集共轭节理面发生剪切错动，造成拱顶坍塌或边墙失稳。

3. 松散围岩的变形与破坏

松散围岩指具有散体结构的围岩，如断层破碎带、风化破碎带、节理极发育岩体、第四纪松散沉积等。其变形与破坏主要是在二次应力和地下水作用下发生。主要类型有重力坍塌和塑流涌出。

1) 重力坍塌

在松散岩体中开挖洞室，因岩体固结程度差或没有固结，并且大多数松散岩体地下水含量较高，导致结构面强度低，开挖后岩块在重力作用下自由坍落，形成较高的坍塌拱，有时甚至可以坍通地表。施工时必须采用边挖边砌的办法，完工后还应对衬砌背后与围岩之间的空洞或空隙进行灌浆加固。

2) 塑流涌出

当开挖揭穿饱水的断层破碎带内的松散物质时，在压力下松散物质和水常形成泥浆碎屑流突然涌入洞中，有时甚至可以堵塞坑道，给施工造成很大困难，应提前做好应变准备。

4. 地下洞室特殊地质问题

除前述围岩变形、破坏等地质问题外，洞室开挖中还经常遇到涌水、腐蚀、地温、瓦斯、岩爆等特殊地质问题。其中岩爆虽然属围岩地质问题，但习惯上仍列入特殊地质问题。

1) 洞室涌水

在富水的岩体中开挖洞室，开挖中当遇到相互贯通又富含水的裂隙、断层带、蓄水洞穴、地下暗河时，就会产生大量的地下水涌入洞室内；已开挖的洞室，如有与地面贯通的导水通道，当遇暴雨、山洪等突发性水源时，也可造成地下洞室大量涌水。这样，新开挖的洞室就成了排泄地下水的新通道。若施工时排水不及时，积水严重时会影响工程作业，甚至可以淹没洞室，造成人员伤亡。常见的隧道涌水量预测方法有相似比拟法、水均衡法、地下水动力学法等。

2) 腐蚀

地下洞室围岩的腐蚀主要指岩、土、水、大气中的化学成分和气温变化对洞室混凝土的腐蚀。地下洞室的腐蚀性可对洞室衬砌造成严重破坏，从而影响洞室稳定性。

3) 地温

对于深埋洞室，地下温度是一个重要问题，隧道温度超过32℃时，施工作业困难，劳动效率大大降低。地壳中温度有一定变化规律。地表下一定深度处的地温常年不变,称为常温带。常温带以下,地温随深度增加,地热增温率约为1℃/33m。除了深度外,地温还与地质构造、火山活动、地下水温度等有关。岩层层状构造方向导热性好,所以,陡倾斜地层中洞室温度低于水平地层中洞室温度;在近代岩浆活动频繁地区受岩浆热源影响,地温较高;在地下热水、温泉出露地区,地温也较高。

4)瓦斯

地下洞室穿过含煤地层时,可能遇到瓦斯。瓦斯能使人窒息致死,甚至可以引起爆炸,造成严重事故。瓦斯是地下洞室有害气体的总称,其中以甲烷为主,还有二氧化碳、一氧化碳、硫化氢、二氧化硫和氮气等。瓦斯一般主要指甲烷或甲烷与少量有害气体的混合体。当瓦斯在空气中浓度达到5%~6%,能在高温下燃烧;当瓦斯浓度由5%~6%到14%~16%时,容易爆炸。特别是含量为8%时最易爆炸;当浓度过高,达到42%~57%时,使空气中含氧量降到9%~12%,足以使人窒息。

瓦斯爆炸必须具备两个条件:一是洞室内空气中瓦斯浓度已达到爆炸限度;二是有火源。地下洞室一般不宜修建在含瓦斯的地层中,如必须穿越含瓦斯的煤系地层,则应尽可能与煤层走向垂直,并呈直线通过。洞口位置和洞室纵坡要利于通风、排水。施工时应加强通风,严禁火种,并及时进行瓦斯检测。

5)岩爆

地下洞室在开挖过程中,围岩突然猛烈释放弹性变形能,造成岩石脆性破坏,或将大小不等的岩块弹射或掉落,并常伴有响声的现象叫做岩爆。轻微的岩爆仅使岩片剥落,无弹射现象,无伤亡危险。严重的岩爆可将几吨重的岩块弹射到几十米以外,释放的能量可相当于200多吨TNT炸药。岩爆可造成地下工程严重破坏和人员伤亡。

本 章 小 结

(1)边坡变形破坏的基本类型可分为两种情况:坡面局部破坏、边坡整体性破坏。边坡岩体变形破坏的基本形式可概括为松动、松弛张裂、蠕动、剥落、滑坡、崩塌落石等。边坡稳定性的评价方法主要有:①工程地质分析法;②理论计算法(公式计算、图解及数值分析);③试验及观测方法。

(2)地基变形破坏的基本类型主要为:①地基不均匀下沉和变形过大;②地基的滑移、挤出。地基的剪切破坏软弱土的地基处理方法主要有换填土法、堆载预压法、重锤夯实法、强夯法、化学加固法、高压喷射注浆法等;基承载力特征值的确定可由载荷试验或其他原位测试、公式计算并结合工程实践经验等方法综合确定。

(3)岩体及岩体结构的概念及基本类型;围岩应力引起的变形和破坏类型主要有张裂塌落、劈裂剥落、碎裂松动、弯折内鼓、岩爆、塑性挤出、膨胀内鼓等。

关键术语

岩体结构类型 structural types of rock mass；结构面 structural plane；不良地质现象 adverse geologic phenomena；地基承载力特征值 characteristic value of subgrade bearing capacity；地下洞室 underground opening；围岩 surrounding rock；岩爆 rockbust；地基处理 ground treatment

知识链接

上海长江隧桥工程是目前世界上最大的隧桥工程，其位于长江入海口南支，采用"南隧北桥"方案。工程全长25.5km，其中隧道段长8.9km，桥梁段长10.3km，长兴岛和崇明岛接线道路共长6.3km。

"南隧"部分设计采用盾构方式，用于隧道掘进的盾构机直径为15.3m，是当今世界上最大直径的盾构隧道。"北桥"部分按照3×10^5t级集装箱船及5×10^4t级散货船双向通航要求，建造一座全长10.3km的斜拉桥，其中主跨730m，主塔高210m。工程桥梁段为宽度33.5m的双向六车道，按照高速公路等级标准设计，设计行车速度为100km/h，两侧为轨道交通线路。隧道段为上下两层，上层为机动车道，下层为轨道交通。隧道宽度为15.3m，上层机动车道设计行车速度为80km/h。

工程所在区域为扬子准地台次级构造单元扬子台褶带，属下扬子地震小区。勘测调查结果显示，工程沿线未发现断裂构造。工程邻近区域断裂规模小，且近现代无活动迹象，对工程建设与正常运营不会造成影响。工程穿越长江河口，水文条件复杂多变，地层岩相空间变化大，环境地质问题比较突出，易对工程的建设施工与安全运营带来不利影响。对工程具有潜在危害的环境地质问题主要有软土变形、水土突涌、水下砂体运移、浅层天然气、岸带冲淤、砂土液化、地面沉降等几个方面。

施工阶段可能诱发软土变形、水土突涌、地面沉降等地质灾害，主要因对土体结构破坏和动、静荷载作用使原有应力状态改变而引起。桥梁的桩基础施工等可能引起不同程度的地基土变形，附加荷载的逐渐施加也将产生一定的沉降，从而导致工程沿线及一定范围的地面沉降和不均匀沉降。隧道施工会揭遇浅层的软土与砂层，容易诱发流砂管涌，加剧软土的释水固结变形，并在一定范围内引发塌陷或地面沉降。而在营运阶段，由于工后沉降和交通荷载的作用，将产生附加沉降，但其影响比较微弱。沿线地质条件与施工工艺的不同，也有可能引起差异沉降。

地质灾害危险性的评价指标体系包括：地质环境条件复杂程度、建设项目重要性、地质灾害发育种类、地质灾害危害程度、灾害防治技术措施成熟与否及其实际效果等。根据工程所在地区地质环境条件、地质灾害及其危害的分析，结合现有防治技术措施难易程度及其效果，可将工程沿线范围内地质灾害危险性分为两个区段3个级别，即：工程陆域部分危险性小；水域桥梁段危险性中等；水域隧道段危险性大。

根据工程设计与施工方案，桥梁段使用桩基础，隧道段采用盾构掘进。因此，水土突涌、浅层天然气、差异沉降等是防治的重点。水土突涌防治的具体工程措施有：降低地下水位，做好盾构推进过程中的止水与堵漏，采用土压平衡式等恰当的掘进工艺，并及时跟进支护体系的支撑围护，必要时选择冷冻法施工。浅层天然气灾害的防治措施有：预先钻孔排气，提前释放土体中天然气，以避免工作面附近出现应力集中和高压天然气。对于水下砂体运移与岸带冲淤，应避开岸滩不稳定区段，同时对水流较强、泥沙来源多的水域，对工程推进线路进行优化，并布置水文观察站网，进行长期观察。对冲蚀岸滩可修筑护岸堤坝，也可修筑丁坝形成锯齿状新岸滩，使其得到保护。对桥墩等水中孤立建筑物的泥沙冲刷防护，临时的可采用抛堆砂袋，长期防护则应采用加固基础的方法治理。桥梁段的桩基础已穿越液化土层，因而砂土液化的危害得到克服。隧道的抗渗流液化可采用防突涌的技术措施。对地面沉降及其差异沉降的防治，可采用桩基础，选择强度大变形小、分布较为稳定的地层作为桩基持力层，同时要考虑和验算下卧压缩层的变形量。

思 考 题

(1) 简述边坡变形破坏的基本类型。
(2) 软弱土地基处理措施有哪些？
(3) 如何确定地基承载力特征值？
(4) 围岩变形和破坏的主要类型有哪些？

第6章 岩土工程稳定性评价

本章教学要点

知识要点	掌握程度	相关知识
土质地基稳定性计算	掌握	边坡稳定性计算、地基承载力计算、地基处理
基坑工程的稳定性	熟悉	基坑抗倾覆、基底抗隆起计算，基坑支护方式
地下洞室围岩稳定性	了解	围岩破坏机理、稳定性计算方法

本章技能要点

技能要点	掌握程度	应用方向
地基承载力计算	掌握	建筑基础的设计、道路地基承载计算
边坡稳定性计算	熟悉	基坑的开挖设计、支护方案、监测等
地下洞室围岩稳定性	了解	隧道、巷道，地下仓库、掩体及地下商场等设计、施工等内容

导入案例

浙江省杭州市地铁1号线湘湖站工段施工工地(露天开挖作业)2008年11月15日发生重大塌陷事故，造成长约100m、宽约50m的正在施工的区域塌陷，施工现场西侧路基下陷达6m左右，将施工挡土墙全部推垮，自来水管、排污管断裂，大量污水涌出，同时东侧河水及淤泥向施工塌陷地点溃泄，导致施工塌陷区域逐渐被泥水淹没。事故造成在此处行驶的11辆汽车下沉陷落(车上人员2人轻伤，其余人员安全脱险)，施工人员20余人死亡。

事故发生后，施工方初步得出的原因有3点：其一是杭州的土质特殊，含水的土质流失性强；其二是事故坍塌所在地来往车流量大，给基坑西面的承重墙带来太大冲击；三是2008年10月份杭州的持续性降雨过程使得地底沙土的流动性进一步加大。中铁隧道集团有限公司有关调查人员认为，土质太软造成的土地滑移是此次事故的直接原因，土质流失性强、来往车流量大、雨水浸泡等原因造成了基坑内外压差较大，当内外压差积累到一定程度时，土体移动就不可避免。

中国工程院院士王梦恕在事故现场表示，这次事故属于"突发性自然地质灾害"，他认为事故原因除了"上马匆忙，前期的筹划、设计都比较草率"等原因外，工程的工期存在"拍脑袋定工期"现象。王梦恕说，按照地铁施工惯例，设计的时候一般要求是封闭的，从此次塌陷地的设计图分析，应该也是没有考虑通行问题，"我看它就仅有0.8m的防水墙，在本该放横撑的地方加了块钢板，显然没考虑到(开放施工)这个问题"。"如果一开始设计通行的话，就必须要设计挡土墙，那样的设计方案就必然大不同。"

6.1 地基稳定性评价处理

由于地面空间逐渐减少，在一些薄弱地段兴建工程的情况越来越多。地层一般进入稳定变形期之后，有些建筑物不采取任何抗变形措施均可施工；但有时由于受特殊地质因素影响，地基未能达到长期稳定，将会给工程留下隐患；或者某些拟建的重要建筑物对地表稳定性要求很高，此时就应该考虑地表进入稳定期后对残余变形的影响。

地基是直接支承建(构)筑物重量的地层，有天然地基与人工地基之分。天然地基是未经加固的地基，基础直接砌置其上；人工地基是经人工加固处理后的地基，若基础埋置深度小于5m时称为浅基，基础埋置深度等于或大于5m时称为深基。基础指的是建(构)筑物在地下直接与地基相接触的部分。图6.1给出了地基与基础的示意图。

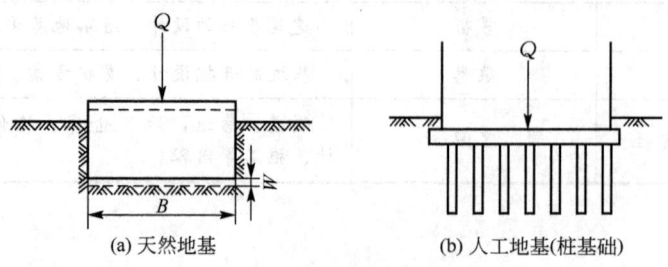

图6.1 地基与基础示意图

地基稳定性研究是各种建筑物与构筑物岩土工程勘察与设计中的最主要任务。地基稳定性包括地基强度和变形两部分。若建筑物荷载超过地基强度，地基的变形量过大，则会使建筑物出现裂隙、倾斜甚至发生破坏。为了保证建筑物的安全稳定、经济合理和正常使用，必须研究与评价地基的稳定性，提出合理的地基承载力和变形量，使地基稳定性同时满足强度和变形两方面的要求。因此分析地基稳定性，对安全、经济、合理的建设工程均具有实际指导意义。

6.1.1 土基稳定性评价及处理

1. 影响因素

地基稳定性评价指工程建筑物影响范围内岩土体的稳定性评价，其影响因素包括地质构造、岩性、埋深、厚度、物理力学性质及地下水等因素。

地质构造中的断层对地基稳定性有很大的影响，因此地质条件中要了解断层的类型及其活动方式，断层形成的时间，断层活动和破碎带给建设工程带来的影响。

地表岩溶由于地质作用造成基岩表面起伏较大，并且在凹面处往往分布软土层，因而使地基不均匀。地基土主要受力层范围内有各种洞穴时，当施加附加荷载或振动荷载后洞顶坍塌使地基突然下沉。若基础埋置在基岩上，其附近有溶沟、竖向岩溶裂隙、落水洞等，有可能使基础下岩层沿倾向临空面的软弱结构面产生滑动。

地震是最严重也是危害最大、破坏范围最广的自然动荷载。从我国地震中遭受破坏的建筑来看，有些房屋是因为地基的原因而导致上部结构破坏，这类问题的出现多为液化地基、易产生震陷的软弱岩土地基或不均匀地基，大量的一般性地基是具有良好的抗震能力的。饱和土液化的原因在于振动作用下土体积收缩和排水不畅，孔隙水压力上升，导致有效应力降低的缘故。影响土体液化的主要因素有振动强度、透水性、密度、粘性、静应力状态等。

矿业采煤时，采用破坏性的回采方法，会使煤层顶板塌落，造成地面下陷、开裂及边坡滑塌。岩层裂隙发育、透水性好，加上煤层回采滑塌，造成岩层裂隙发育，使地下水渗透更加畅通，同时也降低了地基稳定性。

2. 土质地基稳定性计算

软基中由于软土含水量较大、压缩性高、承载力低、沉降量大且持续时间较长等特点，不能满足建筑（构筑）物地基强度及稳定性提出的要求。目前评价地基稳定性的方法很多，理论上多采用极限平衡法，用稳定系数作为评价指标，但实际工程中由于滑动面的位置及其强度参数难以准确确定，新技术和新材料的采用，使计算结果与实际情况存在较大差别。为了保证各项工程安全经济地顺利进行，有时采用现场测试和试验资料对其稳定性进行综合分析评价。广义上，地基稳定性问题还包括地基承载力不足而失稳、构筑物基础在水平荷载作用下的倾覆和滑动失稳等现象。

1) 土坡失稳带来的稳定性问题

在山区建筑中，建筑物经常选在斜坡上或斜坡顶、或斜坡脚、或邻近斜坡地区，斜坡的稳定性将会影响建筑物的地基稳定和建筑物的安全与营用。土坡滑动指的是土坡在一定范围内整体沿某一滑动面向下和向外滑动而丧失其稳定性。土坡作用力发生变化，例如在坡顶堆放材料或建造建筑物使坡顶荷载增大，改变土坡原来的力学平衡状态；土体抗剪强度降低导致的抗滑力降低；深入土坡裂隙中的水增加侧向水压力以及土坡岩土体的地质构造和动水力作用，这些因素均会影响到土坡的稳定性。土坡稳定性分析属于土力学中的稳定问题，也是工程中非常重要且实际的问题。

土坡滑动失稳的原因有以下两种：外界力的作用破坏了土体内原来的应力平衡状态，土的抗剪强度受到外界各种因素的影响而降低。土坡的稳定安全度是通过稳定安全系数 K 表示的，即土的抗剪强度与土坡中可能滑动面上产生的剪应力之间的比值。

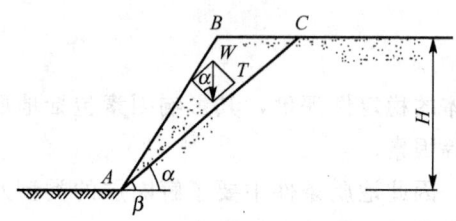

图 6.2 砂性土土坡稳定分析

由均质砂性土构成的土坡，破坏时滑动面大多近似于平面，成层的非均质的砂类土构成的土坡，破坏时的滑动面也往往近似于一个平面，因此在分析砂性土的土坡稳定时，一般均假定滑动面是平面。如图 6.2 所示的简单土坡，已知土坡高度为 H，坡角为 β，土的重度为 γ，土的抗剪强度 $\tau_f = \sigma \times \tan\varphi$，假定滑动面通过坡角 A 的平面为 AC，AC 的倾角为 α。

沿土坡长度方向上取单位长度，作平面应变分析，已知滑动土体 ABC 的重力为：

$$W = \gamma S_{\triangle ABC}$$

W 在滑动面 AC 上的法向分力 N 及正应力 σ 为：

$$N = W\cos\alpha, \quad \sigma = \frac{N}{AC} = \frac{W\cos\alpha}{AC}$$

W 在滑动面 AC 上的切向分力 T 及剪应力 τ 为：

$$T = W\sin\alpha, \quad \tau = \frac{T}{AC} = \frac{W\sin\alpha}{AC}$$

土坡的滑动安全系数为：

$$K = \frac{\tau_f}{\tau} = \frac{\sigma\tan\varphi}{\tau} = \frac{\dfrac{W\cos\alpha}{AC}\tan\varphi}{\dfrac{W\sin\alpha}{AC}} = \frac{\tan\varphi}{\tan\alpha}$$

一般要求 $K > 1.25 \sim 1.30$。

粘性土坡稳定性分析的常用方法有瑞典圆弧法、费伦纽斯法、泰勒稳定系数法以及毕肖甫条分法等，其中圆弧法为稳定性分析的基本方法，主要根据土坡极限平衡稳定进行计算，当自然界均质土坡失去稳定，认为滑动面曲面接近圆弧。如图 6.3 所示，当土坡沿弧 AD 滑动时可视为土体 $ABCD$ 绕圆心 O 转动。取土坡 1m 长度进行分析，圆弧法主要计算步骤为：

计算滑动力矩 M_T，由滑动土体 $ABCD$ 的自重

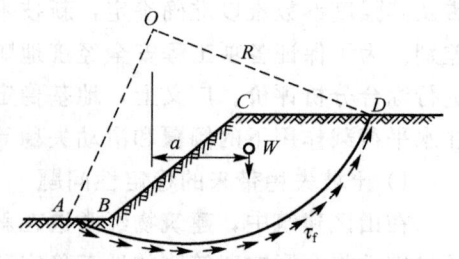

图 6.3 粘性土土坡稳定分析

在滑动方向上的分力产生；计算抗滑力矩 M_R，由滑动面 AD 上的摩擦力和粘聚力产生。

$$M_T = Wa$$

$$M_R = \tau_f \hat{L} R$$

式中：W——滑动体 $ABCD$ 的重力，kN；

a——W 对 O 点的力臂，m；

τ_f——土的抗剪强度，根据库仑定律计算，kPa；

$\hat{L}$——滑动圆弧 AD 的长度，m；

R——滑动圆弧面的半径，m。

土坡稳定安全系数 K 可用抗滑力矩 M_R 与滑动力矩 M_T 的比值来表示：

$$K = \frac{\text{抗滑力矩}}{\text{滑动力矩}} = \frac{M_R}{M_T} = 1.1 \sim 1.5$$

通过多步试算法确定 $K_{\min}$。由于上述的弧 AD 是任意选定的，并不一定是最危险的真正的滑动面，所以通过试算法，找出安全系数最小值的滑动面，即最危险的真正的滑动面。

路基边坡稳定性主要考虑行车荷载，计算时将行车荷载换算成相当于路基岩土层厚度，计入滑动体重力中去。浸水路堤除受自重和行车荷载作用外，还受到水浮力和渗透动水压力的作用，水的浮力取决于浸水深度，渗透动水压力则视水的落差而定。对路堤边坡不利的为水流向外，如果落水迅猛，渗流速度加快，容易带出路堤内的细粒土，动水压力将使边坡失稳。

2）地基承载力的稳定性计算

地基承载力指地基所能承受由建（构）筑物基础传来的荷载的能力。建筑地基在荷载作用下由于承载力不足容易产生剪切破坏，地基变形的3个阶段如图6.4所示。

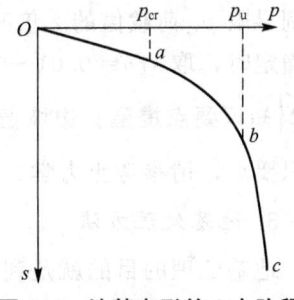

图 6.4 地基变形的 3 个阶段

线性变形阶段 Oa 段，荷载小，主要产生压缩变形，荷载与沉降关系接近于直线，土中 $\tau < \tau_f$，地基处于弹性平衡状态；弹塑性变形阶段 ab 段，荷载增加，荷载与沉降关系呈曲线，地基中局部产生剪切破坏，出现塑性变形区；破坏阶段 bc 段，塑性区扩大，发展成连续滑动面，荷载增加，沉降急剧变化。地基开始出现剪切破坏（即弹性变形阶段转变为弹塑性变形阶段）时，地基所承受的基地压力称为临塑荷载 p_{cr}；地基濒临破坏（即弹塑性变形阶段转变为破坏阶段）时，地基所承受的基地压力称为极限荷载 p_u。

地基呈现3种典型的破坏形式，分别为整体剪切破坏、局部剪切破坏和冲剪破坏，如图6.5所示。

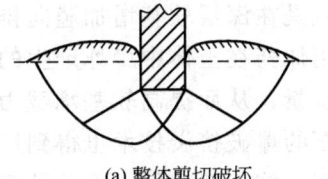 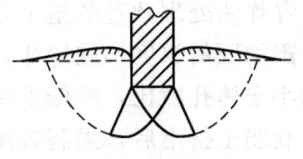 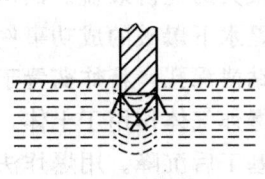

(a) 整体剪切破坏　　　　　(b) 局部剪切破坏　　　　　(c) 冲剪破坏

图 6.5 地基破坏形式

整体剪切破坏 $p-s$ 曲线上有两个明显的转折点，可区分地基变形的 3 个阶段，地基内产生塑性变形区，随着荷载增加塑性变形区发展成连续的滑动面，荷载达到极限荷载后，基础急剧下沉，并可能向一侧倾斜，基础两侧地面明显隆起。局部剪切破坏 $p-s$ 曲线转折点不明显，没有明显的直线段，塑性变形区不延伸到地面，限制在地基内部某一区域内，荷载达到极限荷载后，基础两侧地面微微隆起。冲剪破坏 $p-s$ 曲线没有明显的转折点，地基不出现明显连续滑动面，荷载达到极限荷载后，基础两侧地面不隆起，而是下陷。

由理论公式计算的极限承载力是在地基处于极限平衡时的承载力，为了保证建筑物的安全和正常使用，地基承载力设计值应以一定的安全度将极限承载力进行折减。安全系数 K 与上部结构的类型、荷载性质、地基土类型以及建筑物的预期寿命和破坏后果等因素有关，但目前尚无统一的安全度准则可用于工程实践，一般认为安全系数可取 2~3，但不得小于 2。

根据现场原位试验成果确定地基承载力时，可通过现场载荷试验、静力触探试验、标准贯入试验等。

载荷试验法得到的 $p-s$ 曲线中：有明显的比例界限时，拐点处极限荷载 p_u 即为地基极限承载力，再除以安全系数 K，可得到容许承载力；极限荷载能确定，但其值小于对应比例界限 p_{cr} 荷载值的 2 倍时，取极限荷载值的一半作为地基容许承载力；不能按上述两点确定时，取 $s/b=0.01\sim0.015$ 对应荷载值为地基容许承载力。

知识要点提醒：边坡稳定性问题和地基承载力的计算问题是土木建筑工程经常遇到的知识要点，请参考土力学、基础工程等书籍的相关内容掌握该知识点。

3. 地基处理方法

地基处理的目的就是利用各种方法对地基土进行加固，以提高地基的抗剪强度、降低地基的压缩性和改善地基的透水性（一种增加地基土的透水性加快固结，另一种是降低透水性或减少其水压力）。目前地基处理方法很多，现主要介绍以下几种。

1）动力加固法

强夯法是法国 Menard 技术公司于 1969 年首创的一种加固方法，它通过一般 10~40t 的重锤和 10~40m 的落距，对地基土施加很大的冲击能，在地基土中所出现的冲击波和动应力，可提高土的强度与承载力，降低土的压缩性，消除湿陷性等。适用于处理碎石土、砂土、低饱和度的粉土和粘性土、湿陷性黄土、填土等地基。

将工程爆破技术用于软基处理的方法在沿海工程中得到越来越多的应用。20 世纪 80 年代用水下爆破方法处理沿海滩头淤泥软弱地层基础，修建海港码头、海堤获得成功，创造了很大的经济效益。四川省寿县维尼码头、福建福鼎船坞、连云港防浪堤等软基处理工程都是水下爆破的成功事例。爆炸法处理软基的施工方法就是在深层软基增加竖向排水通道后钻凿深孔，将炸药置于所需加固的深度实施爆炸，利用炸药在土体中爆炸产生的冲击波和爆炸气体作用于土体，减小土体孔隙比，降低土中含水量，从而提高软基承载力，减小软基工后沉降。用爆炸法将软弱土挤出后，强制置换块石的爆破挤淤技术也得到广泛的应用。与其他方法相比，爆炸法施工工艺简单，施工周期短，施工费用低，因此处理深厚软基具有很好的应用前景。

2) 排水固结法

排水固结法的基本原理是软土地基在附加应力作用下，逐渐排出孔隙水，使土层产生固结变形，同时由于孔隙水压力减少，土的有效应力增加，地基抗剪强度增加，提高地基沉降速率。这类地基处理方法包括预压法（堆载与真空，以及二者联合预压法）、砂井法、降低地下水位法、电渗排水法等。

在饱和软土地基上施加荷载后，孔隙水被缓慢排出，孔隙体积随之逐渐减少，地基发生固结变形；随着超静水压力逐渐消散，有效应力逐渐提高，地基土强度就逐渐增长。真空预压法是在需要加固的软土地基表面先铺设砂垫层，然后埋设垂直排水管道，再用不透气的封闭膜使其与大气隔绝，通过砂垫层内埋设的吸水管道，用真空装置进行抽气，使其形成真空，增加地基的有效应力。当真空预压达不到要求的预压荷载时，可与堆载预压联合使用，其堆载预压荷载和真空预压荷载可叠加计算。

砂井法包括袋装砂井、塑料排水带等系列方法，即在软粘土地基中，设置一系列砂井，在砂井之上铺设砂垫层或砂沟，人为地增加土层固结排水通道，缩短排水距离，从而加速固结，并加速强度增长。

通过降低地下水位使土体中的孔隙水压力减小，从而增大有效应力，促进地基固结。电渗排水法就是在土中插入金属电极并通以直流电，由于直流电场作用，土中的水从阳极流向阴极，然后将水从阴极排除，而不让水在阳极附近补充，借助电渗作用可逐渐排除土中水。在工程上常利用它降低粘性土中的含水量或降低地下水位来提高地基承载力或边坡的稳定性。

3) 胶结法

胶结法是对注浆法、高压喷射注浆法、水泥土搅拌法等地基处理方法的统称，即在软弱地基中部分土体内掺入水泥、水泥砂浆以及石灰等物，形成加固体，以提高地基承载力和减小沉降。在此原理基础上，开发的小导管注浆超前支护技术，就是先在工作面周边上安设带孔钢管（导管），然后用注浆泵将浆液通过导管压入地层，使浆液在地层中凝固，从而达到超前加固地层的作用。该支护形式对易于成孔的松散地层是比较理想的注浆加固手段。

> **应用实例**
>
> 北京地铁"复—八"线东单至建国门区间隧道由南北两条正线组成，线间距 16.8m，全长 918.78m。该区间位于繁华的建国门内大街之下，平均埋深为 15m。该区间隧道经小导管注浆，将隧道洞身周边一定范围内的砂体固结成一壳体，形成一个预支护体，有效地控制了拱顶下沉和地表沉降，同时由于固结了周边地层，使喷射混凝土与地层粘结增强，加快了施工进度，降低了工程成本。

4) 冻结法

通过人工冻结地层，使地层温度低到孔隙水的冰点以下（由于土中含有矿物成分，土体冻结温度一般情况低于零度），形成强度较高的冻土墙，从而具有良好的止水性和较高的承载力，它是一种软粘土或饱和砂土中临时加固地层的措施。1862 年，英国南威尔士矿山首次应用人工冻结法加固地层，随后人工地层冻结技术作为一种临时加固地基的施工方法，被越来越多地用于隧道施工、地铁区间旁通道施工、盾构进出洞、隧道抢险及其他抢险工程中。冻结法基本不受支护范围和支护深度的限制,能在极其复杂的工程地质和水文地质条件下形成冻土墙,具有严格的防水性和无污染性,并随着工程规模加大,经济上可与其他方法竞争。

 **应用实例**

南京地铁张府园车站南隧道盾构出洞过程中,洞门两侧出现大量流砂,附近区域的沉降量较大,为了确保地下管线和地面交通的正常使用和安全运行,在南京首次实施了地下工程的人工冻结法施工。随后在一号线的6个联络通道工程中,除了一个联络通道采用顶管法施工外,其余5个通道均采用了冻结法加固地层,保证了施工安全。

4. 地基处理与复合地基

《建筑地基基础设计规范》(GB 50007—2002)中,明确指出地基处理指为提高地基土的承载力,改善其变形性质或渗透性而采取的人工方法;复合地基指部分土体被增强或置换,形成的由地基土和增强体共同承担荷载的人工地基。由此可见前者着重于方法,后者则是一种地基。灰土挤密加固地基是一种人工复合地基,属于动力加固法的范畴,它是深层加密地基的方法,挤密桩在土中挤压成孔时,桩孔内原有的土体被强烈地侧向挤出,使桩周一定范围内土层受到挤压、扰动和重塑。桩间土在成桩过程中受到两次挤密,一次是桩管成桩孔时的挤密加固;另一次是回填夯实桩体时的挤密加固,使桩周土与桩体形成一定的挤密区,桩周出现一定范围的塑性区与弹性区。这样桩体与挤密土体共同作用使复合地基承载力提高。

当然,地基处理很多,如置换法是以砂、碎石等材料置换软土,与未加固部分形成复合地基,加筋法是在土层中以埋设强度较大的土工合成材料、拉筋、受力杆件的方式增强地基稳定性。

6.1.2 岩基稳定性评价及处理

坚硬、半坚硬岩体地基容许承载力的确定,必须强调在野外地质调查的基础上,考虑岩石的埋藏条件、风化程度、节理裂隙的发育情况及建筑物的重要性进行综合分析,并参照有关资料,必要时对强风化岩体和软岩需进行野外载荷试验及其他现场原位试验来确定。

工业及民用建筑中岩石地基承载力的确定由于岩石地基的容许承载力主要决定于地基岩体的工程地质性质,尤其是与岩石的风化程度、岩体的结构特点,各种结构面的特性及其组合情况以及场地的水文地质条件有关。一般按照下式确定地基中岩体的承载力 $[R]$:

$$[R] = KR_0$$

式中:R_0——岩石的饱和单轴抗压强度;
K——岩石地基均质系数,查表 6-1 得出。

表 6-1 岩石均质系数表

岩石类型	风化程度		
	岩石完整,稍有裂隙	裂隙中等发育,闭合呈块石状	裂隙极发育,破碎,碎石状
硬质岩石	0.17~0.10	0.10~0.06	0.06~0.05
软质岩石	0.20~0.14	0.14~0.10	0.10~0.09

1. 岩石地基的稳定性及其影响因素

岩坡的破坏类型从形态上来看可分为岩崩和岩滑两种。岩崩一般发生在边坡过陡的岩坡中,这时大块的岩体与岩坡分离而向前倾倒,或者坡顶岩体因某种原因脱落而在坡脚下堆积,经常产生于坡顶裂隙发育的地方。岩滑可分为平面滑动、楔形滑动以及旋转滑动。平面滑动是一部分岩体在重力作用下沿着某一软面的滑动,滑动面的倾角必大于该平面的内摩擦角,不仅滑体克服了底部的阻力,也克服了两侧的阻力;硬岩中,如果不连续面横切坡顶,边坡上岩石两侧分离,则也能发生平面滑动。楔形滑动是岩体沿两组(或两组以上)的软弱面滑动的现象,挖方工程中如果两个不连续面的交线出露,则楔形岩体失去下部支撑作用而滑动,法国马尔帕塞坝的崩溃(1959年)就是岩基楔形滑动的结果。旋转滑动的滑动面通常呈弧形状,一般产生于非成层的均质岩体中。

岩性对边坡的稳定及其边坡的坡高和坡角起重要的控制作用。坚硬完整的块状或厚层状岩石如花岗岩、石灰岩、砾岩等可以形成数百米的陡坡,如长江三峡峡谷。在区域构造比较复杂、褶皱比较强烈、新构造运动比较活动的地区,岩基稳定性差。断层带岩石破碎,风化严重,又是地下水最丰富和活动的地区极易发生滑坡。不少滑坡的典型实例都与水的作用有关或者水是滑坡的触发因素,充水的张开裂隙将承受裂隙水静水压力的作用;地下水的渗流,将对边坡岩土体产生动水压力。

持力层是指地基中直接支持建筑物荷载的岩土层,它直接与基础底面接触,起到直接支撑基础的作用。持力层的性质、埋藏条件和承载能力等对基础类型、基础埋深、地基承载力、地基加固和施工方法的选择有很大影响。在地基内一般选择的持力层应该是承载力高、变形小以及有利于建筑物和地基稳定的岩土层。基岩中存在软弱夹层为岩石的差异性风化的主要特征,在不均匀性地基土上选用该类地层作为钻孔灌注桩持力层时,它的存在将对桩长、单桩承载力、桩体沉降等带来不同程度的影响。

当岩基受到有水平方向荷载作用后,由于岩体中存在节理及软弱夹层,因而增加了岩基滑动的可能。坚硬岩石滑动破坏往往受到岩体中的节理、裂隙、断层破碎带以及软弱结构面的空间方位及其相互间的组合形态所控制。由于岩基中天然岩体的强度主要取决于岩体中各软弱结构面的分布情况及其组合形式,而不决定于个别岩石块体的极限强度。因此在探讨岩石地基的强度与稳定性时首先应当查明岩基中的各种结构面与软弱夹层位置、方向、性质,以及搞清它们在滑移过程中所起的作用。

根据过去岩基失事的经验以及室内模型试验的情况来看,大坝失稳形式主要有两种情况:第一种情况是岩基中的岩体强度远远大于坝体混凝土强度,同时岩体坚固完整且无显著的软弱结构面。这时大坝的失稳多半是沿着坝体与岩基接触处产生,这种破坏形式称为表层滑动破坏。第二种情况是在岩基内部存在着节理、裂隙和软弱夹层,或者存在着其他不利于稳定的结构面。在此情况下岩基容易产生深层滑动。除了上述两种破坏形式,有时还会产生混合滑动的破坏形式,即大坝失稳时一部分沿着混凝土与岩基接触面滑动,另一部分则沿岩体中某一滑动面产生滑动。因此混合滑动的破坏形式实际上是介于上述两种破坏形式之间的情况。

目前评价岩基抗滑稳定,一般仍采用稳定系数分析法。

2. 岩石地基的处理方法

建筑物的地基长期埋藏于地下,在整个地质历史中,它遭受了地壳变动的影响,使岩体存在着褶皱、破裂和折断等现象,直接影响到建筑物地基的选用。对于要求高的建筑物来说,首先在选址时就应该尽量避开构造破碎、断层、软弱夹层、节理裂隙密集带、溶洞发育等地段,将建筑物选在最良好的岩基上。但实际上,任何地区都难找到十分完美的地质条件,多少存在着这样或那样的缺陷。

岩石地基开挖遇软弱夹层、较大构造裂隙等不良地质情况时,其沉降量和地基承载力不能满足要求,应通过加固地基的方式来提高其承载力和地基刚度,经过人工处理的地基方能确保建筑物的安全。目前常用的岩石地基加固方法有灌浆和锚固技术。

1) 岩基加固的一般要求

处理过的岩基应该满足均一的弹性模量和足够的抗压强度,以减少建筑物修建后的绝对沉降量,或者有足够的抗剪强度,使建筑物不致因承受水压力、土压力、地震力或其余推力,沿着某些抗剪强度低的软弱结构面滑动。如为坝基,则要求有足够的抗渗能力,使库体蓄水后不致产生渗漏,避免增高坝基扬压力和恶化地质条件,导致坝基不稳。

所以当岩基内有断层或软弱带或局部破碎带时,则需将破碎或软弱部分,采用挖、掏、填(回填混凝土)的处理,并及时进行固结灌浆以加强岩体的整体性,提高岩基的承载能力,达到防止或减少不均匀沉降的目的。

2) 灌浆技术

灌浆是将一定的材料配制成浆液,用压送设备将其灌入地层或缝隙内,使其扩散、胶凝、固化或发生聚合,以达到加固或防渗漏的目的。

渗透灌浆是指在压力作用下使浆液充填岩石的裂隙,排出裂隙中存在的自由水和气体,基本上不改变原状岩体的结构和体积,灌浆压力相对较小,适用于有裂隙的岩石。劈裂灌浆是指在压力作用下,浆液克服地层的初始应力和抗拉强度,引起岩石结构破坏和扰动,使其沿垂直于最小主应力的平面上发生劈裂,地层中原有裂隙张开,形成新的裂隙,浆液的可灌性和扩散距离增大,所用的灌浆压力相对较高。对于岩石地基,目前常用的灌浆压力不能使新鲜岩石产生劈裂,主要是原有的隐裂隙或微裂隙产生扩张;砂砾石地基,其透水性相对较大,浆液渗入将引起超静水压力,到一定程度后引起砂砾石层的剪切破坏,土体产生劈裂。

常用浆液材料有两大类:一类是水泥,除一般水泥外还有超级磨细度的微粒水泥,采用这种水泥可节约材料,降低造价,保证质量;一类是化学材料,如水玻璃、环氧树脂、聚酯素等,但多数化学材料对地下水有污染,因此有些国家规定除水玻璃外,其余一律禁止使用。这两类浆材各有优缺点,水泥浆材结合体强度高、价格低,易配制且操作容易,缺点是普通水泥颗粒大,难以注入直径或宽度小于0.2mm的孔隙中;化学浆液可注性好,能注入细微裂隙中,但一般有毒性且价格昂贵。实际应用时因根据实际工程情况选用。同时注浆中应该注意选用合适的灌浆方法、确定正确的灌浆压力、注意浆液扩散与凝胶的时间、做好注浆施工监控与灌浆效果检测,否则加固效果会大打折扣。

3) 锚固技术

建筑物的地基长期埋藏于地下,遭受地壳变动的影响,使岩体存在着褶皱、破裂和折断等现象,它直接影响建筑物地基的选用。为使地基的岩体具有均一的弹性模量和足够的抗压强度,尽量减少建筑物修建后的绝对沉降量,也为使建筑物的基础与地基之间保证结合紧密,有足够的抗剪强度,建筑物不致因承受水压力、土压力、地震力或是其他推力,沿着某些抗剪强度低的软弱结构面滑动,对岩石地基基础可采用锚杆的方法以提高岩体的力学强度。

岩石锚固用于控制不稳定和潜在不稳定的岩石结构,有非预应力锚杆和预应力锚杆两种。预应力锚杆主要利用在土体内产生的锚固力来维持岩石边坡的稳定性。

双层保护锚索为当今世界上最先进的锚固系统。其特点是锚索完工后,能有效保证锚索体在内锚固段有双层防腐保护,即第一层为水泥砂浆,第二层为锚索体外封闭的 PVC 波纹管,采用一次注浆。自由段内砂浆与钢绞线之间用 PE 管隔开,可使锚索体受力均匀,双层保护能长期有效地保证锚索发挥作用。

应用实例

江阴长江公路大桥是一座中国第一,世界第四的大跨径斜拉大桥,是我国桥梁史上的又一里程碑。大桥设计为单跨径 1385m,用两个高约 200m 的高塔支撑两根直径近 1.0m、长约 2200m、分别用约 22500 根钢丝编成的钢丝大缆斜拉,南北两岸分别设计修筑高塔及巨型锚碇。江阴大桥南锚碇建立在以石英砂岩为主的、夹有泥质粉砂岩及粉砂质粘土岩等的基岩之上。主要岩石本身脆性较大,并夹有软弱夹层,加之爆破开凿等因素,岩体裂隙发育,破碎程度较高。为了提高地基的承载能力(主要是抗拔力),增强锚碇地基岩石的整体程度,对岩石地基进行压密注浆、岩石锚杆及预应力锚索等加固处理。

6.2 基坑稳定性评价

随着城市建设的发展,对地下空间的开发利用要求越来越高,如高层建筑的多层地下室、地下铁道、地下商场、地下仓库以及各种各样的地下民用和工业设施等,由此产生了大量的深基坑工程,而且规模和开挖深度不断刷新,同时对勘察也提出了更高的要求。基坑是进行建筑物基础、地下室或其他地下设施施工时,由人工开挖而形成的土坑,基坑四壁可以是自由土坡,也可以是由围护结构形成的竖直墙壁,大面积的挖土卸载,使基坑坑底和四周土体中的应力场发生很大变化。在基坑四周一定范围内的土体有可能接近或达到破坏强度,如果基坑边坡的坡度太陡,或围护结构的插入深度太浅或支撑力不够,都有可能导致基坑丧失稳定性而破坏。基坑的失稳破坏可能缓慢地或突然地发生,有的有明显的触发原因如振动、暴雨、超载或其他人为原因,有的却没有明显的触发原因,这主要是由于安全度不够,土的强度逐渐降低而造成。

基坑是建筑工程的一部分，其发展与建筑业的发展密切相关，随着城镇建设中高层及超高层建筑的大量涌现，以及大型市政设施的施工及大量地下空间的开发，必然会有大量的深基坑工程产生。同时，密集的建筑物、基坑周围复杂的地下设施使得放坡开挖基坑这一传统技术不再能满足现代城镇建设的需要，因此，深基坑开挖与支护引起了各方面的广泛重视。

6.2.1 基坑工程的稳定性评价

1. 概述

在基坑开挖时，由于坑内土体挖出后，使地基的应力场和变形发生变化，可能导致地基的失稳，例如地基的滑坡，坑底隆起及涌砂等。饱和软粘土地基中，微小应力场的变化就会引起孔隙水压力的变化，在给定的总应力下，土体中形成正的孔隙水压力将降低其抗剪切的能力，水压力的变化在基坑工程中具有重要的意义。基坑开挖到设计标高时，坑底土经历一个卸荷的过程，开挖初期可以认为有效应力仍旧保持未挖土之前的状态，随着时间的增加，土体回弹，孔隙水压力降低，有效应力也减少，强度降低，所以基坑施工时要求坑底土尽量加以保护，减少扰动，在最短的时间内铺设垫层和浇注底板。

基坑稳定性分析的目的在于对给定的支护结构形式设计出合理的嵌固深度，或验算已拟定支挡结构的设计是否稳定和合理。分析的内容包括验算支护结构整体稳定性、踢脚稳定性、坑底抗隆起稳定性和基坑抗渗流稳定性。

分析方法主要有工程地质对比法和力学分析法，两种方法相互补充和验证。对具体问题，应通过综合分析得出具体结论。工程地质对比法是通过大量已有工程的调查研究，结合拟设计项目的地质条件来确定支护结构的嵌固深度，这种方法比较可靠，但必须在工程和地质条件基本一致的情况下才能使用。力学分析法是以土力学理论为基础，由于实际地质因素很复杂，不能简单地用力学分析加以概括，因此具有局限性，有时不能正确判断基坑稳定性的安全程度，但在一定条件下，仍是一个解决基坑稳定性问题的得力工具。

全面地对有支护基坑进行稳定性分析，是基坑工程设计的最重要环节之一，基坑稳定性分析归纳起来分为无支护基坑和有支护基坑两种情况，无支护基坑的稳定性主要取决于开挖边坡的稳定性，因此采用边坡稳定的分析方法；有支护基坑的稳定性主要取决于支护结构的合理性和可靠性。

2. 整体稳定性分析

对于不设围护结构基坑，其边坡稳定性可参考边坡稳定分析的内容。

对于设有围护桩的围护结构，一般采用圆弧滑动法验算围护结构和地基的整体抗滑动稳定性，滑动面的圆心一般在挡墙上方，靠坑内侧附近，通过试算确定最危险的滑动面和最小的安全系数。对于内支撑结构的整体稳定性分析，当围护墙与支撑梁之间职能受压、不能受拉时，在进行稳定性分析时可不考虑支撑的作用。如果围护墙与支撑之间拉结牢固，则当围护结构发生整体滑动破坏时，支撑梁在靠近梁端处常被剪断或拉脱，但因竖向剪力与圆心的水平距离较小，通常忽略由剪力产生的抵抗弯矩，从偏于安全的角度考虑，也可不计支撑梁的作用。对围护结构而言，只设一道支撑时，需验算整体滑动，对设多道内支撑时可不作验算。

整体稳定性计算方法采用圆弧滑动面简单条分法,如图 6.6 所示。按照总应力法计算,取单位墙宽分析,整体稳定性分析的安全系数满足:

$$K_{SF} = \frac{\sum c_i L_i + \sum (q_0 b_i + W_i)\cos\theta_i \tan\varphi_i}{\sum (q_0 b_i + W_i)\sin\theta_i} \geqslant 1.3$$

式中:c_i——第 i 土条底面上的粘聚力,kPa;
φ_i——第 i 土条底面上的内摩擦角,(°);
L_i——第 i 土条底面面积,m²;
W_i——第 i 土条重力,按照上覆土层的饱和容重计算;
θ_i——第 i 土条底面倾角,(°)。

上式中 K_{SF} 应通过若干滑动面试算后取最小值,可通过计算机编程自动获得。当有软弱土夹层、倾斜基岩面等情况时,宜采用非圆弧滑动面进行计算。当嵌固深度下部存在软弱土层时,尚应继续验算软弱下卧层的整体稳定性。

3. 抗倾覆稳定性分析

对于内支撑或拉锚支护体系,在水平荷载作用下,即基坑土体有可能在支护结构底部因产生踢脚破坏而出现不稳定现象。对于单支点结构,踢脚破坏产生于以支点处为转动点的失稳,多层支点结构则可能绕最下层支点转动而产生踢脚失稳,计算模型如图 6.7 所示。

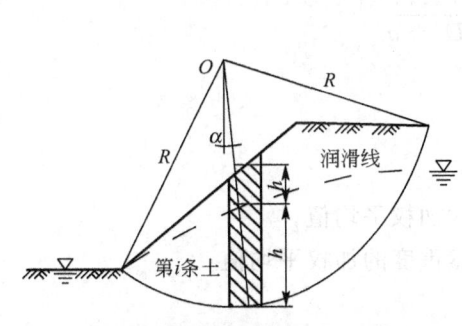

图 6.6 基坑整体稳定性计算

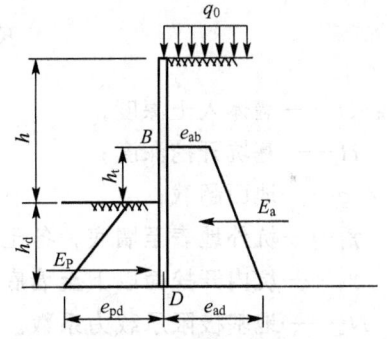

图 6.7 踢脚计算简图

踢脚安全系数应满足:

$$K_T = \frac{M_P}{M_a} = \frac{E_P\left(h_t + \frac{2}{3}h_d\right)}{\left(\frac{1}{6}e_{a,b} + \frac{1}{3}e_{a,d}\right)(h_t + h_d)^2} \geqslant 1.0 \sim 1.5$$

式中:M_P——基坑内侧被动土压力对 B 点(最下层支点处)的力矩;
M_a——基坑外侧 BD 段主动土压力对 B 点的力矩;
E_P——基坑内侧被动土压力;
$e_{a,b}$——基坑外侧 B 点处主动土压力强度;
$e_{a,d}$——基坑外侧 D 点处主动土压力强度;
h_t——支护结构最下层支点距离基坑底的距离;
h_d——支护结构的嵌固深度。

4. 抗隆起稳定性分析

在深厚的软土层中，当基坑开挖深度较大时，则作用在坑外侧的坑底水平面上的荷载相应增大，此时就需要验算坑底土的承载力，承载力不足时可能会导致坑底土的隆起。基坑的抗隆起稳定性分析具有保证基坑稳定和控制变形的重要意义，基坑抗隆起安全系数应考虑设定上下限值，对适用不同地质条件的现有不同抗隆起稳定性计算公式，首先按照工程经验规定保证基坑稳定的最低安全系数，还要满足不同环境条件下基坑变形控制要求，则应根据基坑侧地面沉降与一定计算公式所得的抗隆起安全系数的相关性，定出一定基坑变形控制要求下的抗隆起安全系数的上限值，以与基坑挡墙水平位移的验算共同成为基坑变形控制的充分条件。

同济大学汪炳鉴等参照普朗特尔（prandtl）及太沙基（Terzaghi）的地基承载力公式，并将墙底面的平面作为求极限承载力的基准面，其滑动面线形状如图 6.8 所示。

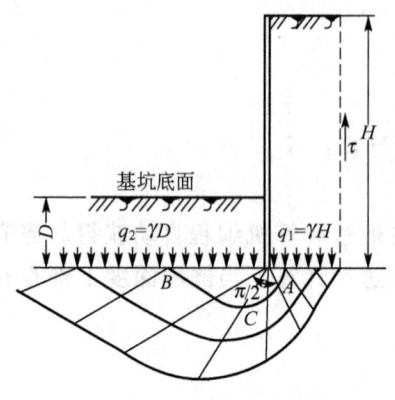

图 6.8 基坑底面抗隆起计算示意图

建议采用下式进行抗隆起稳定性验算，以求得墙体的插入深度。

$$K_L = \frac{\gamma_2 D N_q + c N_c}{\gamma_1 (H+D) + q}$$

式中：D——墙体入土深度；

H——基坑开挖深度；

q——地面超载；

γ_1——坑外地表至墙底，各土层天然重度的加权平均值；

γ_2——坑内开挖面以下至墙底，各土层天然重度的加权平均值；

N_q、N_c——地基极限承载力系数。

5. 地下水带来的基坑稳定性分析

1) 抗管涌稳定性验算

在含水饱和的土层中进行深基坑开挖时，随时都要考虑水压力的存在，为确保基坑稳定，有必要验算在渗流情况下是否存在发生管涌（流砂）现象的可能性。

当基坑底面以下或周围的土层为疏松的砂土层时，地基土在一定渗透速度的水流作用下，其细小颗粒被冲走，土中孔隙逐渐增大，从而掏空地基，使之变形失稳，从而发生管涌现象。如图 6.9 所示。

国内外学者对管涌现象进行了广泛的研究，得到了许多计算方法。

如图 6.10 所示的基坑，作用在管涌范围 B 上的全部渗透压力 J 为

$$J = \gamma_w h B$$

式中：h——在 B 范围内从墙底到基坑底面的水头损失，一般可取 $h = h_w/2$；

γ_w——水的容重；

B——流砂发生的范围,根据实验结果,首先发生在离坑壁大约等于挡墙插入深度的一半范围内,即 $B=D/2$;D 为地下墙的插入深度。

$$W=\gamma'DB$$

式中:γ'——土的浮容重。

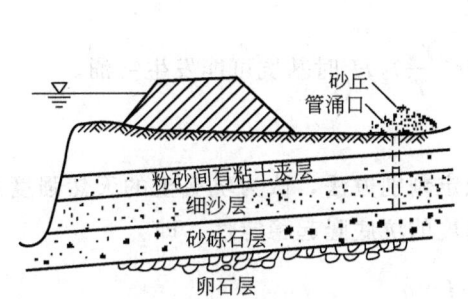

图 6.9　管涌示意图

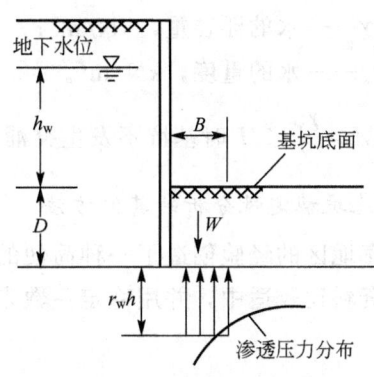

图 6.10　管涌验算示意图

若满足 $W>J$ 的条件,则管涌就不会发生,即必须满足以下条件:

$$K_s=\frac{\gamma'D}{\gamma_w h}=\frac{2\gamma'D}{\gamma_w h_w}$$

式中:K_s——抗管涌的安全系数,一般取 $K_s \geqslant 1.5$。

另外还有一种简便可行的计算方法。当符合下列条件时,基坑是稳定的,不会发生管涌现象:

$$I<I_c$$

I 为动水坡度,可近似计算:

$$I=\frac{h_w}{l}$$

式中:h_w——墙体内外的水头差,m;

l——产生水头损失的最短流线长度,m;

I_c——极限动水坡度,$I_c=\dfrac{G_s-1}{1+e}$;

G_s——土粒比重,kN/m^3;

e——土的孔隙比。

2)抗承压水头稳定性验算

承压水的形成过程与所在地区的地质发展史关系密切,也是产生地下工程灾害的主要因素之一。当坑底存在承压水,基坑开挖到一定程度,承压水的水头压力就可能顶裂或冲毁基坑底板,造成突涌。

如图 6.11 所示,通过基坑开挖后不透水层的厚度(M)与承压水头压力的平衡条件,M 应为:

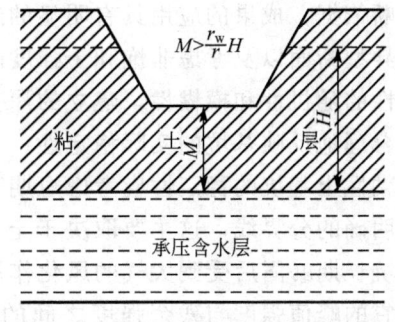

图 6.11　基坑底最小不透水层的厚度

$$M = \frac{\gamma_w}{\gamma} \times H$$

式中：M——基坑开挖后不透水层的厚度，m；

H——相对于含水层顶板的承压水头值，m；

γ——水的浮容重，kN/m³；

γ_w——水的重度，kN/m³。

当 $M > \frac{\gamma_w}{\gamma} \times H$ 时基坑不发生突涌，当 $M < \frac{\gamma_w}{\gamma} \times H$ 时基坑可能发生突涌。

6. 基坑稳定性分析的其他方法

上海地区的经验创造了一种简便的基坑稳定判别方法，认为坑底土的天然强度采用直剪固快资料比较适中，并用稳定系数来判别基坑的坑底隆起稳定性，即：

$$N_s = \frac{\gamma H + q}{S_u}$$

式中：S_u——坑底土的天然强度，采用直剪固快试验，kPa；

γ——挖土部分土的平均中重度，kN/m³；

H——基坑开挖深度，m；

q——地面超载，kPa。

经验认为：

$N_s \leqslant 2.0$　$K = 2.85$　基坑绝对安全

$N_s \leqslant 3.0$　$K = 1.90$　基坑很安全

$N_s \leqslant 4.0$　$K = 1.42$　基坑基本安全

$N_s \leqslant 5.0$　$K = 1.40$　基坑尚安全

$N_s \geqslant 6.0$　$K = 0.95$　基坑有问题

基坑稳定性的非线性系统反演分析方法，是首次针对深基坑开挖施工过程中的稳定性判断，采用数学模型，在实测资料的基础上建立的基坑开挖施工过程中的稳定性预报分析方法，这种方法基于数学统计理论，对所建立的模型进行趋势项和随机项的检验，并依据不同时期实测数据对预报的作用，提出了信息权重修正法使得预报结果更加贴近于实际情况，在基坑开挖施工中具有良好的推广应用前景，能为开挖施工提供快速的围护结构稳定性判断依据，成果的应用具有明显的经济效益和社会效益。

异型断面以及考虑非饱和土强度的基坑均有其相应的稳定性分析方法，另外由于基坑稳定性的随机性和模糊性，建立的深基坑稳定性分析中的模糊性用模糊随机方法能够更全面、合理地反映基坑的实际稳定性。

粘性土基坑的稳定性应考虑短期和长期稳定两种情况，但短期与长期稳定性之间没有一个明确的分界线，这主要取决于土体本身的性质。例如某些超固结土瞬时稳定性很高，但基坑长期暴露后受到大气的风化作用，应力释放导致稳定性很快降低，而对于正常固结土，它的峰值强度与残余强度之间的差异较小，因此长期稳定性与短期稳定性之间差别不大。

6.2.2 基坑支护

基坑的支护结构主要承受基坑开挖卸荷产生的土压力和水压力并将此压力传递到支撑,是稳定基坑的一种施工临时挡墙结构,纯粹的基坑支护结构在基础工程结束后其作用也随之丧失。有些支护结构可被重复利用,如钢板桩;但也有一些支护结构就永久地埋在地下,如灌注桩、水泥土搅拌桩和地下连续墙等;有时基坑的支护结构,施工完毕即为永久结构物的一个组成部分,成为复合式地下室外墙,如地下连续墙等。

《建筑基坑支护技术规程》(JGJ 120—1999)根据支护工程损坏造成破坏的严重性,按表6-2提供了基坑侧壁安全等级及重要性系数。

表6-2 基坑侧壁安全等级及重要性系数

安全等级	破 坏 后 果	γ_0
一级	支护结构破坏、土体失稳或过大变形对基坑周边环境及地下结构施工影响很严重	1.10
二级	支护结构破坏、土体失稳或过大变形对基坑周边环境及地下结构施工影响一般	1.00
三级	支护结构破坏、土体失稳或过大变形对基坑周边环境及地下结构施工影响不严重	0.90

注:有特殊要求的建筑基坑侧壁安全等级可根据具体情况另行确定。

任何基坑支护体系,一是保证基坑四周边坡的稳定,满足地下室施工有足够的要求,这也是土方开挖和地下室施工的必要条件;二是保证基坑四周相邻建筑物、构筑物和地下管线在基坑工程施工期间不受损害;三是支护体系通过截水、降水、排水等措施,保证基坑工程施工作业面在地下水位以上。因此基坑支护体系不仅要求能挡土、止水,还要保证支护后的基坑能够适应土方开挖及地下室施工过程中周围土体的变形,使附近地基沉降和水平位移控制在容许范围以内。

1. 支护结构的形式及适用范围

我国幅员辽阔,对于各种支护结构的施工工艺技术水平参差不齐,因此针对具体的工程要根据地质情况、周围环境的要求、工程功能等不同条件,因地制宜地选择支护结构的类型。悬臂式围护结构通常采用钢筋混凝土排桩墙、木板桩、钢板桩、钢筋混凝土板桩、地下连续墙等形式,它依靠足够的入土深度和结构的抗弯能力来维持整体稳定和结构的安全,所受土压力分布是开挖深度的一次函数,其剪切力是深度的二次函数,弯矩是深度的三次函数,因此这种围护结构对开挖深度很敏感,容易产生较大变形,对邻近建筑物产生不良影响。悬臂式围护结构用于土质较好、开挖深度较浅的基坑工程。

1) 钻孔灌注桩

钻孔灌注桩挡墙(图6.12),直径$\phi 600 \sim 1000$mm,桩长15~30m,组成排桩式挡墙,顶部浇筑钢筋混凝土圈梁,用于开挖深度为6~13m的基坑。具有噪声和振动小,刚度较大,就地浇制施工,对周围环境影响小等优点。适合软弱地层使用,接头放水性差,要根据地质条件从注浆、搅拌桩、旋喷桩等方法中选用适当方法解决防水问题,整体刚度较差,不适合兼作主体结构。桩质量取决于施工工艺及施工技术水平,施工时需做排污处理。

(a) 一字形配置　　　　　　(b) 错缝配置　　　　　　(c) 搭界配置

图 6.12　钻孔灌注桩挡墙

2) 钢板桩

用槽钢正反扣格接组成,或用"U"形、"H"形和"Z"形截面的锁口钢板桩,如图 6.13 所示。用打入法打入土中,相互连接形成钢板桩墙,既用于挡土又用于挡水,用于开挖深度 3～10m 的基坑。钢板桩具有较高的可靠性和耐久性,在完成支挡任务后,可以回收重复使用;与多道钢支撑结合,可适合软土地区的较深基坑,施工具有显著的环保效果,大量减少了取土量和混凝土的使用量,有效地保护了土地资源。钢板桩刚度比排桩和地下连续墙小,开挖后挠度变形较大,打拔桩振动噪声大、容易引起土体移动,导致周围地基较大沉陷。

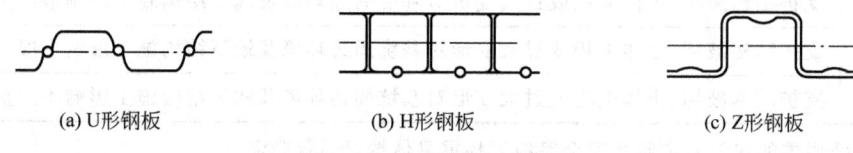

(a) U形钢板　　　　　　(b) H形钢板　　　　　　(c) Z形钢板

图 6.13　钢板桩支护类型

3) 地下连续墙

地下连续墙是利用特殊的挖槽设备在地下构筑的连续墙体,1950 年首次应用于意大利米兰的工程,随后得到广泛的应用与发展。在很多场合,采用地下连续墙支护具有明显的优越性。

地下连续墙在地下成槽后浇筑混凝土,建造具有较高强度的钢筋混凝土挡墙,用于开挖深度达 10m 以上的基坑或施工条件较困难的情况。地下连续墙的优点表现在施工时振动少,噪声低;能够紧邻相邻的建筑物及地下管线施工,对沉降及变位较易控制;墙体刚度大、整体性好,结构和地基的变形都较小,既可用于超深围护结构,也可用于主体结构;为整体连续结构,加上现浇墙壁厚度一般大于等于 60cm,钢筋保护层较大,耐久性好,抗渗性能也较好;可实行逆作法施工,有利于施工安全,加快施工速度,降低造价。

地下连续墙也有自身的缺点和尚待完善的方面,表现在弃土及废泥浆的处理,除增加工程费用外,若处理不当,会造成新的环境污染;当地层条件复杂时,还会增加施工难度和影响工程造价;地下水位急剧上升、护壁泥浆液面急剧下降、有软弱疏松或砂性夹层、泥浆的性质不当或已经变质、施工管理不当等,都可引起槽壁坍塌,轻则引起墙体混凝土超方和结构尺寸超出允许的界限,重则引起相邻地面沉降、坍塌,危害邻近建筑和地下管线的安全等。

4) 水泥土挡土墙

水泥土搅拌法是用于加固饱和粘性土地基的一种新方法。它是利用水泥(或石灰)等材料作为固化剂,通过特制的搅拌机械,在地基深处就地将软土和固化剂(浆液或粉体)强制搅拌,由固化剂和软土间所产生的一系列物理-化学反应,使软土硬结成具有整体性、水稳定性和一定强度的水泥加固土,从而提高地基强度和增大变形模量。水泥土搅拌桩由具有一定刚性的脆性材料所构成,其抗拉强度比抗压强度小得多,在工程中要充分利用抗压强度高的优点,回避其抗拉强度低的缺点。

"重力坝"式挡墙就是利用结构本身自重和抗压不抗拉的一种结构形式。深层搅拌桩支护结构是将搅拌桩相互搭接而成,平面布置可采用壁状体,如图 6.14 所示。若壁状的挡墙宽度不够时,可加大宽度,做成格栅状支护结构,即在支护结构宽度内,不需整个土体都进行搅拌加固,可按一定间距将土体加固成相互平行的纵向壁,再沿纵向按一定间距加固肋体,用肋体将纵向壁连接起来,图 6.15 为格栅状挡土结构的示意图。

(a) 壁状支护结构侧面图

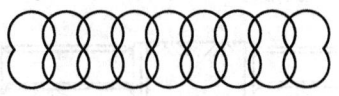
(b) 壁状支护结构平面图

图 6.14　水泥土重力式挡土墙

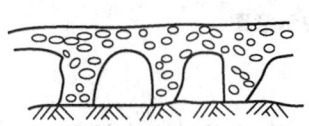
(a) 水泥土挡墙支护结构侧面图

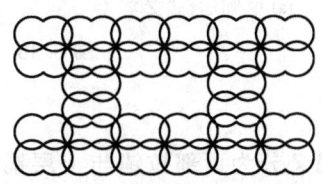
(b) 格栅状水泥土挡墙的平面图

图 6.15　格栅状挡土结构的示意图

2. 选择合适的支撑结构

当基坑深度较大,悬臂的挡墙在强度和变形方面不能满足要求时,即需增设支撑系统。在基坑工程中,支撑结构是承受围护墙所传递的水、土压力的结构体系,作用在围护墙上的水、土压力可以由内支撑有效地传递和平衡,也可以由坑外设置的土锚维持其平衡,还能减少支护结构的位移。支撑系统分两类——内支撑与外拉锚。

1) 内支撑

内支撑可以采用水平支撑和斜支撑,根据不同开挖深度又可采用单层水平支撑、二层水平支撑及多层水平支撑,可以直接平衡两端围护墙上所受到的侧压力,构造简单,受力明确。内支撑基本材料有钢支撑和钢筋混凝土支撑两种,有时可组合使用。

钢支撑自重小,可以做到随挖随撑,并及时施加预应力,通过调整轴力而有效控制围护结构的变形,因此一般情况下应优先采用钢支撑。但是其整体刚度较差,安装节点比较多,现场由于施工水平有限容易造成因节点变形与钢支撑变形,进而造成基坑过大的水平位移。

现浇钢筋混凝土结构支撑具有较大的刚度,适用于各种复杂平面形状的基坑,并且不会产生松动而增加墙体位移,工程实践表明钢筋混凝土支撑具有更高的可靠性。但是具备自重大,材料不能重复使用,支撑浇注、养护时间长,拆除困难等缺点,而且不能做到随挖随撑,这对控制墙体变形是不利的,对于大型基坑的下部采用钢筋混凝土支撑时应特别慎重。

支撑体系按其受力可以分为单跨压杆式支撑、多跨压杆式支撑、双向多跨压杆式支撑、水平桁架式支撑、水平框架式支撑、大直径环梁及边桁架相结合的支撑和斜撑等类型。这些支撑系统在实践中都有各自的特点和不足之处。常见的内支撑结构形式有以下几种。

当基坑平面呈窄长条状、短边的长度不很大时，所用支撑杆件在该长度下的极限承载力尚能满足支护系统的需要，则宜采用单跨压杆式支撑。当基坑平面尺寸较大，所用支撑杆件在基坑短边长度下的极限承载力尚不能满足支护系统的要求时，就需要在支撑杆件中部加设若干支点，给水平支撑杆加设垂直支点，就组成了多跨压杆式的支撑系统。分别如图6.16(a)、(b)所示。

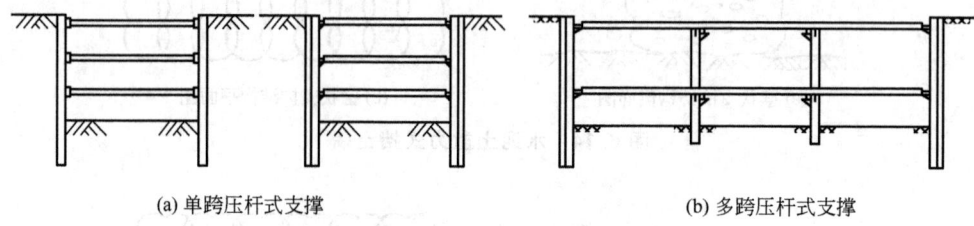

(a) 单跨压杆式支撑　　　　　　　　(b) 多跨压杆式支撑

图 6.16　支撑结构示意图

2) 外拉锚

基坑外拉锚又分为顶部拉锚与土层锚杆拉锚，前者用于不太深的基坑，多为钢板桩，在基坑顶部将钢板桩挡墙用钢筋或钢丝绳等拉结锚固在一定距离之外的锚桩上，地面拉锚式围护结构需要足够的场地来设置锚桩和其他锚固物。

土层锚杆是在岩石锚杆的基础上发展起来的，1958年原联邦德国的 KarlBauer 公司在深基坑开挖中，为固定挡土墙首次在非粘性土层中采用了土层锚杆。土层锚杆技术近30年来得到迅猛的发展，目前它已成为现代建筑技术的重要组成部分，多用于较深的基坑。现代的土层锚杆技术已能施工长达50m 的锚杆，在粘性土中最大锚固力可达1000kN，在非粘性土中可达2500kN。土层锚杆(亦称土锚)是一种新型的受拉杆件，它的一端与支护结构等联结，另一端锚固在土体中，将支护结构和其他结构所承受的荷载(侧向的土压力、水压力以及水上浮力和风力带来的倾覆力等)通过拉杆传递到处于稳定土层中的锚固体上，再由锚固体将传来的荷载分散到周围稳定的土层中去。土锚设置在围护墙的背后，为挖土、结构施工创造了空间，有利于提高施工效率。

锚杆用于地基有3种基本类型，如图6.17所示。

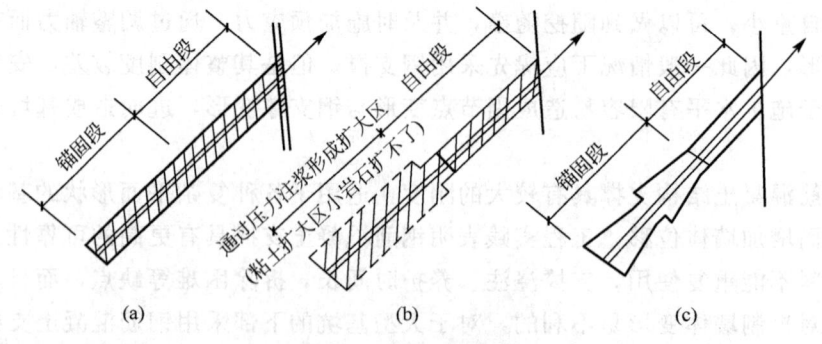

图 6.17　3种土层锚杆类

第一种类型锚杆由圆柱形注浆体和钢筋或钢索构成，孔内注水泥浆，水泥砂浆或其他化学注液，适用于拉力不高，临时性锚杆以及岩石性锚杆。

第二种锚杆类型为扩大的圆柱体，注入压力灌浆液而形成，适用于粘性土和无粘性土，当拉力要求较大时采取较高的压力进行注浆。在粘性土中形成较小扩大区，在无粘性土中，可得到较大扩大区。

第三种锚杆类型是采用特殊的扩孔装置在孔眼内长度方向扩1个或几个扩孔圆柱体。这类锚杆要有特制机械扩孔装置，通过中心杆压力将扩张式刀具缓缓张开刮土。在粘性土和砂土中都适用，可以达到较高的拉拢力。

土钉墙围护结构中土钉一般通过钻孔、插筋和注浆来设置，在杂填土等不稳定土层中也采用打入式设置土钉。边开挖基坑，边在土坡中设置土钉，在坡面上铺设钢筋网，并通过喷射混凝土形成混凝土面层，形成土钉墙围护结构，土钉围护适用于地下水位以上或人工降水后的粘性土、粉土、杂填土及非松散沙土、卵石土等，一般不用于淤泥质土。

围护体系的选用原则是安全、经济、方便施工，选用围护体系要因地制宜。安全不仅指围护体系本身安全，保证基坑开挖、地下结构施工顺利，而且要保证临近建筑物和市政设施的安全和正常使用；经济不仅指围护体系的工程费用，而且要考虑工期，考虑挖土是否方便，考虑安全储备是否足够，应采用综合分析，确定围护方案是否经济合理；方便施工也是围护体系的选用原则之一，方便施工可以降低挖土费用、节约工期、提高围护体系的可靠性。

6.2.3 基坑治水

基坑开挖施工，无论是采用支护体系的垂直开挖还是放坡开挖，如果施工地区的地下水位较高，都将涉及地下水对基坑施工的影响这一问题。当开挖施工的开挖面低于地下水位时，土体的含水层被切断，地下水便会从坑外或坑底不断地渗入基坑内，另外在基坑开挖期间由于下雨或其他原因，可能会在基坑内造成滞留水，这样会使坑底地基土强度降低，压缩性增大。从基坑开挖施工的安全角度出发，对于采用支护体系的垂直开挖，坑内被动区土体由于含水量增加导致强度、刚度降低，对控制支护体系的稳定性、强度和变形都是十分不利的；对于放坡开挖来讲，也增加了边坡失稳和产生流砂的可能性。从施工角度出发，在地下水位以下进行开挖，坑内滞留水一方面增加了土方开挖施工的难度，另一方面也使地下主体结构的施工难以顺利进行。而且在水的浸泡下，地基土的强度大大降低，也影响了其承载力。因此，为保证深基坑工程开挖施工的顺利进行，同时保证地下主体结构施工的正常进行以及地基土的强度不遭受损失，一方面在地下水位较高的地区，当开挖面低于地下水位时，需采取降低地下水位的措施；另一方面基坑开挖期间坑内需采取排水措施以排出坑内滞留水，使基坑处于干燥的状态，以利于施工。

基坑开挖要具备以下的必要条件：首先保持基坑干燥状态，创造有利于施工的环境；其次是确保边坡稳定，做到安全施工，如果忽视这些必要条件，其后果是严重的。有的基坑积水或土质稀软，工人难以立足，无法施工；有的出现"流砂现象"导致边坡塌方，地质破坏；有的内部基坑土体发生较大的位移，影响邻近建筑物的安全。之所以会出现这些异常情况，都是由地下水引起的。所以，在基坑施工中应对地下水的处理给予应有的重视。

1. 排水与降水

明挖基坑排水一般采用明沟加集水井的施工方法，常应用于一般工程中。费用较低，且能适合各种土层，但是由于集水井设置在基坑内部以吸取流向基坑的各种水流，最后有可能导致细粒土边坡面被冲刷而塌方，因此碰到松散的砂层、软质粘土、软质岩石时，会遇到边坡稳定问题。

深基坑工程开挖施工中，采用井点降水来降低地下水位或承压水位，已经成为一种必要的工程措施，井点降水在避免流砂、管涌、基坑底部隆起以及保证干燥的施工环境、提高土体强度方面有显著的效果，进而也提高了基坑边坡的稳定性。地层中的液态水分为结合水和自由水，井点降水一般是降低土体中自由水形成的水面高程。

水平辐射井降水技术是一种用于建筑施工降水工程的新技术，降水井由一口大直径竖井和多层自竖井向四周含水层辐射打进的水平渗水管组成。土层中的地下水流向打入各土层的水平渗水管，并沿此管流集到竖井中，再由装有自动水位控制器的潜水泵集中抽至地面，沿地面排水系统排走，从而达到降低地下水位的目的。与传统的降水方法相比，该降水技术的应用不限土层渗透系数，但在降低水位深度小于 60m 时应用是较为合理的。

应用实例

北京轻汽有限公司冲压联合厂房施工时应用了水平辐射井降水技术，降水面积达 140m×170m，投入人工 1815 工日，降水费用 105 万元，比采用轻型井点降水节省 2591 工日，节省降水费用 75 万元，取得了良好的技术经济效益和社会效益。水平辐射井降水技术在降水速度，降水效果，机械设备和劳动力投入，经济效益和现场施工管理等各方面，均具有良好的效果，比使用传统方法降水可节约资金 20%。这种技术的推广应用将使建筑业施工降水更为经济、文明、合理。

2. 挡水帷幕

挡水帷幕的作用是为加长地下水渗流路线，以阻止或限制地下水渗流到基坑中去。常用挡水帷幕的种类主要包括钢板桩、水泥土搅拌桩、地下连续墙、注浆挡水帷幕等技术。

钢板桩作为挡水帷幕的有效程度取决于板桩之间的止口锁合程度及钢板桩的长度。一般在板缝间易漏水，因此钢板桩挡水帷幕只能阻挡较大水流，水中小工程的施工，可在四周打设钢板桩，进行水下挖土然后水下浇筑混凝土以止水，而水下混凝土封闭必须能承受上升的压力。对于一般基坑工程还需结合降水或其他挡水措施以增强挡水效果。水泥搅拌桩相互搭接形成挡水帷幕是近年来常用的挡水措施。水泥搅拌桩桩身渗透系数极小，可以达到较好的挡水效果。地下连续墙墙身为钢筋混凝土，挡水效果好，我国首次应用地下连续墙便是作为水库截水防渗之用。但地下连续墙造价昂贵，作为挡水帷幕使用一般仅在超大型重要工程中采用，在基坑工程中地下连续墙一般作为支护墙体，同时起到挡水的作用。在地下连续墙用于挡水时需要注意其槽段间接头处的质量以防止漏水，必要时可采取局部注浆措施以加强挡水效果。沿基坑边采用压密注浆形成密闭挡水帷幕可起到截流地下水以防止流砂的目的。注浆材料可以采用水泥浆或化学浆液，常用的有：水泥和水；水泥、膨润土、减少表面张力的粘合剂和水；硅胶、丙凝等。

> **知识要点提醒**：基坑稳定性计算及支护结构内力计算的详细内容请参考基础工程课程的相关内容。

6.3 地下洞室围岩稳定性评价

地下洞室是指埋藏于地下岩土体内的各种构筑物，它在铁路、公路、矿冶、国防、城市地铁、城市建设等领域都有广泛的应用。譬如铁路和公路的隧道，矿山开采的地下巷道，国防建设中的地下仓库、掩体和指挥中心，城市的地下铁道、地下商场、地下体育馆、地下游泳池等。

地下洞室开挖破坏了原始土体的天然应力平衡状态，导致岩土体内的应力重新分布，围岩将向开挖空间松胀变形，当围岩性质较差时，就会发生不同程度的破坏，严重的还可以危及地下工程的安全和使用；另一方面，即使地下洞室本身是稳定的，围岩的变形也可以对周围环境造成不良影响，如地面沉陷造成附近建筑物倾斜、开裂等，两者的影响是相互的。

6.3.1 地下洞室围岩变形破坏形式

1. 地下工程围岩的破坏机理

地下工程开挖常能使围岩的性状发生很大变化，如果围岩体承受不了回弹应力或重分布应力的作用，围岩即将发生塑性变形或破坏。围岩的破坏主要表现为拉伸破坏和剪切破坏。在浅部表土层或严重风化的劣质岩石中，地下工程围岩体的破坏一般与岩层的自重有关。随着深度的增加，岩体应力会增大到足以引起开挖体周围岩石产生破坏的程度。

地下开挖体的变形和破坏，除与岩体内的初始应力状态和洞室形状有关外，主要取决于围岩的围岩和结构。

1) 拉伸破坏机理

Hoek(1965)认为，当 $\sigma_3 < R_t$（R_t 为单轴抗拉强度）时发生拉伸破坏。因 $R_t = 0.5 R_c (m - \sqrt{m^2 + 4s})$（$R_c$ 为单轴抗压强度），用 R_c 表示的强度与应力比由下式确定：

$$\frac{强度}{应力(拉伸)} = \frac{R_c(m - \sqrt{m^2 + 4s})}{2\sigma_3}$$

式中 m、s 为常数，取决于岩石的性质以及在达到应力 σ_1 和 σ_3 之前岩石的破坏程度。拉伸破坏的破坏角 β 等于零，裂缝在平行于最大主应力 σ_1 的方向上扩展。

2) 剪切破坏机理

剪切破坏理论(Rabcewicz)认为，围岩稳定性的丧失，主要发生在洞室与主应力方向垂直的两侧，并形成剪切滑移楔体。地下洞室开挖在侧压系数 $\lambda < 1$ 的条件下，岩体的破坏过程如图 6.18 所示，首先两侧壁的楔形岩块由于剪切面分离，并向洞内滑移[图 6.18(a)]，而后，上部和下部岩体由于楔形岩块滑移造成跨度加大，上下岩体向洞内挠曲[图 6.18(b)]，甚至移动[图 6.18(c)]。

Hoek 认为，在 $\sigma_3 > R_t$ 时，发生剪切破坏，强度与应力之比由下式确定：

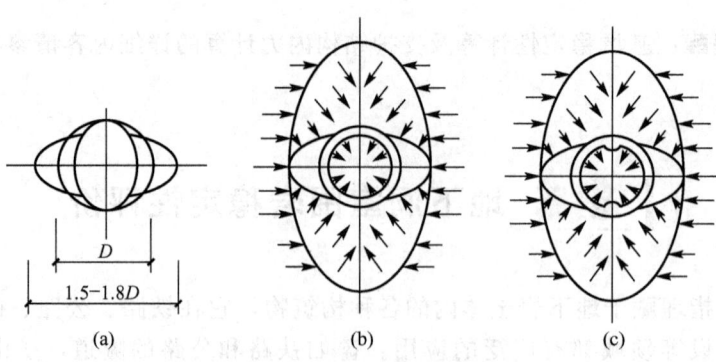

图 6.18 洞室剪切滑移示意图

$$\frac{强度}{应力(剪切)} = \frac{\sigma_3 + \sqrt{mR_c\sigma_3 + sR_c^2}}{\sigma_1}$$

破坏角 β 由下式确定：

$$\beta = \frac{1}{2}\sin^{-1}\frac{(1+mR_c/4\tau_{ms})^{\frac{1}{2}}}{1+mR_c/8\tau_{ms}}$$

式中

$$\tau_{ms} = \frac{1}{2}(mR_c\sigma_3 + SR_c^2)^{\frac{1}{2}}$$

2. 围岩的几种破坏形式

洞室开挖后岩体发生的变形如果超过了本身所能承受的能力，围岩就要发生破坏，并从母岩中脱落形成坍塌、滑动或岩爆，前者称为变形，后者称为破坏。围岩变形破坏形式取决于围岩应力状态、岩体结构及洞室断面形状等因素，通常有如表 6-3 所列的类型。

表 6-3　围岩的变形破坏形式及其产生机制

岩　性	岩体结构	变形、破坏形式	产生机制
脆性围岩	块体状结构及厚层状结构	张裂崩落	拉应力集中造成的张裂破坏
		劈裂剥落	压应力集中造成的压致拉裂
		剪切滑移及剪切破裂	压应力集中造成的剪切破裂及滑移拉裂
		岩爆	压应力高度集中造成的突然而猛烈的脆性破坏
	中薄层状结构	弯折内鼓	卸荷回弹或压应力集中造成的弯曲拉裂
	碎裂结构	碎裂松动	压应力集中造成的剪切松动
塑性围岩	层状结构	塑性挤出	压应力集中作用下的塑性流动
		膨胀内鼓	水压重分布造成的吸水膨胀
	散体结构	塑性挤出	压应力作用下的塑流
		塑流涌出	松散饱水岩体的悬浮塑流
		重力坍塌	重力作用下的坍塌

1) 整体和块状围岩

整体结构及块状结构岩体具有很高的力学强度和抗变形能力，主要结构面是节理，很少有断层，含有少量的裂隙水；一般开挖条件下表现稳定，仅产生局部掉块，但在高应力地区可引起岩爆，属于脆性围岩。这类围岩的整体变形破坏可用弹性理论分析，局部块体滑移可用块体极限平衡理论来分析。

当在具有厚层状或块状结构的岩体中开挖宽高比较大的地下洞室时，在其顶拱常产生切向拉应力。如果此拉应力值超过围岩的抗拉强度，在顶拱围岩内就会产生近于垂直的张裂缝。被垂直裂缝切割的岩体在自重作用下变得很不稳定，特别是当有近水平方向的软弱结构面发育，岩体在垂直方向的抗拉强度很低时，往往会造成顶拱的塌落。由于岩体的抗拉强度通常较低，且这类地区又常发育有近于垂直的以及其他方向的裂隙，所以在这类隧洞的顶拱常发生严重的张裂塌落。

在厚层状或块体状结构的岩体中开挖地下洞室时，在切向压应力集中较高，且有斜向断裂发育的没顶或洞壁部位往往发生剪切滑动类型的破坏，这是因为在这些部位沿断裂面作用的剪应力一般比较高，而正应力却比较小，故沿断裂面作用的剪应力往往会超过其抗剪强度，引起沿断裂面的剪切滑动。我国西南某水电站地下厂房上游边墙在施工过程中失稳下滑并将下部压力隧道的衬砌剪断，就是这类破坏的一个典型实例。另外，围岩表部的应力集中有时还会使围岩发生局部的剪切破坏，造成顶拱坍塌或边墙失稳。

岩爆是在高地应力区修建于脆性岩中的隧道及其他地下工程中常见的一种地质灾害。在高地应力区地下洞室开挖中，围岩在局部集中应力作用下，当应力超过岩体强度时，发生突然的脆性破坏，并导致应变能突然释放造成的岩石的弹射或抛出现象，称为岩爆。岩爆是围岩的一种剧烈的脆性破坏，常以"爆炸"的形式出现。岩爆发生时能抛出大小不等的岩块，大型者常伴有强烈的震动、气浪和巨响，对地下开挖和地下采掘事业造成很大的危害。

四川绵竹天地煤矿曾多次发生岩爆，最大的一次将20余吨煤抛出20m远。四川南桠河三级电站隧洞（埋深350～400m）开挖过程中通过花岗岩整体结构岩体段时就曾发生过岩爆。开挖后不久，洞壁表部岩石发出了噼噼啪啪的响声，同时有"洋葱"状剥片自岩壁上弹射出。

2) 层状围岩

这类围岩常呈软硬岩层相间的互层形式，结构面以层理面为主，并有层间错动及泥化夹层等软弱结构面发育，变形破坏主要受岩层产状及岩层组合等控制，弯折内鼓破坏是其常见的变形破坏形式，从力学机制来看，这类变形破坏主要是卸荷回弹和应力集中使洞壁处的切向压应力超过薄层状岩层的抗弯折强度所造成的，但在水平产状岩层中开挖大跨度的洞室时，在顶拱处的弯折内鼓变形也可能只是重力作用的结果。常用弹性梁、弹性板或材料力学中的压杆平衡理论来分析。

水平层状围岩中，洞顶岩层可视为两端固定的板梁，在顶板压力下将产生下沉弯曲、开裂。倾斜层状围岩中沿倾斜方向一侧岩层弯曲塌落，另一侧边墙岩块滑移形成不对称的塌落拱。直立层状围岩中，当天然应力比值系数 $\lambda < 1/3$ 时，洞顶发生沿层面纵向拉裂，被拉断塌落。侧墙因压力平行于层面，发生纵向弯折内鼓，危及洞顶安全。图6.19给出

了三种变形情况示意图。

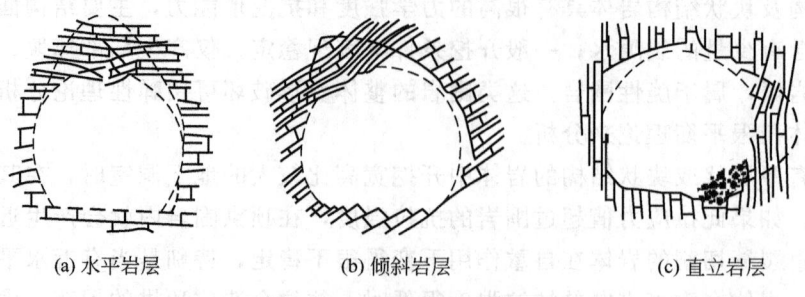

(a) 水平岩层　　　　(b) 倾斜岩层　　　　(c) 直立岩层

图 6.19　围岩变形示意图

岩体中天然水平应力与铅直应力之比定义为天然应力比值系数，用 λ 表示。世界各地的天然应力量测成果表明，绝大多数情况下平均天然水平应力与天然铅直应力的比值为 1.5～10.6 范围内。天然应力比值系数随深度增加而减小。

由卸荷回弹和应力集中所造成的这类变形破坏主要发生在初始应力较高的岩体内。在区域最大主应力垂直于陡倾薄层状岩层的走向地区，平行于岩层走向开挖地下洞室时，两壁附近的薄层状围岩往往发生弯曲、拉裂和折断，最终挤入洞内而坍倒。显然这种弯折内鼓型变形破坏的产生是与卸荷回弹相联系的，主要发生在薄层状岩体的层面平行分布于有较大压应力集中的洞室周边部位。

白龙江碧口水电站在一些水工隧洞的施工中就曾多处发生上述类型的变形破坏。这些水工隧洞都是修建在碧口群千枚岩层中，当洞径大于 6m 的洞体平行或近于平行陡倾的岩层走向时，在平行于层面的洞壁上经常发生比较强烈的弯折内鼓破坏，而且都是在开挖后不久迅即发生。例如排沙洞，在 (0+360)～(0+470)m 段的施工过程中，洞体两侧壁发生严重的弯折内鼓变形，开挖中曾用锚杆和工字钢联合封锁支护，半月之后，$500m^3$ 的变形岩体连同锚杆及工字钢突然坍塌，不得不停工处理。

如果层状岩体属于塑性围岩，洞室开挖后，当围岩应力超过其屈服强度时，软弱的塑性物质就会沿最大应力梯度方向向消除了阻力的自由空间挤出。易于被挤出的岩体，主要是那些固结程度差、富含泥质的软弱岩层，以及挤压破碎或风化破碎的岩体。另一种破坏形式就是洞室开挖后，围岩表部减压区的形成往往促使水分由内部高应力区向围岩表部转移，结果可使某些易于吸水膨胀的岩层发生强烈的膨胀变形，这类膨胀变形显然是与围岩内部的水分重分布相联系的。

3) 碎裂状围岩

碎裂岩体是指断层、褶曲、岩脉穿插挤压和风化破碎加次生夹泥的岩体，基本上为碎块组合，在泥质软弱结构面含量较少情况下有一定的承载压力的能力，但是在张力、单轴压力及振动力作用下容易松动，解脱成为碎块散开或脱落。变形破坏形式常表现为塌方和滑动，通常采用松散介质极限平衡理论来分析。

地下洞室开挖中一般洞顶呈现崩塌，边墙处表现为碎块滑塌、坍塌。如果节理裂隙间有较多泥质充填，裂隙张开，岩石松动，则塌方的可能性就比较大，尤其在地下水和震动力作用下容易失稳。在夹泥少、以岩块刚性接触为主的碎裂围岩中，不易大规模塌方。围岩中含泥量很高时，由于岩块间不是刚性接触，易产生大规模塌方或塑性挤入。如图 6.20

所示为碎裂岩体变形情况示意图。

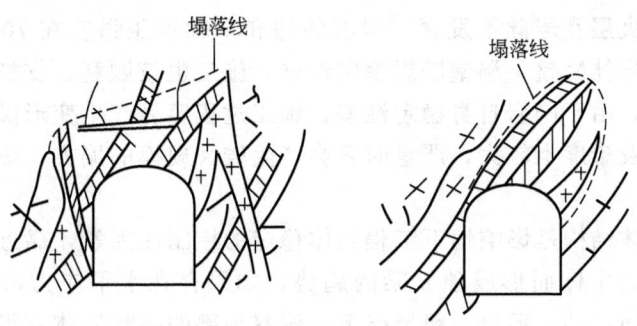

图 6.20　碎裂岩体变形示意图

4）散体状围岩

散体状岩体是指强烈构造破碎、强烈风化的岩体，常表现为弹塑性、塑性或流变性。含软弱结构面较多时，洞室开挖后围岩容易产生塑性变形及剪切破坏，往往表现为塌方、边墙挤入洞内、底鼓及洞体收缩等。围岩结构均匀时，以拱顶冒落为主。当围岩结构不均匀或松动岩体仅构成局部围岩时，常表现为局部塌方、塑性挤入及滑动等变形破坏形式。可用松散介质极限平衡理论配合流变理论来分析。

涌流是松散破碎物质和高压水一起呈泥浆状突然涌入洞中的现象，多发生在开挖揭穿了饱水断裂破碎带的部位。坍塌是松散破碎岩石在重力作用下自由垮落的现象，多发生在洞体通过断层破碎带或风化破碎岩体的部位。在施工过程中，如果对于可能发生的这类现象没有足够的预见性，往往也会造成很大的危害。

6.3.2　地下洞室围岩稳定性评价概述

围岩发生超过允许范围的变形、发生局部性的破坏或整体性的破坏，称之为围岩失稳，是由于围岩的应力水平达到或超过岩体的强度范围较大，形成了一个连续贯通的塑性区和滑动面，产生较大的位移所致。

对于围岩稳定性除根据地质条件进行围岩分类，从定性上对围岩稳定性做出评价外，应尽可能根据围岩的应力状态、岩体的性质、岩体结构的类型，尤其是软弱结构面在洞内围岩中的具体部位，以及有关参数，对围岩的稳定性进行分析，作出定量的评价，作为隧道设计施工的依据。洞室稳定性评价是地下工程选址、规划设计和施工的重要依据。对于人工洞室来说，在工程地质勘察时期，主要是预估成洞后围岩的稳定性，为设计、施工提供资料。

1. 影响因素

洞室稳定性的影响因素主要表现在地质因素和工程因素两个方面。地质因素包括岩体本身性质和地下水活动两项基本因素，工程因素是指岩土体在原始地貌的情况下后期人为形成的外在因素。

岩土性质是控制地下洞室围岩稳定、隧洞掘进方式和支护类型及其工作量等的重要因素，也是影响工期和工程造价的一个重要因素。理想的岩体洞室围岩是岩体完整、厚度较大、岩性单一、成层稳定的沉积岩；规模很大的侵入岩（花岗岩、闪长岩等）或区域变质片麻岩。岩体内软弱夹层及岩脉不发育，岩石的饱和单轴抗压强度在70MPa以上。一般坚硬完整岩体，由于岩体完整，洞壁围岩稳定性好，施工也较顺利，支护也简单快速。而破碎岩体或松散岩层，由于围岩自身稳定性差，施工过程容易产生变形破坏，因而施工速度较慢，支护工程量及难度也较大，严重时还会产生较大规模的塌方，影响施工安全，延误工期。

地质构造和岩体结构是影响地下工程岩体稳定的控制性因素，靠近洞室顶部的水平层状岩体，有脱离围岩主体而形成独立梁的趋势，如果存在水平应力，并且梁跨高比相当大，那么这种梁是稳定的。但是一般情况下，洞室顶部的层状岩体有可能塌落下来。断裂构造由于其有一定宽度，因此洞轴线穿越破碎岩体时一般都产生一定规模塌方，严重时产生地下泥石流或碎屑流，或者产生洞室涌水，威胁施工安全。

岩体中的初始应力状态对洞室围岩的稳定性影响很大。地下洞室开挖后，岩体中的地应力状态重新调整，应力的重新分布往往造成洞周应力集中，当集中后的应力值超过岩体的强度极限或屈服极限时，洞周岩石首先破坏或出现大的塑性变形，并向深部扩展形成一定范围松动圈。地应力因素的影响还表现在洞线选择时洞线的轴向一定要注意与最大水平主应力方向平行。如规划中的南水北调西线引水隧洞等高地应力区的地下工程建设中，地应力对围岩稳定性的影响就成为一个重要的研究课题。

在大型水电工程中，地下洞室的规模很大，大多由几大洞室以及它们之间的许多联络通道组成。在复杂地层中开挖这类工程群体，其开挖支护顺序和方案对围岩稳定的影响至关重要。

地下水对洞室围岩稳定性的影响是很不利的，它可以增加洞周结构上的压力，使洞周岩土体强度降低，造成洞周岩土体变形或失稳破坏，而且长期作用可以使岩石软化、泥化、溶解、膨胀等，使其完整性和强度降低。当地下水位较高时，地下水以静水压力形式作用于衬砌上，形成一个较高的外水压力，对洞室稳定不利；动水压力可造成施工中的洞室产生大规模塌方，在已成地下洞室内可能产生渗漏、泉涌，影响地下洞室的正常使用，对地下工程最大危害莫过于洞室涌水。

工程因素包括由于设计的洞室断面形状不当或尺寸过大，产生的应力集中；由于施工方法不当，如不用光面爆破且炸药量过多或全断面开挖时没有及时支护；洞顶开挖时超挖形成集水，向洞内逐渐渗漏；地下冷库由于设计或施工不当，从而洞周岩土体发生冻胀，使支护结构发生变形或破坏；在已成洞室旁边开挖洞室，或在已成洞室下采煤（或挖洞），使已成洞室遭受破坏；洞周岩土体在地震、爆炸等振动作用下，因岩土抗剪强度降低而产生变形或破坏等。因此工程因素包括洞室的埋深、形状、跨度、轴向、间距及所选取的施工方法、围岩暴露时间、支护形式等项，并与使用期间有无地震、振动作用和相邻建筑的影响有关。

此外，影响地下工程岩体稳定性的因素还有地形、地下工程的施工技术与施工方法等。地形上要求洞室区山体雄厚，地形完整，山体未受沟谷切割，没有滑坡、崩塌等地质现象破坏地形。工程实践表明，地下工程施工技术和施工方法是影响岩体稳定的一个重要方面。良好的施工技术和科学的施工方法将有效地保护围岩稳定，不良的施工技术和不合理的施工方法将严重破坏岩体的稳定性，降低岩体的基本质量。

2. 地下洞室围岩稳定性分析

结合当前国内外对地下洞室围岩稳定的分析理论和相应的数学模型，围岩稳定性分析方法大致有以下几种。

1) 数学解析法

进行围岩稳定性分析时，经常采用复变函数进行围岩应力与变形计算，得出围岩弹性解析解。通过解析法来分析围岩应力和变形方法目前多局限在深埋地下工程，对受地表边界和地面荷载影响的浅埋洞室分析在数学处理上仍存在一些困难；另外，现今的解析法无法解决由于地层各向异性带来的一系列问题。

2) 数值分析法

数值分析法越来越多地被用在地下洞室应力应变分析中，常用的数值分析法有限单元法(FEM)、边界元法、离散元法(DEM)、不连续变形分析法(DDA)、关键块体理论法(KBT)等。

FEM是应用较早且比较广泛的一种方法，可以用来求解弹性、弹塑性、粘弹塑性、粘塑性问题，由于大多地下洞室在轴线方向尺寸远大于断面尺寸，因此常按照平面应变问题进行计算。这种分析方法充分考虑了围岩的非均质性和不连续性，对以非均质各向异性和非线性为特征的介质具有良好的适应性。边界元法又叫边界积分方程法，只对求解区域边界上的岩体进行离散，降低了问题维数，这种方法建立在研究问题的基本解基础上。DEM的基本思想是岩块之间的相互作用，受物理方程和运动方程的支配，通过迭代法显示岩体破坏过程；这种方法在反映岩块之间接触面的滑移、分离与倾翻等大变形的同时，还能计算岩块内部的变形与应力分析。DDA是基于岩体介质非连续性发展起来的一种新的数值分析方法，它可以计算不连续面的位错、滑移、开裂和旋转等大变形的静力和动力问题，通过DDA方法建立起来的数学模型在岩体结构的不连续变形力学过程仿真模拟方面具有很大潜力。KBT表述的思想可以描述为在坚硬和半坚硬的岩层中，岩体被不同成因、不同时期、不同产状、不同规模的结构面切割成各种类型的空间镶嵌块体，根据集合拓扑学原理，运用矢量分析和全空间赤平投影图形方法构造并确定潜在关键块体，通过键块体进行稳定性计算。

3) 工程地质类比法

工程地质法实际上是一种经验方法，对建筑地区的工程地质条件、岩体特点(结构、岩层产状、性质)等进行综合调查，参照已建工程的现状及经验数据进行评价。经验方法使用较为方便，一般性工程可以采用，由于灵活性很大，在很大程度上由于人为因素难免出现经验选用不当而直接导致评价失败。

4) 系统工程法

将岩土工程问题视为一个工程系统，从岩土工程系统论出发，认为岩土在外部扰动下出现空洞或塌方，使岩土的能量有所改变，为了调节系统自身的平衡状态，岩土必定将内部的一部分能量释放，这就会导致空洞周围的岩土体破坏。而加固或充填的目的就是将岩土释放的能量承接一部分或减缓能量释放的速度，使岩土不致因快速释放而失控。

3. 地下洞室围岩稳定性评价方法

1) 强度应力比方法

采用弹性理论的分析，通过重点考察洞室围岩周边关键点上的应力和围岩强度的比值,来评价洞室围岩稳定性的方法。当围岩周边上该关键点的应力超过岩体的强度时,围岩在该点不致发生破坏,因而围岩是稳定的;当该关键点的应力超过岩体的强度时,则围岩将在该点发生破坏,因而认为围岩是不稳定的。这种方法主要用来评价裂隙不发育的、较为完整的围岩,用围岩岩体强度与求得的切向应力相比较,便可以判断洞室周边各个关键点是否发生破坏,从而评价围岩的稳定性。但是在实际工作中,围岩中的应力值以及岩体的强度都要受到多种因素的影响,变化较大,因此在评价围岩的稳定性时,须考虑较大的安全系数。

2) 块体极限平衡理论

地下洞室开挖后,围岩中被结构面切割形成的块体在自重作用下,有可能产生滑移或坠落的变形破坏,在考虑了块体的倾覆失稳与滑动失稳时,Goodman and Bray 提出了块体极限平衡理论,它是在块体理论的基础上提出来的,认为围岩中的某些块体在自重作用下向洞内滑移,作用在支护衬砌上的压力就是这些滑体的重量或其分量。假设条件与块体理论一致,与块体理论相比,极限平衡理论考虑了倾覆破坏,块体宽度 t 是均一的。

找出结构面的组合形式及其与洞轴线的关系,确定围岩中可能不稳定楔形体(或分离体)的位置和形状,确定不稳定体塌落或滑移的滑动方向、可能滑动面的位置、产状和力学强度参数,对楔形体进行稳定性计算,如果楔形体处于稳定状态,其围岩压力为零;如果不稳定,就要具体地计算其围岩压力。

6.3.3 处理措施

地下工程施工依据工程结构和施工顺序可分为开挖、支护和监测等几个方面,每个方面有包括施工技术、施工工艺、施工管理等内容,现今各方面都积累了丰富且行之有效的经验和方法。开挖过程中为提高施工速度而采取的全断面掘进或先导后扩等方法,针对大断面洞室采用中隔墙法、中隔墙交叉台阶法、双侧壁导坑法等。恶劣地质条件下采用超前支护、注浆加固、软弱围岩中实施管超前、严注浆、短进尺、强支护、紧封闭以及一次支护自上而下、二次衬砌自下而上等方法和经验都在实践中取得了良好效果。

在一些特殊的不良地质地段,进行洞室施工,应该采取相应的措施。膨胀土的隧道围岩具有普遍开裂、内挤、坍塌和膨胀等变形现象,因此支护应适应其特性。在不使围岩失稳条件下,允许围岩有一定变形,支护形式特征应适应围岩膨胀速度变化,支护变形时间使适应围岩膨胀收敛持续时间。在此基础上可采用可压缩、可拆换以及增补支护形式。黄土地层中开挖地下洞室,会受到黄土特殊性质的影响。黄土常具有各方向的构造节理,有的原生节理呈 X 形,成对出现,且有一定的连续性。在隧道开挖时,土体容易顺着节理张松或剪断。如果此种地层位于隧道顶部,则极易产生"塌顶";如果位于侧壁,则易出现侧壁掉块,若施工中处理不当,可能会引起较大的塌方。在黄土冲沟或源边地段施工时,往往由于受冲沟构造和地表水侵蚀影响较严重,当隧道覆盖层较薄或存在较大偏压时,容易发生较大的坍塌或滑坡现象。另外有些黄土具有较大的湿陷性,如果支护不当,容易造成洞内坍塌现象。施工时应遵循"断开挖、少扰动、强支护、实回填、严治水、勤测量"的原则,宜采用短台阶法或分布开挖法,必要时采用超前锚杆、管棚支护等形式来加固围岩，也要及时处理好地下水。当地下洞室穿越可溶性岩石时，容易发生坍塌，按照岩溶对洞室的不同影响情况及施工条件，可采取引流、跨越、加固、清除、注浆等不同措施进行治理，或者对溶洞进行填埋，工程允许时也可避绕。在有瓦斯的地下洞室中修建地下洞室，必须采取相应措施保证安全顺利施工。宜采用全断面进行开挖，同时要加强通风，开挖后也要进行及时喷锚支护，避免漏气和围岩失稳，整个施工过程中都要做好防爆措施。

本 章 小 结

(1) 地基稳定性包括地基强度和变形两部分。地基稳定性评价影响因素包括地质构造、岩性、埋深、厚度、物理力学性质及地下水等因素。地基稳定性计算包括土坡失稳带来的稳定性问题和地基承载力的稳定性计算。

(2) 基坑稳定性分析的内容包括验算支护结构整体稳定性、踢脚稳定性、坑底抗隆起稳定性和基坑抗渗流稳定性。分析方法主要有工程地质对比法和力学分析法。基坑支护稳定性主要分为无支护基坑稳定性和有支护基坑稳定性两种情况，无支护基坑的稳定性主要取决于开挖边坡的稳定性，一般采用边坡稳定的分析方法；有支护基坑的稳定性主要取决于支护结构的合理性和可靠性，要依据支护结构特点进行设计计算。基坑的支护结构形式主要有钻孔灌注桩、钢板桩、地下连续墙、水泥土挡土墙等。

(3) 地下洞室是指埋藏于地下岩土体内的各种构筑物。围岩的破坏主要表现为拉伸破坏和剪切破坏。围岩稳定性分析方法主要有数学解析法、数值分析法、工程地质类比法、系统工程法等。地下洞室围岩稳定性评价方法有：强度应力比方法、块体极限平衡理论。

关 键 术 语

工程地质评价　engineering geological evaluation；环境岩土工程　environmental geotechnics；地基处理　ground treatment；复合地基　composite ground；基坑支护　retaining and protecting for foundation excavation；围岩应力（二次应力）　surrounding rock stress；抗滑桩　slide-resistant pile；深层搅拌法　deep mixing method；排水砂井　sand drain

知 识 链 接

基坑支护新技术

1) PPW 工法（预应力桩墙支护技术）

PPW 工法（预应力桩墙支护技术）是一种新的深基坑支护技术。它将预应力技术运用于基坑的挡土桩或地下连续墙中,使挡土结构形式变得体小而高强,并能满足工程要求。在技术上,PPW工法需解决两个问题:一是现浇混凝土桩墙底锚固问题;二是桩墙本身的预应力问题。工程试验证明,PPW工法桩工程效果明显。

2) 拱形水泥土加刚架式钻孔桩空间组合支护

拱形水泥土加刚架式钻孔桩空间组合支护结构,是将水泥土搅拌桩排列成拱形进行挡土防渗,用钻孔灌注桩作为拱脚支座而形成拱形水泥土结构,并沿基坑周边每间隔一定距离在拱形水泥土结构拱脚上加设钻孔灌注桩,后加的钻孔灌注桩与相邻的拱脚支座桩之间采用刚节点和刚性连接梁联成一个空间整体单元。该结构作为挡土防渗支护体系,可充分利用桩的空间组合效应,发挥水泥土抗压强度高的性能,其结构形式新颖、受力合理、挡土防渗安全可靠,应用在软土地区不能采用锚杆和内支撑的狭窄场地的大面积深基坑支护工程中,具有独特的优越性。

3) 锚管桩支护

锚管桩支护是在钢管外壁上按照一定间距钻两排梅花形孔,用液压振管机振入土中,向管内注入高压水泥砂浆使其通过管壁挤入土体,形成以钢管为核心的外包水泥土的圆柱体,从而使锚入土中的钢管较好地发挥锚杆的作用。锚管桩与基坑水平围檩和竖向排桩联合组成一种新型的支护结构。

4) LXK工法支护

用深层搅拌或旋喷桩形成水泥土墙作为支护和挡水的主体。用插筋机、加筋机将钢筋或其他材料快速插入水泥土连墙内,以增加水泥土连墙的刚度、强度和抗弯能力。必要时可施作水泥土地锚用护孔器施作地锚的扩大头,以增加地锚的抗拔力。在基坑支护作为临时性挡土时可通过上述机械将插入体拔出,材料可以重复使用。也可根据具体情况与钢板桩、内支撑等支护结构相结合形成安全、可靠的支护体系。适用广泛的建筑基坑支护新技术,主要适用于松散软弱的江堤、海堤、公路铁路路基、山体边坡、地铁、水库大堤、地下人防工程、建筑物深基坑。

其他如竖向分条双壁钢围堰支护、复合型重力式挡墙深基坑支护、桩梁锚网组合型支护等不再逐一介绍。

应用实例

某软土深基坑支护设计实例分析

1. 工程概况

基坑平面尺寸为75m×140m,基坑开挖深度7.70～9.05m,局部11.2m。工程桩采用700～800mm钻孔灌注桩,基坑周边采用上翻地梁。

2. 场地土构成与特征

①-1 杂填土:层厚0.5～1.3m。松散状,容重为18.0kN/m³。

①-2 粘土:层厚0.5～2.2m。可塑～软塑状,容重为18.5kN/m³。

②淤泥:层厚25m左右,流塑状,容重为16.0kN/m³。

③淤泥质粘土:厚度为9.2～17.1m,软塑状,容重为18.2kN/m³。

3. 基坑周边环境条件

基坑场地周边空间比较紧张,四周均为既有重要建筑物,离周边道路红线比较近,约为2.4～6m,

场地地质条件差，淤泥层巨厚且含水量极高，蠕变性强，地基承载力极低。

4. 基坑支护方案比较分析

1) 土钉墙方案

本工程场地比较小，不具备放坡条件和卸土条件，基坑开挖深度范围内全部为淤泥土层，土钉抗拔力低，效果很差。且本场地周边环境比较复杂，周边道路管线及建筑对地面沉降非常敏感。本方案可靠性差。

2) 地下连续墙方案

该方案施工技术要求较高，造价也高，为确保地下室外墙不渗水，常设衬墙，这样既增加了费用，同时也减小了地下室的空间。本方案经济性差。

3) 排桩加一道内支撑方案

如果支撑设在地下一层楼面以下，当支撑拆除后，围护桩的悬臂高度很大，对围护桩的受力不利，位移难以控制。如果支撑设在地下一层楼面以上，经过试算，桩身弯矩和支撑轴力均很大，造成钻孔桩及支撑成本偏高。另外，采用一道支撑时，由于桩底土性质差，为保证支护体系本身的稳定性，围护桩的插入深度大，同时为了控制坑底的土体位移，被动区土体还需进行大量的加固。本方案安全性和经济性差。

4) 排桩加二道内支撑方案

采用钻孔桩加内支撑的方案是比较经济合理的。该方案属传统的基坑围护方式，技术成熟，施工质量容易保证。通过对支撑在竖向和平面内的合理布置，可使土体变形得到有效控制，同时桩身弯矩又比较小，从而达到安全性和经济性的最佳平衡。本工程采用该围护体系，桩间挡土采用专家提议的喷射混凝土方法。

5. 基坑支护设计

1) 基坑支护分区

本工程场地土层条件基本上比较平均，周边地梁均采用上翻形式、承台下翻，基坑开挖深度分别计算至板底和承台底。对周边承台较小（主要为单桩承台）且分布稀疏处取至板底标高，对承台尺寸较大且分布较密集处取至承台底标高。本工程分3个计算分区，开挖深度分别为7.70m、8.30m、9.05m。

2) 支护结构设计

挡土体系：分区一，开挖深度7.70m，采用700mm直径钻孔灌注桩，桩间距900mm，桩长22.4m；分区二，开挖深度8.30m，采用800mm直径钻孔灌注桩，桩间距1000mm，桩长24.0m；分区三，开挖深度9.05m，采用800mm直径钻孔灌注桩，桩间距1000mm，桩长26.0m；桩净距200mm，桩间喷射混凝土防止挤土。桩身混凝土强度为C25。

坑内高低差：电梯井均位于基坑中间布置，其大承台尺寸为5.8m×8.8m，承台底与周边底板底按60度设计，其高差为3.25m。围护方案采用钢板桩结合小角撑和对撑支护处理。

支撑体系：设二道混凝土内支撑，第一道支撑面标高—1.65m、第二道支撑面标高—6.35m。所有支撑结构均采用C30现浇混凝土，冠梁截面为1000mm×700mm，腰梁截面为1100mm×800mm，支撑截面尺寸分900mm×900mm、800mm×800mm、600mm×600mm三种。

支撑竖向布置：支撑竖向布置时应有效控制土体变形（包括浅层的和深层的位移），同时桩身弯矩又要比较合理，另外两道支撑间的间距要保证挖土机械和运输车辆可以直接下坑作业，各层楼板施工的方便性以及换撑的处理。本工程共设48根支撑立柱桩，其中利用工程桩作立柱桩的有16根。立柱桩采用钻孔灌注桩，坑底以上的部分采用"口"字形格构钢柱，钢构柱插入钻孔桩中2.0m，立柱桩施工前应将钢构柱与钢筋笼焊接后一起置入。钢构柱上应设置止水钢片，止水钢片应在基坑开挖至坑底后、浇注底板前于底板中部焊上。

3) 基坑监测设计

本基坑布置的主要监测项目有：土体深层位移监测、水位观测、支撑轴力监测、围护桩及支撑立柱桩沉降观测和周边环境沉降观测等项目。

4) 基坑降(止)水系统设计

本工程场地在基坑开挖深度范围内及坑底相当深度范围内均为不透水层，故不需进行专门降水设计，只需进行简单的排水即可。本工程在基坑顶部周边设置贯通的地面排水沟，排水沟每隔40m设一集水井，所有场地内地面雨水、施工废水经排水沟、集水井至少一级沉淀后方可排入市政管网中。施工过程中，在基坑内视实际情况设置临时的排水沟和集水坑，临时排水沟和集水坑应在离开围护桩边至少4.0m以外设置。

5) 基坑支护施工效果分析

位移监测值偏大，地下室施工至±0.000时位移监测在57.2～122.59mm，平均为75.66mm，超出设计控制位移值较多。其中最大位移为122.59mm，该位置在挖土过程中出现过桩间流土现象，当日位移超过50mm，造成测斜孔破坏，后在附近补打一只测斜孔，位移值进行累计。根据位移监测曲线来看，所有测孔最大位移均发生在基底以下2.0m至基底以上0.5m之间的位置，与设计情况基本相符。桩间流土、土体蠕变变形及第二道支撑施工时间较长是造成位移值偏大的主要原因。

第一道支撑轴力设计最大值为3896kN，发生在第二道支撑拆除后的工况，实际监测最大值为3500kN，轴力值的大小、产生的工况同设计情况比较接近；第二道支撑轴力设计最大值为8250kN，实际监测最大值为5050kN，比设计值小近40%，究其原因，可能是第二道支撑施工时间过长，土体应力释放较完全而导致实际轴力比设计值小很多，从围护桩外侧土体位移监测就可说明这一点。

基坑开挖期间，由于挖土与桩间喷射混凝土配合不合理，基坑边共有6～7处发生桩间流土现象。该处出现了较大的桩间土流失，场立即采取了应急措施：坑内回填土方，坑外设置警戒区，土体稳定后用钢板焊接在凿出的围护桩主筋上进行封堵，挖至基底标高后，该区域首先铺设垫层封底。

施工结束后，基坑周边的地面沉降在24～54mm之间，最大沉降达54mm。分析其原因，估计是由于桩间土体流失、土体蠕变变形及回填土自身固结沉降引起。

思 考 题

(1) 简述建筑地基在荷载作用下剪切破坏的特点。

(2) 简述围岩的变形破坏形式及其产生机制。

(3) 边坡变形的基本类型有哪两种？边坡破坏的基本类型有哪几种？

(4) 围岩应力重分布作用的结果会导致地下洞室发生哪些力学反应？

第 7 章 工程地质勘察

本章教学要点

知识要点	掌握程度	相关知识
工程地质勘察的任务	熟悉	地质构造和地质灾害的相关知识
工程地质勘察的阶段	掌握	地质条件、工程的类别及相应的规范
勘察报告的阅读	重点掌握	地质图、剖面图、钻孔柱状图、实验图表
原位测试方法	重点掌握	标准贯入、十字板剪切等土力学知识

本章技能要点

技能要点	掌握程度	应用方向
工程地质勘察的阶段	掌握	为工程建设提供工程地质条件和不良地质现象，提出相应的对策和措施等完整的资料
详细勘察阶段的工程量布设	熟悉	了解相关行业规范、钻孔、标贯等要求
勘察报告的阅读	掌握	结合土力学、基础工程等相关内容理解各类数据的含义

 **导入案例**

重庆至怀化铁路线圆梁山深埋特长隧道，因其地质条件极为复杂，为减少或避免灾害性地质现象的发生，必须进行超前地质预报。圆梁山隧道超前地质预报工作是我国建设史上第一座进行系统超前地质预报的隧道。

圆梁山隧道采用了综合超前地质预报技术，曾采用过的各种预报手段有：地质雷达、HSP 声波反射法、跨孔 CT 声波法、TSP202 超前地质预报系统、HY-303 红外探测、超前钻探（30～120m 超前水平钻探和 5m 加深风钻）、地质素描、导坑超前探测（平行导坑和正洞超前导坑）等技术。通过对以上预报手段的探测应用分析，确定了圆梁山隧道的预报方案。以 TSP202 超前地质预报系统做宏观控制性预报，以红外探测做短距离有无水的预报，以超前钻孔（包括 30～120m 水平钻探和 5m 加深风钻）做验证性预报，全隧进行地质素描，因隧道自身特点和地质雷达天线设计问题的原因，在数次探测对比之后，将地质雷达定位在主要用于岩溶发育区洞穴形态的探测和灰岩地段隧底隐伏岩溶的探测。导坑超前探测（平行导坑和正洞超前导坑）随施工开挖进行，而且导坑开挖过程中也要用综合预报方法进行预报。由于 HSP 声波反射法与跨孔 CT 声波法这两种方法作为科研项目在圆梁山隧道现场探测，虽有一定的效果，但因是科研项目，没有纳入必须进行的预报手段之列。

圆梁山隧道超前地质预报做了大量工作，包括正洞、平导、迂回导坑、泄水洞在内共完成如下工作量：地质素描 24857.57m，TSP202 预报 61 次，红外探测 570 次，地质雷达 22773m，超前钻探 74476.8m（2324 孔），其中深孔 13522.7m（240 孔），HSP 实验性探测 4 次，跨孔 CT 法探测 1 次，通过地质作图法平导预报正洞、泄水洞 96 次。圆梁山隧道的地质问题属于灾害性地质问题，为满足施工要求，进行了大量的超前地质钻探，预报效果也非常好，但其费用高、占用施工时间长。尽管采取了一定的措施，使钻进速度提高了几倍甚至 20 倍，但还是寄希望于物探技术及设备能有长足的发展。因物探费用相对较低，占用施工时间也较少，因此有理由相信，只要坚持这种上下（地表、隧道）对照，长短结合，物探、钻探相互验证的综合预报方法，准确预先探明掌子面前方的不良地质是可以做到的。

7.1 工程地质勘察的任务和方法

7.1.1 工程地质勘察目的和方法简述

工程地质勘察是工程建设的前期准备工作，它是综合运用地质学、工程地质及相关学科的基本理论知识和相应技术方法，在拟建场地及其附近进行调查研究，以获取工程建设场地原始工程地质资料，为工程建设制定技术可行、经济合理和明显综合效益的设计和施工方案，达到合理利用自然资源和保护自然环境的目的，以免因工程的兴建而恶化地质环境，甚至引起地质灾害。

根据建设场地明确性与否，工程地质勘察的任务可分两大类。

一类是具有明确指定建设场地的工程地质勘察任务。这类场地已经作过技术条件、经济效益、资源环境等多方面的综合论证，已经明确建设的具体场地，不需要建设场地的方案比选，如三峡工程就在长江三峡地段、上海金茂大厦就在陆家嘴，故这类场地的工程勘察任务主要是：查明建设地区或地点的工程地质条件，如地形、地貌和地层分布情况，同时指出对工程建设有利的和不利的条件，以便工程设计"扬长避短"；测定地基土的物理力学性质指标，如土的天然密度、含水量、孔隙比、渗透系数、压缩系数、抗剪强度、塑性指标、液性指标等，并研究这些指标在工程建设施工和使用期间可能发生的变化及提出有效预防和治理措施的建议。

另一类是需要方案比选建设场地的工程地质勘察任务。这类场地还没有具体确定，尚需进行初步试勘后经过方案比选才能确定，如高速公路的选线，大型桥梁桥位的选址，故这类场地的工程勘察任务主要是：分析研究可供建设场地有关的工程地质问题，作出定性与定量评价；选出建设工程地质条件比较合适的工程建筑场地。所谓工程地质条件，是指与工程结构物相关的各种地质因素的综合，主要包括岩石（土）类型、地质结构与构造、地形地貌条件、水文地质条件、物理地质作用或现象（如地震、泥石流、岩溶等）和天然建筑材料等方面。值得一提的是，良好优越的工程地质条件并不一定是方案最好的建设场地，因为选择这类场地往往伴之于牺牲大片良田沃土为代价。

工程地质勘察常用的主要方法有：①工程地质测绘；②工程地质勘探；③工程地质试验；④工程地质现场观测。各种方法在各个工程勘察阶段中使用的数量、深度与广度也各不相同。

知识要点提醒：工程地质勘察的根本任务是查明工程地质环境中的工程地质条件和不良地质现象，预测工程施工和使用过程中可能发生的地质灾害并提出相应的对策和措施，为工程建设提供完整的工程地质资料。

7.1.2 工程地质勘察阶段

虽然各类建设工程对勘察设计阶段划分的名称不尽相同，但是勘察设计各个阶段的实质内容则是大同小异。一般将工程地质勘察阶段分为可行性研究勘察阶段、初步勘察阶段、详细勘察阶段和施工勘察阶段。

1. 可行性研究勘察阶段

可行性研究勘察阶段，主要满足选址或者确定场地的要求，该阶段应对拟建场地的稳定性和适宜性作出客观评价。为此，在确定拟建工程场地时，在方案允许时，宜避开以下区段：①不良地质现象发育且对场地稳定性有直接危害或潜在威胁的地段；②地基土性质严重不良的地段；③不利于抗震地段；④洪水或地下水对场地有严重不良影响且又难以有效预防和控制的地段；⑤地下有未开采的有价值矿藏地段；⑥埋藏有重要意义的文物古迹或未稳定的地下采空区的地段。

可行性研究勘察阶段的主要勘察方法是：①对拟建地区大、中比例尺工程地质测绘；②进行较多的勘探工作，包括在控制工程点作少量的钻探；③进行较多的室内试验工作，并根据需求进行必要的野外现场试验；④应在重要的工程地段及可能发生不利地质作用的地址进行长期观测工作；⑤进行必要的物探。

2. 初步勘察阶段

初步勘察阶段应对场地内建设地段的稳定性作出岩土工程定量分析。本阶段的工程地质勘察工作有：①搜集项目的可行性研究报告、场址地形图、工程性质、规模等文件资料；②初步查明地层、构造、岩性、透水性是否存在不良地质现象，当场地条件复杂，还应进行工程地质测绘与调查；③对抗震设防烈度不小于 7 度的场地，应初步判定场地或地基能否发生液化。

初步勘察应在搜集分析已有资料的基础上，根据需要进行工程地质测绘、勘探及测试工作。

3. 详细勘察阶段

详细勘察应密切结合工程技术设计或施工图设计，针对不同工程结构提供详细工程地质资料和设计所需的岩土技术参数，对拟建物的地基作出岩土工程分析评价，为路基路面或基础设计、地基处理、不良地质现象的预防和整治等具体方案进行具体论证并得出结论和提出建议。详细勘察的具体内容应视拟建物的具体情况和工程要求来定。

4. 施工勘察阶段

施工勘察主要是与设计、施工单位相结合进行的地基验槽，深基础工程与地基处理的质量和效果的检测，施工中的岩土工程监测和必要的补充勘察，解决与施工有关的岩土工程问题，并为施工阶段路基路面或地基基础设计变更提供相应的地基资料，具体内容视工程要求而定。

需要指出的是，并不是每项工程都严格遵守上述阶段进行勘察，有些工程项目的用地有限，没有场地选择的余地，如遇到地质条件不是很好时，则通过采取地基处理或其他的措施来改善，这时施工阶段的勘察尤为重要。此外，有些建筑等级要求不高的工程项目，可根据邻近的已建工程的成熟经验，根本就不需要任何勘察亦可兴建，如 1~3 层的工业与民用建筑工程项目。

知识要点提醒：地质工程的勘察精度应以满足工程阶段的要求为基础，按照行业规范合理布设工程量，认真研究勘察现场的相关资料，事先了解勘察场地特征尤其是地下设施诸如管网、电缆等。

7.1.3 工程地质测绘

工程地质测绘是工程地质勘察中的最基本方法，也是工程地质勘察的最先进行的综合基础工作。它运用地质学原理，通过野外调查，对有可能选择的拟建场地区域内地形地貌、地层岩性、地质构造、不良地质现象进行观察和描述，将所观察到的地质要素按要求的比例尺填绘在地形图和有关图表上，并对拟建场地区域内的地质条件作出初步评价，为后续布置勘探、试验和长期观测打基础。工程地质测绘贯穿于整个勘察工作的始终，只是随着勘察设计阶段的不同，要求测绘的范围、内容、精度不同而已。

1. 工程地质测绘的范围

工程地质测绘范围应根据工程建设类型、规模，并考虑工程地质条件的复杂程度等综合确定。一般工程跨越地段越多、规模越大、工程地质条件越复杂、测绘范围就相对越广。例如：京珠高速公路的线路测绘，横亘南北、穿山越岭、跨江过水，测绘范围就比三峡大坝选址工程测绘范围要广阔。

2．工程地质测绘的内容

工程地质测绘的内容主要有以下6个方面。

1）地层岩性

明确一定深度范围内的地层内各岩层的性质、厚度及其分布变化规律，并确定其地质年代、成因类型、风化程度及工程地质特性。

2）地质构造

研究测区内各种构造形迹的产状、分布、形态、规模及其结构面的物理力学性质，明确各类构造岩的工程地质特性，并分析其对地貌形态、水文地质条件、岩石风化等方面的影响及其近、晚期构造活动情况，尤其是地震活动情况。

3）地貌条件

如果说地形是研究地表形态的外部特征，如高低起伏、坡度陡缓和空间分布，那么地貌则是研究地形形成的地质原因和年代及其在漫长地质历史中不断演变的过程和将来发展的趋势，即从地质学和地理学的观点来考察地表形态。因此，研究地貌的形式和发展规律，对工程建设的总体布局有着重要意义。

4）水文地质

调查地下水资源的类型、埋藏条件、渗透性，并测试分析水的物理性质、化学成分及动态变化对工程结构建设期间和正常使用期间的影响。

5）不良地质

查明岩溶、滑坡、泥石流及岩石风化等分布的具体位置、类型、规模及其发育规律，并分析其对工程结构的影响。

6）可用材料

对测区内及附近地区短程可以用来利用的石料、砂料及土料等天然构筑材料资源进行附带调查。

3．工程地质测绘的精度

工程地质测绘的精度是指对野外观察得到工程地质现象和获取的地质要素信息标记、描述和表示在有关图纸上的详细程度。所谓地质要素，即场地的地层、岩性、地质构造、地貌、水文地质条件、物理地质现象、可利用天然建筑材料的质量及其分布等。测绘的精度主要取决于单位面积上观察点的多少，在地质复杂地区，观察点的分布多一些，简单地区则少一些，观察点应布置在反映工程地质条件各因素的关键位置上。一般应反映在图上大于 2mm 的一切地质现象，对工程有重要影响的地质现象，在图上不足 2mm 时，应扩大比例尺表示，并注明真实数据，如溶洞等。

4．工程地质测绘的方法和技术

工程地质测绘方法有相片成图法和实地测绘法。随着科学技术的进步，遥感新技术也在工程地质测绘中得到应用。

1）相片成图法

相片成图法是利用地面摄影或航空（卫星）摄影的相片，先在室内根据判释标志，结合所掌握的区域地质资料，确定地层岩性、地质构造、地貌、水系和不良地质现象等，描绘在单张相片上，然后在相片上选择需要调查的若干布点和路线，以便进一步实地调查、校核并及时修正和补充，最后将结果转绘成工程地质图。

2）实地测绘法

顾名思义，实地测绘法就是在野外对工程地质现象进行实地测绘的方法。实地测绘法通常有路线穿越法、布线测点法和界线追索法3种。

路线穿越法是沿着在测区内选择的一些路线，穿越测绘场地，将沿途遇到的地层、构造、不良地质现象、水文地质、地形、地貌界线和特征点等填绘在工作底图上的方法。路线可以是直线也可以是折线。观测路线应选择在露头较好或覆盖层较薄的地方，起点位置应有明显的地物，例如村庄、桥梁等，同时为了提高工作成效，方向应大致与岩层走向、构造线方向及地貌单元相垂直。

布线测点法就是根据地质条件复杂程度和不同测绘比例尺的要求，先在地形图上布置一定数量的观测路线，然后在这些线路上设置若干观测点的方法。观测线路力求避免重复，尽量使之达到最优效果。

界线追索法就是为了查明某些局部复杂构造，沿地层走向或某一地质构造方向或某些不良地质现象界线进行布点追索的方法。这种方法常是上述两种方法的基础上进行的，是一种辅助补充方法。

3）遥感技术应用

遥感技术就是根据电磁波辐射理论，在不同高度观测平台上，使用光学\电子学或电子光学等探测仪器，对位于地球表面的各类远距离目标反射、散射或发射的电磁波信息进行接收并以图像胶片或数字磁带形式记录，然后将这些信息传送到地面接收站，接收站再把这些信息进一步加工处理成遥感资料，最后结合已知物的波谱特征，从中提取有用信息，识别目标和确定目标物之间相互关系的综合技术。简而言之，遥感技术是通过特殊方法对地球表层地物及其特性进行远距离探测和识别的综合技术方法。遥感技术包括传感器技术，信息传输技术，信息处理、提取和应用技术，目标信息特征的分析和测量技术等。

遥感技术应用于工程地质测绘，可大量节省地面测绘时间及工作量，并且完成质量较高，从而节省工程勘察费用。

知识要点提醒：熟悉工程地质测绘的方法和技术，查阅相关资料了解目前常用的物探技术和仪器。

7.1.4 工程地质勘探

工程地质勘探是在工程地质测绘的基础上，为了详细查明地表以下的工程地质问题，取得地下深部岩土层的工程地质资料而进行的勘察工作。

常用的工程地质勘探手段有开挖勘探、钻孔勘探和地球物理勘探。

1. 开挖勘探

开挖勘探就是对地表及其以下浅部局部土层直接开挖，以便直接观察岩土层的天然状态以及各地层之间的接触关系，并能取出接近实际的原状结构岩土样进行详细观察和描述其工程地质特性的勘探方法。根据开挖体空间形状的不同，开挖勘探可分为坑探、槽探、井探和洞探等。

坑探就是用锹镐或机械来挖掘在空间上3个方向的尺寸相近的坑洞的一种明挖勘探方法。坑探的深度一般为1~2m，适用于不含水或含水量较少的较稳固的地表浅层，主要用来查明地表覆盖层的性质和采取原状土样。

槽探就是对在地表挖掘的成长条形且两壁常为倾斜、上宽下窄的沟槽进行地质观察和描述的明挖勘探方法。探槽的宽度一般为0.6~1.0m，深度一般小于3m，长度则视情况确定。探槽的断面有矩形、梯形和阶梯形等多种形式，一般采用矩形，当探槽深度较大时，常用梯形形式；当探槽深度很大且探槽两壁地层稳定性较差时，则采用阶梯性断面，必要时还要对两壁进行支护。槽探主要用于追索地质构造线、断层、断裂破碎带宽度、地层分界线、岩脉宽度及其延伸方向，探查残积层、坡积层的厚度和岩石性质及采取试样等。

井探就是指勘探挖掘空间的平面长度方向和宽度方向的尺寸相近，而其深度方向则大于长度和宽度的一种挖探方法。探井的深度一般都大于3~20m，其断面形状有方形的(1m×1m、1.5m×1.5m)、矩形的(1m×2m)和圆形(直径一般为0.6~1.25m)。掘进时遇到破碎的井段须进行井壁支护。井探用于了解覆盖层厚度及性质、构造线、岩石破碎情况、岩溶、滑坡等，当岩层倾角较缓时效果较好。

洞探就是在指定标高的指定方向开挖地下洞室的一种勘探方法。这种勘探方法一般将探洞布置在平缓山坡、山坳处或较陡的基岩坡坡底，多用于了解地下一定深处的地质情况并取样，如查明坝底两岸地质结构，尤其在岩层倾向河谷并有易于滑动的夹层，或层间错动较多、断裂较发育及斜坡变形破坏等，更能观察清楚，可获得较好效果。

2. 钻孔勘探

钻孔勘探简称钻探。钻探就是利用钻进设备打孔，通过采集岩芯或观察孔壁来探明深部地层的工程地质资料，补充和验证地面测绘资料的勘探方法。钻探是工程地质勘探的主要手段，但是钻探费用较高，因此，一般是在开挖勘探不能达到预期目的和效果时才采用这种勘探方法。

钻探方法较多，钻孔口径不一。一般采用机械回转钻进，常规孔径为：开孔168mm，终孔91mm。由于行业部门及设计单位的不同要求，孔径的取值也一样。如水电部使用回转式大口径钻探的最大孔径可达1500mm，孔深30~60m，工程技术人员可直接下孔观察孔壁，而有的部门采用孔径仅为36mm小孔径，钻进采用金刚石钻头，这种钻探方法对于硬质岩而言，可提高其钻进速度和岩芯采取率或成孔质量。

一般情况下，钻探通常采用垂直钻进方式。对于某些工程地质条件特别的情况，如被调查的地层倾角较大，则可选用斜孔或水平孔钻进。

钻进方法有4种：冲击钻进、回转钻进、综合钻进和振动钻进。

1) 冲击钻进

该法采用底部圆环状的钻头，钻进时将钻具提升到一定高度，利用钻具自重，迅猛放落，钻具在下落时产生冲击力，冲击孔底岩土层，使岩土达到破碎而进一步加深钻孔。冲击钻进可分人工冲击钻进和机械冲击钻进。人工冲击钻进所需设备简单，但是劳动强度大，适用于黄土、粘性土和砂性土等疏松覆盖层；机械冲击钻进省力省工，但是费用相对高些，适用于砾时、卵石层及基岩。冲击钻进一般难以取得完整岩芯。

2) 回转钻进

该法利用钻具钻压和回转，使嵌有硬质合金的钻头切削或磨削岩土进行钻进。根据钻头的类别，回转钻进可分螺旋钻探、环形钻探（岩芯钻探）和无岩芯钻探。螺旋钻探适用于粘性土层，可干法钻进，螺纹旋入土层，提钻时带出扰动土样；环形钻探适用于土层和岩层，对孔底作环形切削研磨，用循环液清除输出岩粉，环行中心保留柱状岩芯，然后进行提取；无岩芯钻探适用于土层和岩层，对整个孔底作全面切削研磨，用循环液清除输出岩粉，不提钻连续钻进，效率高。

3) 综合钻进

此法是一种冲击与回转综合作用下的钻进方法。它综合了前两种钻进方法在地层钻进中的优点，以达到提高钻进效率的目的，在工程地质勘探中应用广泛。

4) 振动钻进

此法采用机械动力将振动器产生的振动力通过钻杆和钻头传递到圆筒形钻头周围土中，使土的抗剪强度急剧减小，同时利用钻头依靠钻具的重力及振动器重量切削土层进行钻进。圆筒钻头主要适用于粉土、砂土、较小粒径的碎石层以及粘性不大的粘性土层。

3. 地球物理勘探

地球物理勘探简称物探，是利用专门仪器来探测地壳表层各种地质体的物理场，包括电场、磁场、重力场、辐射场、弹性波的应力场等，通过测得的物理场特性和差异来判明地下各种地质现象，获得某些物理性质参数的一种勘探方法。由于组成地壳的各种不同岩层介质的密度、导电性、磁性、弹性、反射性及导热性等方面存在差异，这些差异将引起相应的地球物理场的局部变化，通过测量这些的物理场分布和变化特性，结合已知的地质资料进行分析和研究，就可以推断地质体的性状。这种方法兼有勘探和试验两种功能。与钻探相比，物探具有设备轻便、成本低、效率高和工作空间广的优点，但是，不能取样直接观察，故常与钻探配合使用。

物探按照利用岩土物理性质的不同可分为声波探测、电法勘探、地震勘探、重力勘探、磁力勘探及核子勘探等。在工程地质勘探中采用得较多主要是前3种方法。

最普遍的物探方法是电法勘探与地震勘探，并常在初期的工程地质勘察中使用，配合工程地质测绘，初步查明勘察区的地下地质情况，此外，常用于查明古河道、洞穴、地下管线等具体位置。

1) 声波探测

声波探测是指运用声波在岩土或岩体中传播特性及其变化规律来进行测试其物理力学性质的一种探测方法。在实际工程中，还可利用在应力作用下岩土或岩体的发声特性对其进行长期稳定性观察。

2) 电法勘探

电法勘探简称电探，是利用天然或人工的直流或交流电场来测定岩石土、体导电学性质的差异，勘查地下工程地质情况的一种物探方法。电探的种类很多，按照使用电场的性质，可分为人工电场法和自然电场法，而人工电场法又可分为直流电场法和交流电场法。工程勘察使用较多的是人工电场法，即人工对地质体施加电场，通过电测仪测定地质体的电阻率大小及其变化，再经过专门量板解释，区分地层、岩性、构造以及覆盖层、风化层厚度、含水层分布和深度、古河道、主导充水裂隙方向以及天然建筑材料分布范围、储量等。

3）地震勘探

地震勘探是利用地质介质的波动性来探测地质现象的一种物探方法。其原理是利用爆炸或敲击方法向岩体内激发地震波，根据不同介质弹性波传播速度的差异来判断地质情况现象。根据波的传递方式，地震勘探又可分为直达波法、反射波法和折射波法。直达波就是由地下爆炸或敲击直接传播到地面接收点的波，直达波法就是利用地震仪器记录直达波传播到地面各接收点的时间和距离，然后推算地基土的动力参数，如动弹性模量、动剪切模量和泊松比等；而反射波或折射波则一般由地面产生激发的弹性波在不同地层的分界面发生反射或折射而返回到地面的波，反射波法或折射波法就是利用反射波或折射传播到地面各接收点的时间，并研究波的振动特性，确定引起反射或折射的地层界面的埋藏深度、产状岩性等。地震勘探直接利用地下岩石的固有特性，如密度、弹性等，较其他物探方法准确，且能探测地表以下很大的深度，因此该勘探方法可用于了解地下深部地质结构，如基岩面、覆盖层厚度、风化壳、断层带等地质情况。

物探方法的选择，应根据具体地质条件，常用多种方法进行综合探测，如重力法、电视测井等新技术方法的运用，但由于物探的精度受到限制，因而是一种辅助性的方法。

7.1.5 岩土测试

岩土测试就是在工程勘探的基础上，为了进一步了解所勘探岩土的物理、力学性能，获取其基本性能指标而采取的测定试验。按照场地不同，岩土测试可分为原位测试和室内测试。原位测试就是指在岩土体原生的位置上，在保持岩土体原有结构、含水量及应力状态尽量不被扰动和破坏的条件下进行测定岩土各种物理力学性能指标；室内测试则是将从野外所采取的试样尽量维持其天然状态下的性能送到室内进行测试。原位测试是在现场条件下直接测定岩土的性质，避免岩土样在取样、运输及室内准备试验过程中被扰动，因而所得的指标参数更接近于岩土体的天然状态，一般在重大工程中采用；室内测试的方法比较成熟，所取试样体积小，与自然条件有一定的差异，因而成果不够准确，但对于一般工程能够满足需要。原位测试需要大型设备，成本高，历时长，且选择有代表性的工程地质地段，必然有一定局限性和不足之处；室内测试设备简单，成本低。因此，从技术经济的观点出发，工程上一般是原位测试与室内试验相结合，可以取得比较满意和可靠的数据。

原位测试一般是针对岩土体和地基土的宏观表现特性进行试验，主要包括岩体力学性质和地基土和承载力强度试验、水文地质试验和地基及基础工程试验等。岩土力学性质、地基土承载力强度试验主要有静荷载试验、触探试验、十字板剪切试验、钻孔旁压试验、岩土现场剪切试验、动力参数或剪切波速的测定试验、桩的静、动荷载试验等；水文地质试验主要有渗水试验、压水试验和抽水试验；不良地基处理试验主要有不良地基灌浆补强试验和桩基础承载力试验。室内试验一类是针对岩土体和地基土的细观特性，如界限含水量试验、颗粒分析试验、重度试验、压缩试验、抗剪强度试验及岩石的室内饱和单轴极限抗压强度试验，另一类是在现场不便进行或代价高昂而只能在实验室模拟的试验，如大型水下群桩承载力的离心模型试验等。试验项目应根据岩土条件和工程性质确定。

上述的大部分试验都是比较传统的试验，在土力学、岩土工程测试和一般工程地质教材等书籍中都能很容易查找到。以下主要介绍现场静荷载试验中一种新的测试方法——桩基础自平衡测试法和十字板剪切试验，并简要介绍室内离心模型试验方法。

1. 桩基础自平衡测试法

1）测试原理和特点

自平衡测试法的主要装置是一种经特别设计可用于加载的专利产品—荷载箱，它主要由活塞、顶盖、底盖及箱壁4部分组成。在顶、底盖上布置位移杆，将荷载箱与钢筋笼焊接成一体放入桩身适当位置。其测试原理示意图如图 7.1 所示。试验时，从桩顶通过高压油管对荷载箱内腔施加压力，箱顶与箱底被推开，产生向上与向下的推力，从而调动桩周土的侧阻力与端阻力，直至破坏，根据加载及向上、下位移的对应关系，可以绘出向上、向下两条 $Q-s$ 曲线。上段桩得到的极限承载力就是极限抗拔承载力，将上段桩得到的极限抗拔承载力经一定处理后转换为极限抗压承载力与下段桩极限抗压承载力相加即为整根桩的极限抗压承载力。

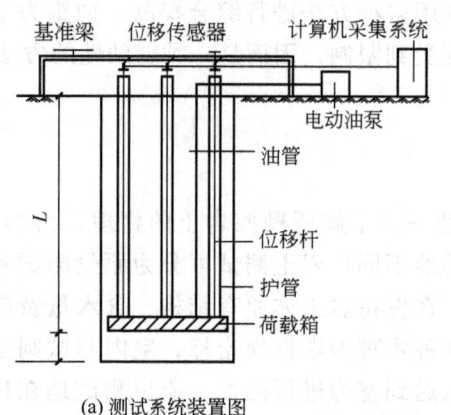
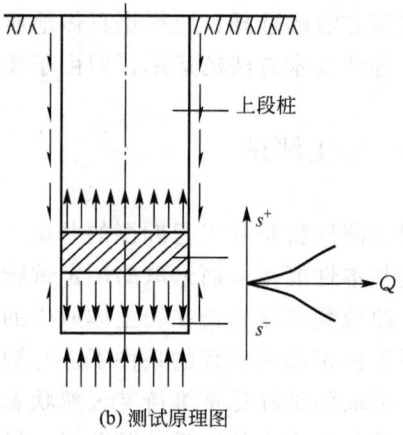

(a) 测试系统装置图　　　　　　　　(b) 测试原理图

图 7.1　桩基自平衡测试系统装置和原理图

与传统的静力测桩法相比，自平衡测桩法具有以下几个方面的特点：①测力直接。该法利用桩的侧阻力与端阻力互为反力，因而可直接测得侧阻力与端阻力。②工期减短。荷载箱埋设后待混凝土达到一定（70%左右）强度，且土体稳定（砂类土 10 天，粉土和粘性土 15 天）后即可测试，一般 15 天就足够了。对于嵌岩端承桩，可用提高混凝土强度等级或在混凝土中加早强剂的方法使测试时间提前，并且多根桩同时测试，测试时间大大缩短。③费用节省。尽管荷载箱为一次性投入器件，但与传统方法相比可节省试验总费用的 30%～60%，具体比例视桩与地质条件而定。试桩完全按工程桩制作，桩顶无需特殊处理，也不需露出地面，对于有地下室的桩基础，与其他试桩法相比，桩长减小很多，因而节省材料，降低试桩本身的造价。④装置简单，占场地小。由于无需笨重的反力架及运入数百吨或数千吨物料大量的"堆载"，加载只需几台高压油泵，占用场地极小，且不受场地条件的限制。测试时只要能保证在试桩周围 10m 内无较大的振动，施工可照常进行。由于加载装置简单，还能同时进行多根桩的测试。⑤测后照常使用。不同于有的测桩法测试后试桩报废,该法试验后试桩仍可作为工程桩使用,可利用预埋管对荷载箱进行压力灌浆。
⑥适用性强。在一些复杂场地情况下,或当设置传统堆载平台及锚桩反力架特别困难或成本特别高时,该法更显示其较强的适用性。例如水上试桩,坡地试桩,基坑底试桩,狭窄场地试桩,斜桩,嵌岩桩,抗拔桩等,这些都是传统试桩法难以做到的。

由于其独特的优点和显著的社会效益,该技术已在江苏、浙江、上海、广东、广西、河南、云南、贵州、安徽、福建、辽宁、贵州、青海、新疆等省、自治区、直辖市的 220 多项工程中应用。

2)测试时间及加载方式

在桩身强度达到设计要求的前提下,成桩到开始试桩的时间:对于砂土不少于 10 天,对于粘性土和粉土不少于 15 天,对于淤泥或淤泥质土不少于 25 天。加载方式可采用慢速维持荷载法也可采用快速维持荷载法。

3)极限承载力的确定

根据位移随荷载的变化特性确定极限承载力。陡变形 $Q-s$ 曲线取曲线发生明显陡变的起始点;对于缓变形 $Q-s$ 曲线,上段桩极限侧阻力取对应于向上位移 $s^+ = 40 \sim 60$mm 的荷载;下段桩极限值对应于向下位移 $s^- = 40 \sim 60$mm 的荷载,对于大直径桩,s^- 也可取 $0.03D \sim 0.06D$ 所对应荷载(D 为桩直径)。

根据沉降随时间的变化特征确定极限承载力:取 $s-\lg t$ 曲线尾部出现明显弯曲的前一级荷载值。根据上述准则,可求得桩上、下段极限承载力实测值 Q_u^+、Q_u^-。测试时,荷载箱上部桩身自重方向与桩侧阻力方向一致,故在判定桩侧阻力时应当扣除。

4)转换方法

自平衡法测出的上段桩的摩阻力方向是向下的,与常规摩阻力方向相反。传统加载时,侧阻力将使土层压密,而该法加载时,上段桩侧阻力将使土层减压松散,故该法测出的摩阻力小于常规摩阻力,因此必须进行等效转换。自平衡法测试结果向传统静载试验的桩顶荷载-位移曲线转换方法有两种:一种是简化转化法;另一种是精确转化法。

简化转化法是:根据向上向下位移同步的原则拟合。即是通过位移进行叠加荷载的方法。根据两种测试方法的受力分析,可以得出以下公式:

$$Q = Q^+ + KQ^-$$
$$S = S^+ + K\Delta S = S^- + K\Delta S$$

式中:Q——转换后桩顶荷载;

S——转换后桩顶位移;

Q^+——荷载箱向上加载值;

Q^-——荷载箱向下加载值;

ΔS——弹性压缩;

S^+——向上位移;

S^-——向下位移;

K——转换系数,由试验确定。国内对比试验表明,K 一般取 $1.2 \sim 1.4$。

精确转换法是:根据测定荷载箱的荷载、垂直方向向上和向下的变位量以及桩在不同深度的应变,通过桩的应变和截面刚度,计算出轴向力分布,进而求出不同深度的桩侧摩阻力,利用荷载传递解析方法,将桩侧摩阻力与变位量的关系、荷载箱荷载与向下变位量的关系,换算成等效桩头荷载对应的荷载-沉降关系。由于该法用精确的解析表示,故称其为精确转换法。该法荷载传递中,假定:桩为弹性体;由单元上下两面的轴向力和平均截面刚度来求各单元应变;在自平衡法中,桩端的承载力-沉降量关系及不同深度的桩侧摩阻力-变位量关系与标准试验法相同。

精确转换法的实施必须要沿桩身设置相当数量的应变元件,这在大工程中均可做到。该法也可用来验证简化转换法的可靠性、实用性,使简化转换法广泛用于一般工程中。

2. 十字板剪切试验

十字板剪切试验是采用十字板剪切仪专门原位测定饱和软粘土抗剪强度的一种试验方法。十字板剪切仪主要由十字板头、加荷传力装置(轴杆、转盘、导轮等)和测力装置(钢环、百分表)3部分组成,如图7.2所示。十字板头一般由4块大小相等、厚度为3mm长方形钢板以横截面呈十字形焊接在轴杆构成。

试验时将特制十字板头压入打好的钻孔底以下75cm左右的被测试土层中,然后缓慢均匀等速摇动手柄旋转,大约10s1度地转速,每转1度记录钢环变形的百分表读数一次,直到读数不再增加或开始减小时,即表示土体已经被剪坏。试验一般要求在3~10min内把土体剪坏,以免在剪切过程中产生的孔隙压力消散。

设十字板高度为 H(m),转动直径为 D(m),剪切破坏时的施加扭矩为 M(kN·m),则 M 应该与破裂圆柱土体侧表面上和上、下底面上的抗剪强度所产生的抵抗力矩相等,即:

$$M = \frac{1}{2}\pi D^2 H \tau_v + \frac{1}{6}\pi D^3 \tau_h$$

式中:M——剪切破坏时的施加扭矩,kN·m;

τ_v、τ_h——剪切破坏时破裂圆柱土体侧表面上和上、下底面上的抗剪强度,kPa。

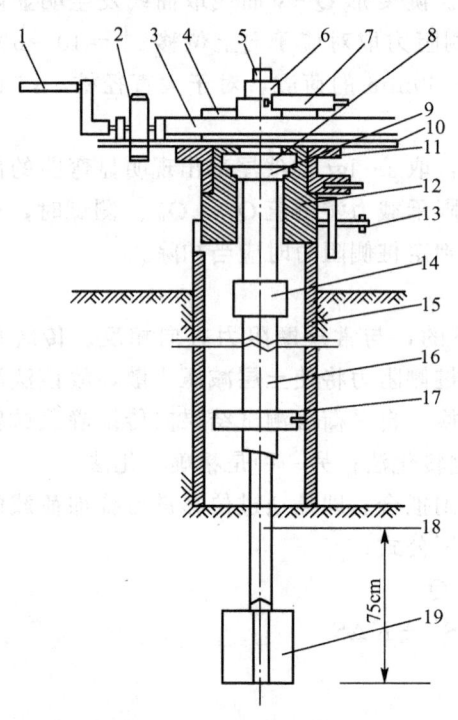

图 7.2 十字板剪切仪

1—手摇柄;2—齿轮;3—涡轮;4—开口钢环;
5—固定夹;6—导杆;7—百分表;8—转盘;
9—底板;10—固定套;11—弹子盘;
12—底座;13—制紧轴;14—接头;
15—套管;16—钻杆;17—导轮;
18—轴杆;19—十字板头

在实际土层中,τ_v 和 τ_h 是不同的。爱斯(Aas)曾经利用不同 D/H 的十字板剪切仪测定饱和粘性土抗剪强度。试验表明:对于所试验的正常固结饱和粘性土,$\tau_v/\tau_h = 1.5 \sim 2.0$;对于稍超固结饱和粘性土,$\tau_v/\tau_h = 1.1$。这一试验结果表明天然土层的抗剪强度是非等向的,即水平面上的抗剪强度大于垂直面上的抗剪强度。这主要是水平方向上的固结压力大于垂直面上的固结压力。

在实际工程中，为了简化计算，在常规的十字板剪切试验中假定 $\tau_v = \tau_h = \tau_f$，代入上式又可写成

$$\tau_f = \frac{2M}{\pi D^2 \left(H + \dfrac{D}{3}\right)}$$

式中：τ_f——现场由十字板剪切试验测定土的抗剪强度，kPa；其他符号同前式。

十字板剪切试验适用于测定饱和软粘土抗剪强度，其优点是构造简单，操作方便，原位测试时对土的扰动较小，因此在工程实际中得到广泛的应用。但是，若软土层中夹有薄砂层时，其测试结果可能偏高造成失真。

3. 离心模型试验简介

土工离心模型试验（Geotechnical Centrifuge Model Test）的基本原理是：将土工模型置于高速旋转的离心机中，让模型承受大于重力加速度的离心加速度的作用，来补偿因模型尺寸缩小而导致的土工构筑物自重的损失。故对模拟以自重为主要荷载的岩土工程结构物性状的研究特别有效。

1869 年，法国工程师 Philips 最早提出了土工离心模型试验技术的基本思想。他认识到通过离心机施加的离心惯性力，就可以使模型的应力与原型相似。Philips 最初的设想是用离心模型试验方法来解决横跨英吉利海峡大铁桥复杂结构力学问题。Philips 还提出用离心模型试验研究在跨海大铁桥建设中可能遇到的地基基础问题。

我国从 20 世纪 80 年代初开始离心模型试验研究。1983 年，南京水利科学研究院在国内首次采用离心模型试验研究深圳五湾码头坍塌问题，其模拟结果与现场码头后倾坍塌状况完全一致，从而找出了码头坍塌的原因。迄今为止，我国已有许多单位已建和在建的土工大中型离心机近十台，并在三峡、小浪底、瀑布沟等国家重点工程的建设规划设计中发挥了巨大的作用。模型试验技术几乎在岩土工程的各个领域都得到了应用，已成为岩土工程领域中最主要的试验研究方法之一。

知识要点提醒：现场测试技术要求，请参阅《岩土工程勘察规范》（GB 50021—2001）。

7.1.6 现场监测

现场监测是指在施工过程中及完成后由于施工和运营的影响而引起岩土性状及周围环境条件发生变化所进行的各种动态观测工作。现场监测的目的是：进一步检验工程地质勘察和评价的可靠性；检验设计理论和计算的正确性；掌握施工对工程引起的影响以及监视其变化和规律，以便及时在设计、施工上采取相应的防治应对措施。譬如，地基沉降速度及各部分沉降差异，水库岸坡的破坏速度及稳定坡角等问题，一般都必须进行现场监测。

根据监测所采用的方法，现场监测可分为目测监测、仪器监测和在线监测。根据监测场地，现场监测可分为地表监测和地下监测。现场监测的内容主要是获取位移或变形的信息和土中应力或压力信息。由于地下水动态监测对评价地基土体的容许承载力、预测道路冻害的严重性、基坑排水量和坑壁稳定性等都很重要，因此，有时根据需要获取地下水或土中孔隙水压力的相关信息。

现场监测点布设及其稀密程度一般按照监测线或监测网上监测对象的变化差异性程度和重要性而定。监测线的方向应与检测内容变化程度差异性最大的方向一致。如滑坡的发展变化，应主要沿着其滑动方向上布置；地基沉降监测点的布置应考虑建筑物结构形式和轮廓特点及其地基承载力特征，在墙脚、柱脚、变形缝等处布置监测点；为检查防止坝基渗透而设置的坝基下游排水减压效果，应当在垂直坝基轴线的方向上布置水文地质监测孔等。对于随时间发生变化的动力地质现象，在现场监测中一般要设立标桩。如上海地表沉降现场监测建立的标桩系统，除分层设立标桩——"分层标"外，还设立了"基岩标"，将标底放置在覆盖层下面的基岩上。其他如滑坡监测、断层活动性监测，以及所有通过地形变化了解其动态的长期现场监测，都必须在邻近稳定或比较稳定的地方设立标桩，作为基准点。

现场监测的时间间距也应仔细考虑和选择，以便正确地揭示监测对象随时间变化的关系。选择时应充分考虑监测对象变化强烈和快慢程度，快速变化时期需增加监测次数，例如，滑坡在雨季滑动会加快，应及时增加监测次数。

7.2 工程地质勘察报告书和图件

7.2.1 工程地质勘察报告书

工程地质勘察报告书是在工程勘察工作结束时，将直接和间接获得的各种工程资料，经过分析整理、检查校对和归纳总结后文字记录及相关图表汇总的正式书面材料。工程地质是工程地质勘察的最终成果，也是向规划、设计、施工等部门直接提交和使用的文件性资料。

工程地质勘察报告书的任务在于阐明工作地区的工程地质条件，分析存在的工程地质问题，并作出正确工程地质评价，得出结论。工程地质勘察报告书的内容一般分为绪论、通论、专论和结论4个部分，各部分前后呼应，密切联系，融为一体。

绪论部分主要介绍工程地质勘察的工作任务、采用的方法及取得的成果，同时还应说明工程建设的类型、拟定规模及其重要性、勘察阶段及迫切需要解决的问题等。

通论部分是阐述勘察场地的工程地质条件，如自然地理、区域地质、地形地貌、地质构造、水文地质、不良地质现象及地震基本烈度、场地岩土类型等。在编写通论时，既要符合地质科学的要求，又要达到工程实用的目的，使之具有明确的针对性和目的性。

专论是整个报告的主体中心。该部分主要结合工程项目对所涉及的各种可能发生有关工程地质问题，如场地岩土层分布、岩性、地层结构、岩土的物理力学性质、地基承载力、地下水的埋藏与分布规律、含水层的性质、水质及侵蚀性等提出论证和回答任务书中所提出的各项要求及问题。在论证时，应该充分利用工程勘察所得到的实际资料和数据，在定性分析的基础上作出定量评价。

结论部分在专论的基础上对任务书中所提出各项要求作出结论性的回答。结论部分应对场地的适宜性、稳定性、岩土体特性、地下水、地震等作出综合性工程地质评价。结论必须简明扼要，措辞必须准确无误，切不可空泛模糊。此外，还应指出存在的问题和解决问题的具体方法、措施和建议以及进一步研究的方向。

7.2.2 工程地质图件

工程地质报告书除了文字资料部分外，还有一整套与文字内容密切相关的图表，如平面图、剖面图、柱状图等。工程地质报告书还有各种附图，如分析图、专门图、综合图等。

1）综合工程地质平面图

在选定的比例尺地形图上以图形的形式标出勘察区的各种工程地质勘察的工作成果，例如工程地质条件和评价，预测工程地质问题等，即成为工程地质图。地质图主要内容有：①地形地貌、地形切割情况、地貌单元的划分；②地层岩性种类、分布情况及其工程地质特征；③地质构造、褶皱、断层、节理和裂隙发育及破碎带情况；④水文地质条件；⑤滑坡、崩塌、岩溶化等物理地质现象的发育和分布情况等。

如果在工程地质图上再加上建筑物布置、勘探点、线的位置和类型以及工程地质分区图，即成为综合工程地质图。这种图在实际工程中编制较多。

2）勘察点平面位置图

当地形起伏时，该图应绘在地形图上。在图上除标明各勘察点（包括浅井、探槽、钻孔等）的平面位置、各现场原位测试点的平面位置和勘探剖面线的位置外，还应绘出工程建筑物的轮廓位置，并附场地位置示意图、各类勘探点、原位测试点的坐标及高程数据表。

3）工程地质剖面图

工程地质剖面图以地质剖面图为基础，是勘察区在一定方向垂直面上工程地质条件的断面图，其纵横比例一般是不一样的。地质剖面图反映某一勘探线地层沿竖直方向和水平方向的分布变化情况，如地质构造、岩性、分层、地下水埋藏条件、各分层岩土的物理力学性质指标等。其绘制依据是各勘探点的成果和土工试验成果。由于勘探线的布置是与主要地貌单元的走向垂直，或与主要地质构造轴线垂直，或建筑物的轴线相一致，故工程地质剖面图能最有效地揭示场地的工程地质条件，是工程勘察报告中的最基本的图件。

4）工程地质柱状图

工程地质柱状图是表示场地或测区工程地质条件随深度变化的图件。图中内容主要包括地层的分布，对地层自上而下进行编号和地层特征进行简要描述。此外，图中还应注明钻进工具、方法和具体事项，并指出取土深度、标准贯入试验位置及地下水水位等资料。

5）岩土试验成果总表

岩土的物理力学指标和状态指标以及地基承载力是工程设计和施工的重要依据，应将室外原位测试和室内试验（包括模型试验）的成果汇总列表，主要是载荷试验、标准贯入试验、十字板剪切试验、静力触探试验、土的抗剪强度、土的压缩曲线等成果图件。

6）其他专门图件

对于特殊土、特殊地质条件及专门性工程，根据各自的特殊需要，绘制相应的专门图件，如各种分析图等。

7.3 工业与民用建筑的工程地质勘察

工业建筑是指供工业生产使用的建筑物,包括专供生产使用的各种车间、厂房、电站、水塔、烟囱和栈桥等。民用建筑是居民住宅建筑和公共事业建筑的总称。居民住宅建筑是指供居民生活起居使用的建筑物,如住宅、宿舍等;公共事业建筑是指供人们进行社会公共活动的非生产性建筑物,例如办公楼、图书馆、学校、医院、影剧院、体育馆、展览馆、大会堂、车站等。

万丈高楼平地起,一切建筑物都是由上部结构和基础组成,其全部荷载最终都是通过基础传递给地基并由地基来承担。根据地基的复杂程度、建筑物规模和功能特征以及由于地基问题可能造成建筑物破坏或影响正常使用的程度,国家新标准《建筑地基基础设计规范》(GB 50007—2002)将地基基础设计分为 3 个设计等级,见表 7-1。显然,不同设计等级的建筑物对地基的工程地质条件的评价要求是不相同的。

表 7-1 地基基础设计等级

设计等级	建筑和地基类型
甲级	重要的工业与民用建筑物 30 层以上的高层建筑 体型复杂、层数相差超过 10 层的高低连成一体的建筑物 大面积的多层地下建筑物(如地下车库、商场、运动场) 对地基变形有特殊要求的建筑物 复杂地质条件下的坡上建筑物(包括高边坡) 对原有工程影响较大的新建建筑物 场地和地基条件复杂的一般建筑物 位于复杂地质条件及软土地区的二层及二层以上地下室的基坑工程
乙级	除甲级、丙级以外的工业与民用建筑物
丙级	场地和地基条件简单、荷载分布均匀的七层及七层以下的民用建筑物及一般工业建筑物;次要的轻型建筑物

7.3.1 工业与民用建筑的主要工程地质问题

工业与民用建筑的所遇到主要工程地质问题有:地基稳定性问题、地下水的侵蚀性问题、建筑物的合理配置问题、地基的施工条件问题等。

1. 地基稳定性问题

地基稳定性问题即地基对上部荷载安全承担的可靠性问题。地基稳定性问题一般包括地基的强度和变形两方面的内容,对于斜坡地区而言,还应考虑抗滑稳定性问题。地基的强度是指地基抵抗上部结构及其基础荷载作用不使其发生剪切破坏的承载能力;地基变形是指在上部结构及其基础荷载的作用下在地基土中产生附加应力,是地基土体被压缩而产生相应的变形。一般研究的变形主要是竖直方向的变形,即沉降。各种地基土都有自身的强度取值范围，即总有一定限度，若超过这一限度，可能引起地基变形过大，即使建筑物不出现裂缝、倾斜或地基剪切滑动破坏，也不能满足正常使用的要求。因此，地基的稳定性必须同时满足强度和变形两方面的要求。

地基强度过去通常以地基容许承载力来表示，是指在建筑物的沉降量不超过容许值条件下，地基单位面积所能承受的最大荷载，在数值上等于地基极限承载力除以一个安全系数。由于地基位于地表以下，影响其强度的很多因素都是随机变量，基于概率理论，目前国家新规范以地基承载力特征值来表示地基的强度。地基承载力特征值是指地基稳定有保证可靠的承载力。影响地基强度因素主要有两个方面的因素：首先是地基岩土的特性，包括成因类型、堆积年代、结构特征、各岩土层的物理力学性质及其分布情况以及水文地质条件；其次是基础的类型、大小、形状、埋置深度和上部结构及其形式的特点等。

地基变形。若地基的变形沉降量过大，即使沉降是均匀和满足承载力要求，也会影响建筑物的正常使用，会给工程结构带来严重危害，因此，也是不允许的。因此，在软弱地基上修建建筑物时，地基的变形与地基的强度具有同等重要的意义。粘性土地基的变形沉降一般由瞬时沉降、固结沉降和蠕变沉降组成。在一般工程中，蠕变沉降所占的比重很小，可忽略不计，但是当地基土中含有大量有机物的厚层粘土时，其蠕变沉降则要考虑。

地基的均匀沉降在一定范围内对建筑物不会带来太大的危害，而不均匀沉降则往往导致建筑物产生裂缝、倾斜，严重影响使用，甚至造成破坏，尤其是修建在软弱地基土上的建筑物，其沉降量不仅不均匀，而且差异很大，沉降稳定时间很长，容易造成工程事故。

地基变形包括建筑物的沉降量、沉降差、倾斜和局部倾斜等，它们都应小于地基的容许变形值，表7-2列出了国家新标准《建筑地基基础设计规范》（GB 50007—2002）规定的建筑物的地基容许变形值。对于表中未包含的建筑物，其地基容许变形值应根据上部结构对地基变形的适应能力和使用上的要求进行确定的。

表 7-2 建筑物的地基容许变形值

变形特征		地基土类别	
		中、低压缩性土	高压缩性土
砌体承重结构基础的局部倾斜		0.002	0.003
建筑物相邻柱基的沉降差	（1）框架结构	$0.002l$	$0.003l$
	（2）砖石墙填充的边排柱	$0.0007l$	$0.001l$
	（3）当基础不均匀沉降时，不产生附加应力的结构	$0.005l$	$0.005l$
单层排架结构（柱距为6m）柱基的沉降量/mm		(120)	20
桥式吊车轨面的倾斜（按不调整轨道考虑）	纵向	0.004	
	横向	0.003	
多层和高层建筑的整体倾斜	$Hg \leqslant 24$	0.004	
	$24 < Hg \leqslant 60$	0.003	
	$60 < Hg \leqslant 100$	0.0025	
	$Hg > 100$	0.002	

(续)

变形特征		地基土类别	
		中、低压缩性土	高压缩性土
体型简单的高层建筑基础的平均沉降量/mm		200	
高耸结构基础的倾斜	$Hg \leqslant 20$	0.008	
	$20 < Hg \leqslant 50$	0.006	
	$50 < Hg \leqslant 100$	0.005	
	$100 < Hg \leqslant 150$	0.004	
	$150 < Hg \leqslant 200$	0.003	
	$200 < Hg \leqslant 250$	0.002	
高耸结构基础的沉降量/mm	$Hg \leqslant 100$	400	
	$100 < Hg \leqslant 200$	300	
	$200 < Hg \leqslant 250$	200	

2. 地下水的侵蚀性问题

钢筋混凝土是工业与民用建筑常用的工程材料，当钢筋混凝土基础埋置在地下水位以下时，必须考虑地下水对其侵蚀性问题。地下水大都不具侵蚀性，只有当地下水中某些化学成分（如 HCO_3^-、SO_4^{-2}、Cl^-、CO_2 等）含量过高时，才对钢筋混凝土具有分解性侵蚀、结晶性侵蚀或分解、结晶复合性侵蚀。地下水中某些化学成分与地理环境和工业污染有关。因此，在工业与民用建筑工程勘察时，必须通过环境地质调查，测定地下水的化学成分和含量，评价其对钢筋混凝土的各种侵蚀性，并提出相应的防治措施。

3. 建筑物的配置问题

大型的现代工业建筑通常是一个建筑群体，由工业主厂房、车间、办公大楼、职工宿舍及其附属设施建筑物组成。由于各种建筑物功能用途和工艺要求不同，其结构、规模和对地基的要求就不一样。因此，对各种建筑物进行合理配置才能确保整个工业建筑群体的安全稳定、经济合理和正常使用。这是工程地质勘察主要任务之一。在满足各种建筑物对气候和工艺要求的条件下，工程地质条件是建筑物配置的主要决定性因素。只有通过对场地中地基土物理力学性质的调查研究，选择较好的地基土持力层，再确定选用合适的基础类型和提出合理的埋置深度，才能使各种建筑物的配置科学合理。

持力层的选择标准主要是从地基土层中，尽量选择岩土工程性质均一，结构致密，强度高，层厚大而分布均匀，含水量不大，变形量小的非新近沉积岩土层，其层面埋深在当地最大冻深之下并位于地下水位以上，为理想的持力层。当上层地基土较厚，且其承载力大于下层地基土的承载力，宜利用上层地基土作持力层。

基础埋置的深度，在满足地基稳定和变形要求的前提下，适宜浅埋。除了岩石地基外，基础埋深一般不宜浅于地表以下 0.5m。基础的埋置深度不宜过大。否则，不仅给施工带来不便，而且会提高工程造价。影响基础埋置深度的因素很多，但归纳起来主要有 4 方面：一是建筑物因素，主要包括拟建建筑物的用途、结构类型、荷载的大小和性质、有无地下室、设备基础和地下管线设施、基础的形式和构造以及原有相邻建筑物的基础埋深；二是地基土体的工程地质和水文地质条件；三是地基土冻融因素，当地基土的温度低于摄氏零度时，土中部分孔隙水将冻结而形成冻土，而温度升高又解冻，因此有些地区要考虑地基土冻胀和融陷的影响；四是场地环境因素，主要考虑气候变化、树木生长和生物活动及场地周边地理环境对基础带来的不良影响。此外，对于位于基岩上的高层建筑，其基础埋置深度还应满足抗滑要求。

最后，按工程地质条件把建筑场地划分为若干区，然后根据建筑物的特点和要求以及各区建筑的适宜性，在全场区进行建筑物的合理配置，完成整个建筑群的总体布置工作。

4. 地基的施工条件问题

在修建工业与民用建筑物基础时，一般都需要进行基坑开挖工作，尤其是高层建筑基础。当基坑在地下水毛细作用影响深度范围以上开挖时，首先遇到的是坑壁应采用多大的开挖坡角才能保持稳定，是否需要支撑和如何支撑等问题；其次是开挖坑底地下水问题。坑底以下有无承压水存在，是否会造成基坑底板隆起或被冲溃的危险；若基坑开挖到地下水位以下时，是否会产生边坡变形，或出现流砂、流土等问题。尤其是当基坑底面位于较深地下水位以下时，需要预测基坑涌水量的大小，以便在基坑开挖时，采用人工降低地下水位，并选择排水方法和排水设备。必要时，还需进行抽水试验，测定基坑地基土的渗透系数等。影响地基施工条件的主要因素是地基中岩土体的结构特征、岩土性质、水文地质条件、基坑开挖深度、开挖方法、施工速度以及坑边卸荷情况等。地基施工条件不仅会影响工程施工期限和建筑物的造价，而且对基础类型的选择起着决定性作用，因此必须予以慎重考虑。

7.3.2 工业与民用建筑勘察的主要内容

1. 勘察的主要内容

房屋建筑与构筑物岩土工程勘察的主要内容包括以下几方面。

（1）查明场地和地基的稳定性、地层结构、持力层和下层的工程特性、土的应力历史和地下水以及不良地质作用等，例如：

① 大的断裂构造的位置关系、规模、力学性质、与场地和地基利用的关系、活动性及其与区域和当地地震活动的关系。

② 岩土层的种类、成分、厚度及坡度变化等，对岩土层特别是基础下持力层（天然地基或桩基等人工地基）和下卧层的岩土工程性质，特别是黏性土层的岩土工程性质，宜从应力历史的角度进行解释与研究。

③ 在强震作用下场地与地基岩土内可能产生的不利地震效应，如饱和砂土液化、松软土震陷、斜坡滑坍、采空区地面塌陷等。

④ 潜水和承压水层的分布、水位、水质、各含水层之间的水力联系，获得必要的渗透系数等水文地质计算参数。

⑤ 滑坡或不稳定斜坡的存在，可能的危害程度。

⑥ 岩溶作用的程度及其对地基可靠性的影响。

⑦ 人为的或天然的因素引起的地面沉降、挠折、破裂或塌陷的存在及其危害等。

(2) 提供满足设计、施工所需的岩土参数，确定地基承载力，预测地基变形性状。

(3) 提出地基基础、基坑支护、工程降水和地基处理设计与施工方案的建议。

(4) 提出对建筑物有影响的不良地质作用的防治方案建议。

(5) 对于抗震设防烈度等于或大于6度的场地，进行场地与地基的地震效应评价。

7.3.3 勘察阶段的划分及内容

1. 可行性研究勘察阶段

通过现场踏勘，搜集区域地质、地形地貌、地震、矿产资源和文物古迹及当地和邻近地区工程建筑经验。初步查明场地的地层、构造、岩土性质、不良地质现象及水文地质等工程地质条件及其危害程度。若上述工作不能满足要求时，应根据具体情况进行工程地质测绘及必要的勘探与测绘工作，着重研究场地存在的主要工程地质问题，其比例尺一般采用1:25000～1:10000。

1) 选址勘查的主要工作

选择场(厂)址勘察一般采取搜集和分析研究有关资料与现场调查研究相结合的方法。在这基础上，对拟选场地的主要工程地质条件提出评价意见。一般说来，不良地质作用发育的场地，有的不宜选为场(厂)址，有的需耗费巨资方能治理。这些问题在几个场(厂)址方案的比较中和最后确定建设地点时，是必须考虑的。

这一阶段的工作重点是对拟建场地的稳定性和适宜性作出评价，其主要任务要求如下。

(1) 搜集区域地质、地形地貌、地震、矿产、当地的工程地质、岩土工程和建筑经验等资料。

(2) 在充分搜集和分析已有资料的基础上，通过踏勘了解场地地层、构造、岩性、不良地质作用及地下水等工程地质条件。

(3) 当拟建场地工程地质条件复杂，已有资料不能满足要求，应根据具体情况进行工程地质测绘及必要的勘探工作。

(4) 当有两个或两个以上拟建场地时，应进行比选分析。

2) 选址中一般应避开的地区或地段

(1) 不良地质作用发育且对场地稳定性有直接危害或潜在威胁，如有大型滑坡或滑坡群，强烈发育的岩溶、塌陷、泥石流等。

(2) 地震基本烈度较高，可能存在有地震断裂带及地震时可能发生滑坡、山崩、地陷的场地，或有分布广泛、厚度较大、埋藏浅的饱和粉细砂、粉土、淤泥和淤泥质土、冲填土、松软的人工填土场地。

(3) 洪水或地下水对建筑场地有严重不良影响。

(4) 地下有未开采的有价值矿藏或未稳定的地下采空区。

2. 初步勘察阶段

初步勘察阶段主要任务是对场地内建筑地段的稳定性作出评价，并为确定建筑物总平面布置、主要建筑物地基基础工程方案及对不良地质作用的防治工程提供资料和建议。

1) 任务与要求

(1) 搜集拟建工程的有关文件、工程地质和岩土工程资料以及工程场地范围的地形图。

(2) 初步查明地质构造、地层结构、岩土工程特性、地下水埋藏条件。

(3) 查明场地不良地质作用的成因、分布、规模、发展趋势,并对场地的稳定性作出评价。

(4) 对抗震设防烈度等于或大于6度的场地,应对场地和地基土的地震效应作出初步评价。

(5) 季节性冻土地区,应调查场地土的标准冻土深度。

(6) 初步判定水和土对建筑材料的腐蚀性。

(7) 高层建筑初步勘察时,应对可能采取的地基基础类型、基坑开挖与支护、工程降水方案进行初步分析评价。

2) 勘探工作

初步勘察应在搜集分析已有资料的基础上,根据需要进行工程地质测绘与调查以及物探,然后进行勘探和测试工作。

(1) 勘探点、线布置要求。初步勘察的勘探点、线布置应符合规范要求。

(2) 勘探点、线间距的确定,见表7-3。

(3) 勘探孔深度的确定,见表7-3。

表7-3 初步勘察阶段勘探间距与孔深

岩土工程勘察等级	间距/m		孔深/m	
	线距	点距	一般性勘探孔	控制性勘探孔
一级	50~100	30~50	≥15	≥30
二级	75~150	40~100	8~15	15~30
三级	150~300	75~200	≤8	≤15

3. 详细勘察阶段

详细勘察阶段的主要任务是针对不同建筑物或建筑群要求提供详细的岩土工程资料和设计所需的可靠岩土技术参数;应对建筑地基土作出岩土工程分析评价,并对其基础设计、地基处理、不良地质现象的防治等具体方案作出论证和建议。

详细勘察阶段的勘察要点是:查明组成地基土各层岩土的类别、结构、厚度、工程特性等;计算和评价地基的稳定性和承载力;对需要进行沉降计算的建筑物,提供地基变形计算参数,预测建筑物的沉降与倾斜;预测地基建筑物在施工和使用过程中可能发生的工程地质问题,并提出防治建议。

详细勘察阶段勘探孔间距可根据岩土工程地质勘察等级确定。一般一级采用间距15~35m,二级采取间距25~45m,三级采取间距40~65m。勘探孔深度自基础底面算起,对按承载力计算的地基,勘探孔深度应能控制地基主要受力层。当基础底面宽度b小于5m,且压缩层内无软弱下卧层时,勘探孔深度一般对条形基础为$3.0b$~$3.5b$,对单独柱基为

$1.5b$，但应有部分探孔深度不小于 5m；若基础底面宽度大于 5m，勘探点深度按压缩层的计算深度确定，一般应略大于地基压缩层深度；对需要进行变形验算的地基，控制性勘探孔的深度应穿过地基沉降计算深度，并考虑相邻基础的影响，其深度可按表 7-4 来确定；若有大面积地面堆载或存在软弱下卧层，应适当加深勘探孔的深度。

表 7-4 控制性勘探孔深度

基础底面宽度 b/m	勘探孔深度/m		
	软土	一般粘性土、粉土及砂土	老堆积土、密实砂土及碎石土
$b \leqslant 5$	$3.5b$	$3.0b \sim 3.5b$	$3.0b$
$5 < b \leqslant 10$	$2.5b \sim 3.5b$	$2.0b \sim 3.0b$	$1.5b \sim 3.0b$
$10 < b \leqslant 20$	$2.0b \sim 2.5b$	$1.5b \sim 2.0b$	$1.0b \sim 1.5b$
$20 < b \leqslant 40$	$1.5b \sim 2.0b$	$1.2b \sim 1.5b$	$0.8b \sim 1.0b$
$b > 40$	$1.3b \sim 1.5b$	$1.0b \sim 1.2b$	$0.6b \sim 0.8b$

注：(1) 表内数据适用于均质地基，当地基为多层土时，可根据表列数值予以调整；
(2) 圆形基础可采用直径 d 代替基础底面宽度 b。

原状土取土和原位测试的勘探点数量应根据建筑物级别、场地面积、地基土特点和设计要求来确定，一般约占勘探点总数的 $1/2 \sim 2/3$。对安全等级为一级的建筑物每幢不应少于 3 个土样，其竖向间距，在地基主要受力层内宜为 $1 \sim 2m$；对每个场地或每幢安全等级为一级的建筑物，每一主要土层的原状土不应少于 6 个试样；软弱土层应适当多取，对于不厚的夹层，视其对建筑物基础的影响程度而定。当土质不均或结构松散难以采取试样时，可采用原位测试。

4. 施工勘察阶段

施工勘察不是一个固定勘察阶段，而是在一定的需要下进行的勘察工作，其目的是配合设计、施工单位，解决与施工有关的岩土工程问题，并提供相应的勘察资料。它不仅包括施工阶段的勘察工作，还包括可能在施工完成后进行的勘察工作（如检验地基加固效果等）。

基坑或基槽开挖后，岩土条件与勘察资料不符或发现必须查明的异常情况时，应进行施工勘察；在工程施工或使用期间，当地基土、边坡体、地下水等发生未曾估计到的变化时，应进行监测，并对工程和环境的影响进行分析评价。

对工程地质条件复杂的或有特殊施工要求的重大建筑物地基，当基槽开挖后，地质情况与原勘察资料严重不符而可能影响工程质量时，还应配合设计和施工部门进行补充性的施工阶段地质勘察工作。

施工勘察的主要工作内容有以下几种。

(1) 施工验槽。检查核对原勘察资料，与设计、施工单位一起研究与处理地基问题。按具体情况，可进行基坑地质素描，划分及实测地层界线，查明人工填土等对地基有较大影响的地层的分布及其均匀性，调查地下水位有无变化等情况，必要时应进行补充勘探测试工作。

(2) 地基处理、加固的勘察。应根据地基处理、加固方法确定勘察内容。

(3) 深基础施工勘察。为深基础施工进行的勘察，要根据不同的施工方法，确定勘察内容。

7.3.4 高层与超高层建筑的主要工程地质问题

高层建筑的界定，世界各国划分的标准是不一致的。德国规定：不分建筑类型，从地面算起，建筑物高度超过22m就称为高层建筑。前苏联规定：10层以上的住宅为高层住宅。法国规定：8层以上或高度超过31m的住宅为高层住宅，20层以上就称为超高层住宅。即使同一国家对高层建筑的界定也不一致。我国新颁布的行业标准《高层建筑混凝土结构技术规程》(JGJ 3—2002)规定：10层和10层以上或房屋高度大于28m的建筑物为高层建筑。

高层与超高层建筑的基础传递荷载大，且一般高层与超高层建筑设有裙楼，因此其地基附加应力分布更趋不均匀。故高层与超高层建筑一般都采用深基础，这又导致地基变形的影响范围和深度加大，给工程地质勘察工作提出更高的要求。

1. 地基承载力问题

高层与超高层建筑地基变形的范围和影响深度大，对地基承载力的要求很高，因此需要选择地基承载力的要求较高的岩土层作为基础的持力层。地基承载力的评价应同时满足安全稳定和不超过容许沉降的要求。地基承载力的确定应根据地区经验、采用荷载试验、理论公式计算和其他原位测试方法综合确定。当地基土体承载力不能满足设计要求时，应进行地基处理或选用桩基础，并提出相应的设计参数。在地震烈度较高的地区，高层建筑要选择修建在相对稳定的地段，建筑场地的安全稳定才能得到可靠的保证。

2. 变形和倾斜问题

高层与超高层建筑的重心高，荷载大，很容易产生整体横向倾斜，因此除了需要提供一般地基变形指标外，还应查明地基土在纵横两个方向的应力分布和变形特性，以满足地基变形验算的要求。高层与超高层建筑天然地基的均匀性可按照下列标准进行评价。

(1) 当持力层层面坡度大于10%时，可视为不均匀地基，此时可采取加深基础埋深的方法，使其超过持力层最低的层面深度；否则，可采用铺设垫层加以调整。

(2) 持力层和第一下卧层在基础宽度方向上，地层厚度的差值小于$0.05b$（b为基础宽度）时，可视为均匀地基；当差值大于$0.05b$时，应计算横向倾斜是否满足要求，若不能满足要求，应采取结构或地基处理措施。

3. 基础选型问题

箱形基础、桩基础和桩箱基础是目前高层与超高层建筑基础的主要形式。

1) 箱形基础

箱形基础主要特点是基础底面积大，埋置深，抗弯刚度大，整体性较好。当地基中土体软弱而不均匀时，选用箱基不仅可使建筑物的不均匀沉降大大减少，而且又可利用箱形空格部分作为地下室。一般高层建筑都设有1~3层地下室，有些超高层建筑，地下结构部分多达6层。地下室一般用来布置一些人防设施，存放车辆以及储存货物等。同时，它还可利用挖去的土重来补偿一部分上部附加荷载，以减少基底的附加压力，使其沉降量也相应减少。

为了减少采用箱形基础的高层建筑物可能产生的整体倾斜、倾覆或滑动，箱形基础的埋深不宜小于建筑物地面高度的 1/10。在地震基本烈度较高地区还应适当加深，使建筑物的重心适当降低，提高建筑物的整体稳定性。

2) 桩基础

桩基础包括灌注桩、预制桩、钢管桩和墩基础等。墩基础是指相对短而粗的桩基础。桩基础不仅承载力高，沉降量小而均匀，又能抵抗上拔力、机器振动或机械动力，而且不存在基坑开挖放坡和基坑排水等问题。它适用于上覆软弱土层较厚的地基，或地基上部为季节变化的冻胀性或膨胀性等土层，而其下部适宜深度处有承载力较大的持力层。因此，可根据地基的工程地质特性和施工条件，选择合适的桩基类型。有时虽然上部土层地基强度较高，但考虑到高层与超高层建筑的重要性，对地基不允许有过大的沉降或对不均匀沉降非常敏感等因素，兼顾经济合理性和成熟的施工技术经验也常选用桩基。

当采用桩基时，其勘探点的布置应控制持力层层面坡度、厚度及岩土性状，其间距对于端承桩宜为 12～24m，对于摩擦桩宜为 20～35m，相邻勘探点的持力层层面坡度不应超过 10%，当层面高差或岩土性质变化较大时，钻孔应适当加密；荷载较大或岩土地质条件复杂地基的一柱一桩工程，每个柱桩基础应布置 1 个勘探点。当需要计算沉降时，应取勘探孔总数的 1/3～1/2 作为控制性孔，其深度应达到压缩层计算深度或桩端以下取基础底面宽度的 1.0～1.5 倍，一般性勘探孔深度应进入持力层 3～5m，大直径桩或墩，其勘探孔深度应达到桩端下桩径的 3 倍。

3) 桩箱基础

当单独采用上述任一种基础都满足不了高层建筑对地基强度和变形的要求，或不够经济或施工有困难时，则可采用箱基底下再加桩基础的桩箱基础。桩箱基础不仅具有箱形基础可作为地下室等优点，而且也兼有桩基础承载力高、变形沉降小的特性，但施工复杂，造价较高，可根据建筑物的要求和建筑场地的工程地质条件，酌情考虑选用。

不论采用何种基础方案，必须结合上部结构和建筑物的特点，分析预估地基在施工过程中和建筑物建成后的使用期间的变形，研究在施工和建成后可能引起地基土性质的变化及其产生的后果，并提出预防措施。

4. 深基坑开挖和环境问题

当高层与超高层建筑基础采用箱形基础时，必须进行深基坑开挖。深基坑开挖将引起一系列岩土工程问题。如基坑开挖放坡所形成深基坑边坡的稳定性和支护问题；基坑卸载回弹对地基的强度和变形的影响问题；地下水水位较高时，人工降低水位可能引起的基坑稳定性问题和地下室的防水等。

高层与超高层建筑往往位于城市繁华地带，在基坑施工过程中，基坑边坡的城市道路、地下管线和其他城市生命线以及周围邻近建筑物的影响问题，必须充分考虑，否则，破坏后果不堪设想。

5. 抗震设计问题

高层与超高层建筑对抗震设防要求高：在地震烈度大于或等于 6 度的地区，应对场地土类型、建筑场地类型作出判断；在地震烈度大于或等于 7 度的强震地区，应对地层断裂错动、地基土液化、震陷、震动强度、地震影响系数等进行详细分析、论证和判定，并对整个场地的稳定性作出明确的结论。

7.3.5 高层与超高层建筑的工程地质勘察要点

高层与超高层建筑地质勘察一般是在城市详细规划的基础上进行的。其勘察阶段分为初步勘察和详细勘察两个阶段。

1. 初步勘察阶段

初步勘察阶段的任务就是对高层与超高层建筑场地的适宜性和地基稳定性作出明确结论，为确定高层与超高层建筑物的规模、平面造型、地下室层数以及基础类型等提供可靠的地质资料。

首先，收集和利用城市规划中已有的气候(特别风向和风力)、工程地质和水文地质等资料。着重研究地质环境中的地震以及地基中是否存在软弱土层和其他不稳定因素。在地震烈度较高的地区，必须查明地基中可能液化土层埋深及分布情况，并提供有关抗震设计所需的参数。对每一建筑场地的勘探孔数为3～5个，孔距不小于30m，保证每一幢单独高层或超高层建筑不少于1个勘探孔，并应联成纵贯场地而平行地质地形变化最大方向的勘探线，以便作出能说明地质变化规律的工程地质剖面图。

其次，对关键性的软弱土层做少量试验工作，初步确定其工程地质性质。

2. 详细勘察阶段

详细勘察阶段的目的就是为高层与超高层建筑基础设计和施工方案提供准确的定量指标和计算参数。

详细勘察阶段需进行大量的钻探和室内试验，并进行大型现场原位测试。

勘探工作以钻探为主，适当布置一些坑槽和浅井。勘探坑孔按网格布置以便能制图。根据新颁布的行业标准《高层建筑岩土工程勘察规程》(JGJ 72—2004)的规定：对勘察等级为甲级的高层建筑应在中心点或电梯井、核心筒部位布设勘探点(勘察等级的划分可查该新规范)。单幢高层或超高层建筑的勘探点的数量，对勘察等级为甲级的不应少于5个，乙级不应少于4个。控制性勘探点的数量不应少于勘探点总数的1/3且不少于2个。相邻的高层建筑，勘探点可相互共用。箱形基础探孔的间距，一般根据地层的变化和建筑物的具体要求而定，通常为15～35m，孔的深度是从箱基底面算起；若遇基岩、硬土或软土时，孔深可适当减小或增大。桩基础探孔的间距，一般根据桩端持力层顶板起伏情况而定。当其起伏不大时，孔距为12～24m。否则，应适当加密，甚至按每桩一孔布置。控制孔的深度，自预定桩端深度算起再往下与群桩相当的实体基础宽度的0.5～2倍。

高层与超高层建筑对抗震、抗风等有较高要求，故在室内试验中，除了对地基土进行一定数量的常规物理力学试验外，采用箱形基础时还要做前期固结压力试验，反复加、卸荷载的固结试验，为估算基底土层回弹提供参数；同时还要在加载和卸载条件下测定弹性模量以及无侧限抗压强度。在高地震烈度地区，还要做动三轴试验，求得动剪切模量、动阻尼比等，为抗震设计提供动力参数。室内试验中所需原状土样的采取数量，对箱形基础和桩基础的持力层以及摩擦桩所穿过各土层，每层取原状土样不少于8个；对端承桩及爆扩桩的持力层以上各上覆层和箱形基础底面以上各土层以及下卧层等各土层的测试数量可适当减少，每层取原状土样 1~2 个。

在高层与超高层建筑物基础的关键部位，一般需要进行现场原位试验，如静载荷试验、静力触探、标准贯入试验、波速试验、十字板剪切试验、回弹测试和基底接触反力测试等，以校核室内试验的成果。采用箱形基础时还要测定地基土中地下水位以下至设计箱形基础底面附近各土层的渗透系数。桩基础需做压桩试验，确定其抗压承载力和沉降；做抗拔试验求得其抗拔力及验证单桩的桩侧摩擦阻力；有时也要做桩的水平承载力试验了解其水平承载力。必要时，还要做单桩或群桩刚度试验，求其刚度系数及阻尼比。

对重大科研意义的高层与超高层建筑，还必须进行基础的沉降、建筑物整体倾斜、水平位移以及裂缝等的现场长期观测。

7.4 道路工程的工程地质勘察

道路是陆地上绵延长度极大的线形构筑物。一般意义上的道路是指公路和铁路。道路结构由 3 类构筑物所组成：第一类为路基，是道路的主体构筑物，包括路堤和路堑；第二类为桥隧，如桥梁、隧道、涵洞等，是为了使道路跨越河流、山谷、不良地质现象地段和穿越高山峻岭或河、湖、海底；第三类是防护构筑物，如明洞、挡土墙、护坡、排水盲沟等。在不同的道路中，各类构筑物的比例也不同，主要取决于路线所经地区工程地质条件的复杂程度。

1. 道路工程地质勘察的目的任务

（1）查明各条路线方案的主要工程地质条件，合理确定路线布设，重点调查对路线方案与路线布设起控制作用的地质问题。

（2）沿线土质地质调查。根据选定的路线方案和确定的路线位置，对中线两侧一定范围的地带，进行详细的工程地质勘察，为路基路面的设计和施工提供可靠资料。

（3）查明填方地段所用路基填筑材料的变形和强度性质。充分发掘、改造和利用沿线的一切就近材料。

2. 道路工程地质勘察要点

道路工程地质勘察分为选线勘察阶段、定线勘察阶段、定测勘察阶段。

1）选线勘察阶段

选线勘察阶段工作任务主要是按照规划指定道路起止点及所经地区修建道路可能性，选出几个较好的线路方案。主要了解在线路方向垂直的 3~5km 宽度内存在多少较严重影响道路稳定安全的工程地质条件。勘察方法是一般尽量收集和利用拟建路段已有的地理、地形、地貌、地质、地震、水文气象等资料进行分析研究，以调查为主，必要时进行工程地质勘察工作。

2）定线勘察阶段

定线勘察阶段是在选线方案的基础上，确定一条经济合理、技术可行的线路。一般是在初选路线宽度 500m 范围内进行较大比例尺的补充测绘工作。重点查明与选择路线方案和确定路线走向有关的不良工程地质条件，分析评价其对工程稳定、施工条件和安全及营运养护的长期影响，合理选定路线方案。

3) 定测勘察阶段

定测勘察阶段的主要工作任务是在已经确定的线路上，详细查明沿线的地质构造、岩土类别、土的物理力学性质、基岩风化情况、地下水埋深、变化规律和地表水活动情况；分析路基基底的稳定性、提供填方路段土石料的强度指标及变形、填土及路堑边坡坡度允许值；对已确定存在不稳定的斜坡路堤采取的处理方案，对地层可能滑动的岩土界面进行测试并掌握其各种物理力学指标，重点是抗剪、抗滑指标，以满足工程设计的要求。

7.5 桥梁工程的工程地质勘察

1. 桥梁的工程地质勘察要点

桥梁工程地质勘察一般包括两项内容：一是对各比较方案进行调查，配合路线，选择地质条件比较好的桥位；二是对选定的桥位进行详细的工程地质勘察，为桥梁及其附属工程的设计和施工提供地质资料。

1) 初步设计勘察阶段

初步设计勘察阶段的目的在于查明桥址各线路方案的工程地质条件，并对建桥适宜性和稳定性有关的工程地质条件作出结论性评价，为选择最优方案、初步论证桥梁基础类型和施工方法提供必要的工程地质资料。此阶段的勘察要点如下。

(1) 查明河谷的地质及地貌特征，覆盖岩土层的性质、结构和厚度，基岩的地质构造、性质和埋藏深度。

(2) 确定桥梁基础范围内的基岩类型，获取其强度指标和变形参数。

(3) 阐明桥址区内第四纪沉积物及基岩中含水层状况、水头高以及地下水的侵蚀性，并进行抽水试验、研究岩石的渗透性。

(4) 论述滑坡及岸边冲刷对桥址区内岸坡的稳定性的影响，查明河床下岩溶发育情况及区域地震基本烈度等问题。

2) 施工设计勘察阶段

施工设计勘察阶段是在选定的桥址方案提供桥墩和桥台施工设计所需要的工程地质资料。该阶段的勘察要点如下。

(1) 探明桥墩和桥台地基的覆盖层及基岩风化层的厚度、岩体的风化与构造破碎程度、软弱夹层情况和地下水状态；测试岩土的物理力学性质，提供地基的基本承载力、桩壁摩阻力、钻孔桩极限摩阻力，为最终确定桥墩和桥台基础埋置深度提供地质依据。

(2) 提供地基附加应力分布线计算深度内各类岩石的强度指标和变形参数，提出地基承载力参考值。

(3) 查明水文地质条件对桥墩和桥台地基基础稳定性的影响。

(4) 查明各种不良工程地质作用对桥梁施工过程和成桥后的不利影响，并提出预防和处理措施的建议。

7.6 地下工程的工程地质勘察

地下工程是指构筑在地表以下和山体内部的各类建筑物或构筑物的总称，如铁道和公路交通运输用的隧道、地下铁道等；地下工业用房的地下工厂、核电站和变电所及地下矿井巷道、地下输水隧洞等；地下储存库房用的地下车库、油库、水仓、冷藏室和物资储备仓库等；地下生活用房的地下商店、影院、医院、住宅等。此外，国防和军事工程用的地下指挥所、掩蔽部和各类军事装备库等。

由于地下开挖破坏了岩土体的初始应力平衡，洞室周围的岩体内产生应力重新分布。除少数地质条件特别好的岩体外，一般围岩将受重新分布应力的影响而产生各种形式的变形、破坏。因此，有必要研究地下工程的工程地质问题。

1. 地下工程地质勘察要点

地下工程地质勘察的目的是，为地下工程方案选择、设计和施工提供可靠的工程地质资料。各阶段的勘察工作任务是与工程要求相配合。

1) 可行性研究勘察阶段

可行性研究勘察阶段对拟订方案进行比较选择，着重查明下列地质情况。

(1) 调查各拟定地下工程方案的地层岩石性质、围岩厚度、地质构造等条件，调查洞室沿线可能造成洞室内大量涌水与坍塌的水文地质条件系。

(2) 查明对地下洞室的稳定与施工安全有不利影响的不良地质作用或其他不利因素，如活动断裂破碎带、易溶岩和膨胀岩、地热异常和有害气体等。

(3) 地下工程门口处边坡的坡度、形状、覆盖岩土层厚度与基岩风化程度，岩体结构特征等。

(4) 进行底下工程地质分段和围岩初步分类。

可行性研究勘察阶段的工作以工程地质测绘为主。必要时辅之以勘探和试验。勘探以物探为主，必要时可进行少量钻探；试验以室内岩土物理力学试验为主，必要时可进行少量原位岩体试验。测绘比例尺一般为 1:10000～1:5000，其范围根据各地段的具体情况和方案比较的要求来确定。

2) 初步设计勘察阶段

初步设计勘察阶段着重查明和研究下列地质情况。

(1) 查明底下工程建筑地段规模较大的断层破碎带和在掘进时可能产生大量涌水和突水、坍塌等地段的安全与稳定问题。

(2) 确定围岩物理力学参数并进行详细分类，评价洞室门口边坡的稳定性和预测其变化趋势，并对施工要求提出具体措施和建议。

(3) 对于大跨度洞室，还应查明主要软弱结构面的分布和组合关系，结合地应力评价洞室围岩的稳定性，并提出处理建议。

该阶段勘察工作是对门口、浅埋段以及工程地质条件复杂地段，补充 1:2000～1:1000 的专门工程地质测绘。如果覆盖层或风化层较厚，工程地质条件复杂地段则要布置适当数量的孔距为 100～300m 的钻孔予以查明，并在接近洞线高程的部位做钻孔压水试验。如果洞室埋深较大，还要进行围岩地应力和温度的测定等。

3）施工设计勘察阶段

施工设计勘察阶段针对已经揭露的地质情况，对已有的地质资料和围岩分类；对各个洞段的围岩稳定性和涌水情况进行预测和预报。对高墙洞室边墙上的软弱结构面组合情况及产生坍塌的边界条件要有定量指标作为依据。

这一阶段工程地质勘察工作编制导洞展示图，比例尺一般为1：50～1：200。对围岩稳定性和涌水情况进行现场观测，确定围岩变形和松动带范围。必要时增加钻孔、平洞或超前导洞。对于大型地下洞室，需布置专门断面对洞室围岩在施工过程中的变形进行观测。

本 章 小 结

1．工程地质勘察的任务和方法

（1）工程地质的任务就是获取工程建设场地原始地质资料，为制定经济技术合理可行提供依据。

（2）工程地质勘察阶段一般分为可行性研究勘察阶段、初步勘察阶段、详细勘察阶段和施工勘察阶段。

（3）岩土测试可分为原位测试和室内测试。本节主要简述桩承载力自平衡法测试和十字路口板剪切试验，并扼要说明了大型工程的离心模型试验方法。

2．工程地质报告书的撰写内容及其所附图件要求

（1）工程地质报告书的内容一般分为绪论、通论、专论和结论4个部分，各部分前后呼应，密切联系，融为一体。

（2）工程地质报告书图件有综合工程地质平面图、勘察点平面位置图、工程地质剖面图、工程地质柱状图、岩土试验成果总表及其他专门图件。

关 键 术 语

岩土工程勘察　geotechnical engineering investigation；工程地质图　engineering geologic map；工程地质勘探　engineering geologic prospecting；原位试验　in-situ test；程地质评价　engineering geologic evaluation；岩土工程勘察报告　geotechnical investigation report

知 识 链 接

与本章内容有关的内容如下。

1. 相关规范

《岩土工程勘察规范》(GB 50021—2001)、《高层建筑岩土工程勘察规程》(JGJ 72—2004)、《市政工程勘察规范》(CJJ 56—1994)、《公路勘测规范》(JTJ 061—2007)、《冻土工程地质勘察规范》(GB 50324—2001)、《公路土工试验规程》(JTG E40—2007)、《水利水电工程地质勘察规范》(GB 50287—2008)、《水力发电工程地质勘察规范》(GB 50287—2006)、《工程勘查设计收费标准(2002年修订本)》。

2. 多波列浅层地震勘探技术

多波列浅层地震勘探技术是一种新兴的岩土原位测试勘察方法,充分利用了地震波传播中产生的折射波、反射波、直达波、面波及转换波特性,根据不同的勘察对象,可选择采用其中一种波或综合采用多种波进行解释、推断,使得浅层工程物探勘察手段能够真正达到高精度、高分辨、定量化。我国自行研制的高分辨、高精度、智能型仪器——SWS-1&2型多波列数字图像工程勘察与测试仪及其配套的先进数据处理软件的开发成功,使多波列浅层地震勘探技术在岩土工程勘察中崭露头角。

浅层高分辨反射波技术,多道瞬态面波技术和高密度地震图像技术等勘察新技术新方法的试验研究与应用,不但能在初勘阶段作为一种普查的方法,而且在多层或高层建筑地基详勘中也能作为钻探的重要辅助手段,减少了钻孔、测试数量,降低了勘察费用,提高了勘察工作效率,为城市岩土工程勘察提供了一种快速、廉价和较为有效的手段。

浅层高分辨反射波技术是利用横波的波速低、波长短、分辨率高,不受潜水面影响,在不同介质的分界面上不产生转换波等诸多优点,采用小道距,小偏移距共反射点多次选加方法追踪层位,并在数据处理中,进行岩土介质速度扫描。

瞬态面波技术是利用瑞利波的频散特性和传波速度与岩土物理力学性质的相关性进行土层划分、研究岩土的工程性质,评价软土地基加固处理效果,探测地下空洞和掩埋物,并为抗震设计提供岩土力学参数等,可以解决诸多的岩土工程问题。如为工程提供抗震设计参数、查明工程场地暗埋的砂坑、空洞、塌陷体等不良地质体的形态和分布、采用多波列数字图像工程勘察仪SWS-2型,利用多道瞬态面波技术和高密度地震图像技术、高分辨地震反射波技术获得土层情况和波速值,完成对土层工程特性的评价,基本上能够满足设计要求。

高密度地震图像技术上近两年来随着我国高新技术成果SWS-2型智能化多波列数字图像工程勘察仪的开发应用发展起来的一种新兴的勘察测试技术。它采用纵波反射法单点激震多点接收和数据连续快速采集与存储以及相应软件支持的施测方法,使地下剖面经彩色图像表示出来。这种方法效率高,反映的地下地质体形态逼真。该方法还弥补了地质雷达不适应低阻环境勘察的不足,获得的弹性物理资料方便工程判断。对缩短勘察周期、降低工程造价,提高勘察成果质量做出了重大贡献。

近年来由于我国高新技术成果SWS-2型多波列数字图像工程勘探仪和先进的工程检测支持软件系统的开发应用,浅层地震勘探方法有了长足进步和实践性发展。因此,可以认为高分辨反射波、瞬态面波和高密度地震图像等3种技术方法,不失为当前很好的岩土工程勘察新方法,在评价建筑场地岩土工程问题中具有良好的应用前景,今后将取得更大的社会和经济效益。

思 考 题

(1) 岩土工程勘察应查明的工程地质条件有哪些？
(2) 我国现行的岩土工程勘察规范有哪些？在实际工程中如何选用？
(3) 岩土工程勘察报告应包括哪些内容？

参 考 文 献

[1] 李隽蓬，谢强. 土木工程地质 [M]. 成都：西南交通大学出版社，2001.
[2] 王贵荣，岩土工程勘查 [M]. 西安：西北工业大学出版社，2007.
[3] 李智毅，杨裕云. 工程地质学概论 [M]. 武汉：中国地质大学出版社，1994.
[4] 胡厚田，吴继敏，王健. 土木工程地质 [M]. 北京：高等教育出版社，2001.
[5] 邓良基. 遥感基础与应用 [M]. 北京：中国农业出版社，2002.
[6] 常庆瑞，蒋平安，周勇，等. 遥感技术导论 [M]. 北京：科学出版社，2004.
[7] 罗骐先. 桩基工程检测手册 [M]. 北京：人民交通出版社，2004.
[8] 李志业，曾艳华. 地下结构设计原理与方法 [M]. 成都：西南交通大学出版社，2003.
[9] 夏才初，李永盛. 地下工程测试理论与监测技术 [M]. 上海：同济大学出版社，1999.
[10] 庄乾城，罗国煜，等. 地铁建设对城市地下水环境影响的探讨 [J]. 水文地质工程地质，2003，4：102 - 105.
[11] 龚士良，吴继红. 上海长江隧桥工程地质灾害危险性评价与防治对策 [J]. 长江科学院院报，2008，25(6)，63 - 66.
[12] 高层建筑岩土工程勘察规程 JGJ 72—2004 [S]. 北京：中国建筑工业出版社，2004.
[13] 公路桥涵通用设计规范 JTGD 60—2004 [S]. 北京：人民交通出版社，2004.
[14] 建筑地基基础设计规范 GB 50007—2002 [S]. 北京：中国建筑工业出版社，2002.
[15] 高层建筑混凝土结构技术规程 JGJ 3—2002 [S]. 北京：中国建筑工业出版社，2002.

北京大学出版社土木建筑系列教材(已出版)

序号	书名	主编	定价	序号	书名	主编	定价
1	*房屋建筑学(第3版)	聂洪达	56.00	53	特殊土地基处理	刘起霞	50.00
2	房屋建筑学	宿晓萍 隋艳娥	43.00	54	地基处理	刘起霞	45.00
3	房屋建筑学(上:民用建筑)(第2版)	钱 坤	40.00	55	*工程地质(第3版)	倪宏革 周建波	40.00
4	房屋建筑学(下:工业建筑)(第2版)	钱 坤	36.00	56	工程地质(第2版)	何培玲 张 婷	26.00
5	土木工程制图(第2版)	张会平	45.00	57	土木工程地质	陈文昭	32.00
6	土木工程制图习题集(第2版)	张会平	28.00	58	*土力学(第2版)	高向阳	45.00
7	土建工程制图(第2版)	张黎骅	38.00	59	土力学(第2版)	肖仁成 俞 晓	25.00
8	土建工程制图习题集(第2版)	张黎骅	34.00	60	土力学	曹卫平	34.00
9	*建筑材料	胡新萍	49.00	61	土力学	杨雪强	40.00
10	土木工程材料	赵志曼	38.00	62	土力学教程(第2版)	孟祥波	34.00
11	土木工程材料(第2版)	王春阳	50.00	63	土力学	贾彩虹	38.00
12	土木工程材料(第2版)	柯国军	45.00	64	土力学(中英双语)	郎煜华	38.00
13	*建筑设备(第3版)	刘源全 张国军	52.00	65	土质学与土力学	刘红军	36.00
14	土木工程测量(第2版)	陈久强 刘文生	40.00	66	土力学试验	孟云梅	32.00
15	土木工程专业英语	霍俊芳 姜丽云	35.00	67	土工试验原理与操作	高向阳	25.00
16	土木工程专业英语	宿晓萍 赵庆明	40.00	68	砌体结构(第2版)	何培玲 尹维新	26.00
17	土木工程基础英语教程	陈 平 王凤池	32.00	69	混凝土结构设计原理(第2版)	邵永健	52.00
18	工程管理专业英语	王竹芳	24.00	70	混凝土结构设计原理习题集	邵永健	32.00
19	建筑工程管理专业英语	杨云会	36.00	71	结构抗震设计(第2版)	祝英杰	37.00
20	*建设工程监理概论(第4版)	巩天真 张泽平	48.00	72	建筑抗震与高层结构设计	周锡武 朴福顺	36.00
21	工程项目管理(第2版)	仲景冰 王红兵	45.00	73	荷载与结构设计方法(第2版)	许成祥 何培玲	30.00
22	工程项目管理	董良峰 张瑞敏	43.00	74	建筑结构优化及应用	朱杰江	30.00
23	工程项目管理	王 华	42.00	75	钢结构设计原理	胡习兵	30.00
24	工程项目管理	邓铁军 杨亚频	48.00	76	钢结构设计	胡习兵 张再华	42.00
25	土木工程项目管理	郑文新	41.00	77	特种结构	孙 克	30.00
26	工程项目投资控制	曲 娜 陈顺良	32.00	78	建筑结构	苏明会 赵 亮	50.00
27	建设项目评估	黄明知 尚华艳	38.00	79	*工程结构	金恩平	49.00
28	建设项目评估(第2版)	王 华	46.00	80	土木工程结构试验	叶成杰	39.00
29	工程经济学(第2版)	冯为民 付晓灵	42.00	81	土木工程试验	王吉民	34.00
30	工程经济学	都沁军	42.00	82	*土木工程系列实验综合教程	周瑞荣	56.00
31	工程经济与项目管理	都沁军	45.00	83	土木工程CAD	王玉岚	42.00
32	工程合同管理	方 俊 胡向真	23.00	84	土木建筑CAD实用教程	王文达	30.00
33	建设工程合同管理	余群舟	36.00	85	建筑结构CAD教程	崔钦淑	36.00
34	*建设法规(第3版)	潘安平 肖 铭	40.00	86	工程设计软件应用	孙香红	39.00
35	建设法规	刘红霞 柳立生	36.00	87	土木工程计算机绘图	袁 果 张渝生	28.00
36	工程招标投标管理(第2版)	刘昌明	30.00	88	有限单元法(第2版)	丁 科 殷水平	30.00
37	建设工程招投标与合同管理实务(第2版)	崔东红	49.00	89	*BIM应用:Revit建筑案例教程	林标锋	58.00
38	工程招标与合同管理(第2版)	吴 芳 冯 宁	43.00	90	*BIM建模与应用教程	曾 浩	39.00
39	土木工程施工	石海均 马 哲	40.00	91	工程事故分析与工程安全(第2版)	谢征勋 罗 章	38.00
40	土木工程施工	邓寿昌 李晓目	42.00	92	建设工程质量检验与评定	杨建明	40.00
41	土木工程施工	陈泽世 凌平平	58.00	93	建筑工程安全管理与技术	高向阳	40.00
42	建筑工程施工	叶 良	55.00	94	大跨桥梁	王解军 周先雁	30.00
43	*土木工程施工与管理	李华锋 徐 芸	65.00	95	桥梁工程(第2版)	周先雁 王解军	37.00
44	高层建筑施工	张厚先 陈德方	32.00	96	交通工程基础	王富	24.00
45	高层与大跨建筑结构施工	王绍君	45.00	97	道路勘测与设计	凌平平 余婵娟	42.00
46	地下工程施工	江学良 杨 慧	54.00	98	道路勘测设计	刘文生	43.00
47	建筑工程施工组织与管理(第2版)	余群舟 宋会莲	31.00	99	建筑节能概论	余晓平	34.00
48	工程施工组织	周国恩	28.00	100	建筑电气	李 云	45.00
49	高层建筑结构设计	张仲先 王海波	23.00	101	空调工程	战乃岩 王建辉	45.00
50	基础工程	王协群 章宝华	32.00	102	*建筑公共安全技术与设计	陈继斌	45.00
51	基础工程	曹 云	43.00	103	水分析化学	宋吉娜	42.00
52	土木工程概论	邓友生	34.00	104	水泵与水泵站	张 伟 周书葵	35.00

序号	书名	主编	定价	序号	书名	主编	定价
105	工程管理概论	郑文新 李献涛	26.00	130	*安装工程计量与计价	冯 钢	58.00
106	理论力学(第2版)	张俊彦 赵荣国	40.00	131	室内装饰工程预算	陈祖建	30.00
107	理论力学	欧阳辉	48.00	132	*工程造价控制与管理(第2版)	胡新萍 王 芳	42.00
108	材料力学	章宝华	36.00	133	建筑学导论	裘 鞠 常 悦	32.00
109	结构力学	何春保	45.00	134	建筑美学	邓友生	36.00
110	结构力学	边亚东	42.00	135	建筑美术教程	陈希平	45.00
111	结构力学实用教程	常伏德	47.00	136	色彩景观基础教程	阮正仪	42.00
112	工程力学(第2版)	罗迎社 喻小明	39.00	137	建筑表现技法	冯 柯	42.00
113	工程力学	杨云芳	42.00	138	建筑概论	钱 坤	28.00
114	工程力学	王明斌 庞永平	37.00	139	建筑构造	宿晓萍 隋艳娥	36.00
115	房地产开发	石海均 王 宏	34.00	140	建筑构造原理与设计(上册)	陈玲玲	34.00
116	房地产开发与管理	刘 薇	38.00	141	建筑构造原理与设计(下册)	梁晓慧 陈玲玲	38.00
117	房地产策划	王直民	42.00	142	城市与区域规划实用模型	郭志恭	45.00
118	房地产估价	沈良峰	45.00	143	城市详细规划原理与设计方法	姜 云	36.00
119	房地产法规	潘安平	36.00	144	中外城市规划与建设史	李合群	58.00
120	房地产测量	魏德宏	28.00	145	中外建筑史	吴 薇	36.00
121	工程财务管理	张学英	38.00	146	外国建筑简史	吴 薇	38.00
122	工程造价管理	周国恩	42.00	147	城市与区域认知实习教程	邹 君	30.00
123	建筑工程施工组织与概预算	钟吉湘	52.00	148	城市生态与城市环境保护	梁彦兰 阎 利	36.00
124	建筑工程造价	郑文新	39.00	149	幼儿园建筑设计	龚兆先	37.00
125	工程造价管理	车春鹂 杜春艳	24.00	150	园林与环境景观设计	董 智 曾 伟	46.00
126	土木工程计量与计价	王翠琴 李春燕	35.00	151	室内设计原理	冯 柯	28.00
127	建筑工程计量与计价	张叶田	50.00	152	景观设计	陈玲玲	49.00
128	市政工程计量与计价	赵志曼 张建平	38.00	153	中国传统建筑构造	李合群	35.00
129	园林工程计量与计价	温日琨 舒美英	45.00	154	中国文物建筑保护及修复工程学	郭志恭	45.00

标*号为高等院校土建类专业"互联网+"创新规划教材。

如您需要更多教学资源如电子课件、电子样章、习题答案等,请登录北京大学出版社第六事业部官网www.pup6.cn 搜索下载。

如您需要浏览更多专业教材,请扫下面的二维码,关注北京大学出版社第六事业部官方微信(微信号:pup6book),随时查询专业教材、浏览教材目录、内容简介等信息,并可在线申请纸质样书用于教学。

感谢您使用我们的教材,欢迎您随时与我们联系,我们将及时做好全方位的服务。联系方式:010-62750667, donglu2004@163.com, pup_6@163.com, lihu80@163.com, 欢迎来电来信。客户服务 QQ 号:1292552107,欢迎随时咨询。